"十三五"职业教育国家规划教材

主体结构工程施工

主 编 张 蓓 曲大林 赵继伟
副主编 高 琨 扈恩华 张培明
　　　 王晓梅 郭玉霞

北京理工大学出版社
BEIJING INSTITUTE OF TECHNOLOGY PRESS

内容提要

本书根据高职高专院校土建类专业的人才培养目标、教学计划、主体结构工程施工课程的教学特点和要求，结合住房和城乡建设部《"十三五"装配式建筑行动方案》等文件精神，并按照《混凝土结构工程施工质量验收规范》（GB 50204—2015）、《装配式混凝土建筑技术标准》（GB/T 51231—2016）等最新规范编写而成。全书共分为7个项目，主要内容包括脚手架工程施工、现浇钢筋混凝土工程施工、砖砌体工程施工、填充墙砌体工程施工、装配式混凝土工程施工、预应力混凝土工程施工和钢结构工程施工等。

本书可作为高职高专院校建筑工程技术、工程造价、建筑工程管理等相关专业的教学用书，也可作为本科院校、中等职业学校、培训机构及土建类工程技术人员的参考用书。

版权专有　侵权必究

图书在版编目（CIP）数据

主体结构工程施工 / 张蓓，曲大林，赵继伟主编. —北京：北京理工大学出版社，2018.3（2021.12重印）

ISBN 978-7-5682-5313-0

Ⅰ.①主… Ⅱ.①张… ②曲… ③赵… Ⅲ.①结构工程－工程施工－高等学校－教材 Ⅳ.①TU74

中国版本图书馆CIP数据核字(2018)第029143号

出版发行 / 北京理工大学出版社有限责任公司

社　　址 / 北京市海淀区中关村南大街5号

邮　　编 / 100081

电　　话 / （010）68914775（总编室）

　　　　　（010）82562903（教材售后服务热线）

　　　　　（010）68944723（其他图书服务热线）

网　　址 / http://www.bitpress.com.cn

经　　销 / 全国各地新华书店

印　　刷 / 河北鑫彩博图印刷有限公司

开　　本 / 787毫米×1092毫米　1/16

印　　张 / 13　　　　　　　　　　　　　　　　　责任编辑 / 李志敏

字　　数 / 312千字　　　　　　　　　　　　　　　文案编辑 / 李志敏

版　　次 / 2018年3月第1版　2021年12月第3次印刷　责任校对 / 周瑞红

定　　价 / 36.00元　　　　　　　　　　　　　　　责任印制 / 边心超

图书出现印装质量问题，请拨打售后服务热线，本社负责调换

FOREWORD 前言

"产业转型、人才先行"。近年来，住房和城乡建设部颁布了《建筑业发展"十三五"规划》（2016年）和《"十三五"装配式建筑行动方案》（2017年）等文件，文件中提及要加快培养与装配式建筑发展相适应的技术和管理人才，包括行业管理人才、企业领军人才、专业技术人员、经营管理人员和产业工人队伍。为适应建筑职业教育新形式的需求，编写组深入企业一线，结合企业需求及装配式建筑发展趋势，重新调整了建筑工程技术和工程造价等专业的人才培养定位，使岗位标准与培养目标、生产过程与教学过程、工作内容与教学项目对接，以实现"近距离顶岗、零距离上岗"的培养目标。

本书根据高职高专院校土建类专业的人才培养目标、教学计划、主体结构工程施工课程的教学特点和要求，并结合国家最新颁布的《混凝土结构工程施工质量验收规范》（GB 50204—2015）、《装配整体式混凝土结构工程施工与质量验收规程》（DB37/T 5019—2014）、《装配式混凝土结构技术规程》（JGJ 1—2014）、《钢筋套筒灌浆连接应用技术规程》（JGJ 355—2015）、《装配式混凝土建筑技术标准》（GB/T 51231—2016）、《装配式钢结构建筑技术标准》（GB/T 51232—2016）等规范规程编写而成。

本书力求体现高等职业教育教学特点，理论联系实际，重点突出案例教学，以提高学生的实践应用能力，具有实用性、系统性和先进性等特色。根据不同专业需求，本课程建议安排48～64学时。

本书由济南工程职业技术学院张蓓、曲大林、赵继伟担任主编，由山东建大建筑规划设计研究院高琨，济南工程职业技术学院扈恩华、张培明、王晓梅、郭玉霞担任副主编。

本书在编写过程中参考了国内外同类教材和相关的资料，在此一并表示感谢！由于编者水平有限，书中难免有不足之处，敬请专家及广大读者批评指正。

编　者

目录 CONTENTS

绪论 ················· 1
  一、主体结构工程施工课程的研究对象和任务 ············· 1
  二、我国建筑施工技术发展和现状 ······ 1
  三、本课程的学习要求 ········· 2

项目一 脚手架工程施工 ········ 4

典型工作任务一 脚手架认知 ······ 4
  一、基本要求 ················· 4
  二、分类 ····················· 5
  三、扣件式钢管脚手架主要部件 ··· 10
  四、搭设形式 ················ 11

典型工作任务二 扣件式钢管脚手架施工 ············· 11
  一、落地扣件式钢管脚手架构造要点 ···· 11
  二、搭设、拆除施工要求 ········ 18

典型工作任务三 脚手架施工质量安全检查验收 ········· 19
  一、施工质量检查验收要求 ······ 19
  二、施工安全检查要求 ·········· 19

项目二 现浇钢筋混凝土工程施工 ··· 22

典型工作任务一 钢筋工程施工 ···· 23
  一、钢筋进场验收 ············· 23
  二、钢筋存放 ················ 24
  三、钢筋代换 ················ 24
  四、钢筋配料 ················ 25
  五、钢筋的加工 ··············· 31
  六、钢筋接头连接 ············· 32
  七、钢筋安装与绑扎 ··········· 35
  八、钢筋工程施工质量控制 ······ 37

典型工作任务二 模板工程施工 ···· 38
  一、模板的构造与施工 ·········· 38
  二、模板及支撑架设计基本原理 ··· 47
  三、模板工程施工质量控制 ······ 50

典型工作任务三 混凝土工程施工 ··· 51
  一、混凝土的制备 ············· 51
  二、混凝土的运输 ············· 54
  三、混凝土的浇筑 ············· 56
  四、混凝土的质量控制与缺陷防治 ··· 60

典型工作任务四 钢筋混凝土工程质量验收与安全技术 ···· 63
  一、钢筋混凝土结构工程质量验收 ··· 63
  二、钢筋混凝土结构施工安全技术 ··· 68

项目三 砖砌体工程施工 ········ 72

典型工作任务一 砖砌体结构工程施工准备 ············ 72

一、材料准备 …………………… 72
　　二、工具准备 …………………… 77
　　三、施工机械准备 ……………… 79
典型工作任务二　砖砌体工程施工 … 83
　　一、组砌形式 …………………… 83
　　二、施工工艺流程 ……………… 84
　　三、技术要点 …………………… 86
典型工作任务三　砖砌体工程季节性
　　　　　　　　　施工 ………… 89
　　一、冬期施工 …………………… 89
　　二、雨期施工 …………………… 92
典型工作任务四　砖砌体工程施工
　　　　　　　　　质量验收 …… 92
　　一、砖墙砌筑的质量要求 ……… 92
　　二、砖砌体工程施工质量验收 … 94
　　三、构造柱的质量验收 ………… 95

项目四　填充墙砌体工程施工 ………… 98

典型工作任务一　混凝土小型空心砌块
　　　　　　　　　填充墙砌体工程施工 … 98
　　一、构造要求 …………………… 98
　　二、施工前的准备工作 ………… 101
　　三、施工主要工序 ……………… 101
　　四、技术要点 …………………… 102

典型工作任务二　蒸压加气混凝土砌块
　　　　　　　　　填充墙砌体施工 … 104
　　一、施工前的准备工作 ………… 104
　　二、施工工艺流程及技术要点 … 105
典型工作任务三　填充墙砌体工程施工
　　　　　　　　　质量验收 ………… 107
　　一、混凝土小型空心砌块砌体工程 … 107
　　二、填充墙蒸压加气混凝土砌块
　　　　砌体工程 …………………… 108

项目五　装配式混凝土工程施工 …… 111

典型工作任务一　装配式混凝土
　　　　　　　　　构件吊装 ………… 112
　　一、预制混凝土柱施工 ………… 112
　　二、预制混凝土梁施工 ………… 113
　　三、预制混凝土剪力墙施工 …… 114
　　四、预制混凝土楼板施工 ……… 116
　　五、预制混凝土楼梯施工 ……… 119
　　六、预制混凝土外墙挂板施工 … 120
　　七、预制内隔墙施工 …………… 121
典型工作任务二　钢筋套筒灌浆连接 … 122
　　一、施工流程 …………………… 122
　　二、技术要点 …………………… 122
　　三、质量保证措施 ……………… 124

典型工作任务三 后浇混凝土施工 … 124
　一、竖向构件 … 124
　二、水平构件 … 125
典型工作任务四 装配式混凝土结构质量验收 … 126
　一、预制构件进场验收质量控制要点 … 126
　二、预制构件安装质量控制要点 … 127
　三、钢筋工程质量控制要点 … 129
　四、混凝土工程质量控制要点 … 130

项目六 预应力混凝土工程施工 … 133
典型工作任务一 先张法预应力混凝土施工 … 134
　一、先张法预应力混凝土定义及特点 … 134
　二、先张法的施工设备 … 135
　三、先张法的施工工艺 … 139
典型工作任务二 后张法预应力混凝土施工 … 141
　一、后张法预应力混凝土定义及特点 … 141
　二、后张法的施工设备 … 142
　三、后张法的施工工艺 … 146
　四、后张法无粘结预应力混凝土 … 149
　五、电热法施工 … 149
　六、预应力损失 … 150

项目七 钢结构工程施工 … 153
典型工作任务一 钢结构构件制作 … 154
　一、加工制作前的准备工作 … 154
　二、钢结构构件制作及检验流程 … 154
　三、钢结构构件的验收、运输、堆放 … 159
典型工作任务二 钢结构焊接连接 … 160
　一、焊接连接的特点 … 160
　二、焊接方法 … 160
　三、焊缝连接形式及焊缝形式 … 163
　四、焊缝缺陷及焊缝质量检验 … 164
　五、焊缝质量等级的规定 … 165
　六、焊缝代号 … 166
　七、角焊缝的构造要求 … 168
　八、对接焊缝的构造要求 … 169
　九、焊接应力和焊接变形 … 170
典型工作任务三 钢结构螺栓及其他连接 … 171
　一、普通螺栓连接 … 171
　二、高强度螺栓连接 … 172
　三、螺栓连接的排列和构造要求 … 172
　四、高强度螺栓施工 … 174
　五、螺栓图例 … 175
　六、钢结构铆钉连接 … 175
　七、轻钢结构的紧固件连接 … 176

CONTENTS

典型工作任务四　钢结构安装 ……… 176
　一、单层钢结构安装工程 ……… 176
　二、压型金属板安装、检验 ……… 182
　三、多层及高层钢结构安装工程 ……… 184
　四、钢网架结构安装工程 ……… 185

典型工作任务五　钢结构涂装 ……… 187
　一、防腐涂装工程施工 ……… 187
　二、防火涂装工程施工 ……… 188

典型工作任务六　钢结构工程质量保证措施与安全要求 … 189
　一、质量保证组织措施 ……… 189
　二、质量保证监督措施 ……… 190
　三、质量保证技术措施 ……… 190
　四、安全组织措施 ……… 191
　五、安全技术措施 ……… 191

参考文献 ……………………… 197

绪 论

一、主体结构工程施工课程的研究对象和任务

建筑产品的各项功能满足了人们生产和生活的需要,与建筑产品生产有关的行业有房地产业、建筑业、建材业等。现阶段,这些行业在国民经济发展和四个现代化建设中起着重要的作用。

建筑产品(项目)的建设过程是一个复杂的过程,一般要经历决策、设计、施工和竣工验收四个阶段。建筑产品生产过程,即施工阶段是建设过程的一个重要环节,这个阶段将设计图纸变成了高楼大厦。本课程就是从技术层面上研究如何将设计图纸变成建筑产品,以主体结构工程为研究对象,研究其施工规律、施工工艺、施工方法、质量要求和施工安全措施。

相比一般的工业产品,建筑产品体形庞大、功能复杂。为了便于施工和验收,我们常将建筑的施工划分为若干分部和分项工程。根据《建筑工程施工质量验收统一标准》(GB 50300—2013),将单位建筑工程分为地基与基础、主体结构、建筑装饰装修、建筑屋面、建筑给水排水及采暖、建筑电气、智能建筑、通风与空调、电梯九个分部工程。第二项主体结构是本书的研究内容。

本书按照施工特点,将主体结构工程施工划分为脚手架工程施工、现浇钢筋混凝土工程施工、砖砌体工程施工、填充墙砌体工程施工、装配式混凝土工程施工、预应力混凝土工程施工、钢结构工程施工7个项目。每个项目按照施工过程中的典型工作任务划分为若干学习单元,包括施工工艺、施工方法(工种、材料、机具)、质量要求和施工安全措施等方面。

二、我国建筑施工技术发展和现状

古代,我们的祖先在建筑技术上有着辉煌的成就,如殷代用木结构建造的宫室,秦朝所修筑的万里长城,唐代的山西五台山佛光寺大殿,辽代修建的山西应县 66 m 高的木塔及北京故宫建筑,都说明了当时我国的建筑技术已达到了相当高的水平。

随着社会主义建设事业的发展,我国的建筑施工技术也得到了不断的发展和提高。原建设部自 1994 年开始在建筑业推广应用十项新技术,现已扩充为以房屋建筑工程为主要内容的十大类新技术。各地示范工程的带动,也对促进建筑业进步发挥了积极的作用。随着建筑市场秩序逐步规范,科学技术作为第一生产力的作用日益突出,一批具有核心竞争力、技术实力强的企业在市场竞争中迅速发展壮大。但总体来看,我国建筑业仍处于增长方式粗放、效益较低的发展阶段,一些企业缺乏主动采用新材料、新工艺、新技术的动力,众

多工程仍在使用落后的工艺和技术。为了树立和落实科学发展观，促进经济增长方式的转变，要在建筑业继续加大以十项新技术为主要内容的新技术推广力度，带动全行业整体技术水平的提高。

对于钢筋混凝土结构，在混凝土工程中推广应用了混凝土裂缝防治、自密实混凝土、清水混凝土、超高泵送混凝土、混凝土耐久性、高强度混凝土、商品混凝土等技术；在钢筋工程中采用了高效钢筋（热轧带肋钢筋、冷轧带肋钢筋）、焊接钢筋网、粗直径钢筋直螺纹机械连接等技术；在模板工程中应用了清水混凝土模板、大模板、早拆模板、爬模、滑模等技术；在预应力施工技术方面由粘结预应力发展到无粘结预应力、拉索施工技术；在脚手架工程中在广泛应用扣件式脚手架的基础上，推广了碗扣式脚手架、爬升脚手架、外挂式脚手架、悬挑式脚手架等技术。

随着国民经济的发展，钢结构技术得到迅速发展，钢结构CAD设计与CAM制造、厚钢板焊接、钢结构安装施工仿真技术、大跨度空间结构与大型钢构件的滑移施工、大跨度空间结构与大跨度钢结构的整体顶升与提升施工、轻钢混凝土结构、预应力钢结构、住宅钢结构、高强度钢材、钢结构的防火防腐等技术得到发展和成熟。

在节能和环保建筑方面，一大批应用技术出现在各种建筑中，主要有新型墙体材料、节能型门窗、节能型建筑检测与评估技术、新型空调和采暖技术、地源热泵供暖空调技术、供热采暖系统温控与热计量技术、预拌砂浆等技术。

为解决中国建筑渗漏的通病，各种新型防水材料和技术的应用起到了很好的效果，如高聚物改性沥青防水卷材、自粘型橡胶沥青防水卷材、合成高分子防水卷材、建筑防水涂料、建筑密封材料、刚性防水砂浆、防渗堵漏技术等。

在施工过程监测和控制技术方面，GPS（全球定位系统）、全站仪、激光投垂仪等先进仪器在施工过程测量、施工控制网、施工放样中的应用极大地提高了测量精度，降低了施工技术人员的工作强度。另外，在地下工程自动导向测量、特殊施工过程监测和控制技术、深基坑工程监测和控制、大体积混凝土温度监测和控制、大跨度结构施工过程中受力与变形监测和控制等方面也有大的发展和进步。

当今世界进入信息化时代，建筑企业管理信息化技术在工具、管理信息、信息标准化等方面也得到一定的发展。但是，目前我国的施工技术水平与一些发达国家的先进施工技术水平相比，还存在一定的差距，特别是在机械化施工、安全保障、新材料的施工工艺、建筑节能及信息化技术应用等方面，还需加倍努力，加快实现建筑施工现代化的步伐。

三、本课程的学习要求

主体结构工程施工是一门综合性很强的专业技术课。它与建筑工程测量、建筑材料、建筑力学、建筑结构、地基与基础、建筑机械、房屋建筑学、建筑施工组织、建筑工程概预算等学科有着密切联系，学习中应注意与相关课程的有关内容衔接、配合。

本书是以教材为目的编写的，不作为工具书，重点介绍了主要分项工程的常用施工工艺的主要施工方法。学习中要结合学习国家颁发的建筑工程施工的验收规范和规程，这些规范、规程是我国建筑科学技术和实践经验的结晶。规范是建筑产品要达到的国家技术标准，也是建筑人员必须遵守的准则，各地区或企业的施工规程是将规范落实到具体的施工工艺过程中。规范规定了标准,规程阐明了方法。只有按规程施工,才能达到规范要求。

主体结构工程施工是一门实践性很强的专业技术课。学习中应将理论、经验和实践相结合;课堂讲授和幻灯、录像等电化教学方法相结合;理论教学和认识实习相结合;并应重视习题和课程设计、技能训练。在掌握大量理论知识的基础上,进入施工现场进行生产实习,参与施工,培养施工管理和解决技术问题的能力,为继续提高打下基础。

项目一　脚手架工程施工

知识目标

1. 掌握扣件式钢管脚手架的构造要点、搭设和拆除要求；
2. 熟悉扣件式钢管脚手架的施工质量检查与验收要点；
3. 熟悉扣件式钢管脚手架的安全施工要点；
4. 了解脚手架的作用、基本要求及分类。

能力目标

1. 能根据项目需要合理选择脚手架形式；
2. 能编写扣件式钢管脚手架施工方案；
3. 能进行扣件式钢管脚手架质量检查与验收；
4. 能进行扣件式钢管脚手架安全施工检查。

脚手架是施工现场为工人操作并解决垂直和水平运输而搭设的各种支架。脚手架的作用主要有以下几点：

(1)堆放及运输一定数量的建筑材料。
(2)保证施工人员在高处作业时的安全。
(3)满足短距离的水平运输要求。

脚手架是建筑施工过程中必须使用的重要设施，对施工安全、工程进度和施工质量有着直接影响。因此，我们必须认识脚手架和垂直运输机械在建筑施工中的重要作用，一定要重视脚手架的搭、拆质量及使用安全。

典型工作任务一　脚手架认知

一、基本要求

(1)有足够的宽度(或面积)、步架高度、离墙距离，能满足工人操作、材料堆放和运输需要。工人在砌筑砖墙时，劳动生产率受砌体砌筑高度的影响，在距地面 0.6 m 时生产率最高，高度低于或高于 0.6 m 时生产率均下降。砌筑到一定高度后，不搭设脚手架砌筑工作将无法进行。考虑到砌砖的工作效率和施工组织等因素，每次脚手架的搭设高度以 1.2 m 为宜,称为"一步架高度",又称为墙体的可砌高度。

(2)有足够的强度、刚度和稳定性,保证施工期间在各种荷载作用下,脚手架不变形、不倾斜、不摇晃。

(3)与垂直运输设备和楼层作业面高度相互适应,以确保材料垂直运输转入楼层水平运输的需要。

(4)搭设、拆除和搬运方便,能多次周转使用。

(5)应考虑多层作业、交叉流水作业和多工种作业的要求,减少搭、拆次数。

二、分类

(一)按照与建筑物的位置关系

按照与建筑物的位置关系,脚手架可分为外脚手架和里脚手架。

(1)外脚手架。外脚手架沿建筑物外围从地面搭起,既可用于外墙砌筑,又可用于外装饰施工。

(2)里脚手架。里脚手架搭设于建筑物内部,每砌完一层墙后,即将其转移到上一层楼面,进行新一层的砌体砌筑,它可用于内外墙的砌筑和室内装饰施工。里脚手架用料少,但装拆频繁,故要求轻便灵活,装拆方便。其结构形式有折叠式、支柱式和门架式等多种。

(二)按照结构形式

按照结构形式,脚手架可分为多立杆式脚手架、碗扣式脚手架、门式脚手架、附着式升降脚手架及悬吊式脚手架等。现阶段,多立杆式脚手架使用最为广泛,将在典型工作任务二中详细介绍,此处不再赘述。

1. 碗扣式钢管脚手架

碗扣式钢管脚手架是采用定型钢管杆件和碗扣接头连接的承插式多立杆脚手架,是我国科技人员参考国外经验自行研制的一种新型多功能脚手架。其杆件节点处采用碗扣连接,由于碗扣是固定在钢管上的,构件全部轴向连接,具有结构简单、力学性能好、接头构造合理、工作安全可靠、拆装方便、操作容易、构件自重轻、作业强度低、零部件少、损耗率低、多种功能等优点。

碗扣式钢管脚手架由钢管立杆、横杆、碗扣接头等组成。其基本构造和搭设要求与扣件式钢管脚手架类似,不同之处主要在于碗扣接头。

碗扣接头是该脚手架系统的核心部件,它由上碗扣、下碗扣、横杆接头和上碗扣的限位销等组成,如图1-1所示。

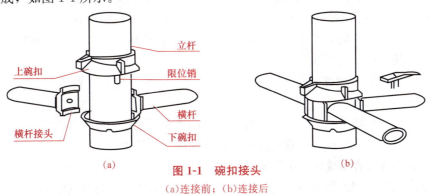

图1-1 碗扣接头
(a)连接前;(b)连接后

上、下碗扣和限位销按 60 cm 的间距设置在钢管立杆之上，其中下碗扣和限位销则直接焊在立杆上。组装时，将上碗扣的缺口对准限位销后，即可将上碗扣向上抬起，把横杆接头插入下碗扣圆槽内，随后将上碗扣沿限位销滑下并顺时针旋转以扣紧横杆接头。碗扣接头可同时连接 4 根横杆，可以互相垂直或偏转一定角度。

2. 门式脚手架

门式脚手架又称框组式脚手架，是目前国际上应用较为普遍的脚手架之一。它有很多用途，除用于搭设外脚手架、内脚手架、工作台和模板支架外，还可以搭设用于垂直运输的井字架等。

这种脚手架的搭设高度限制在 45 m 以内，轻载时 60 m 以内，在采取一定措施后可达到 80 m 左右，当架高为 19~38 m 时，可三层同时操作，17 m 以下时，可四层同时作业。

门式脚手架由门式框架（门架）、交叉支撑（剪刀撑）和水平梁架或脚手板构成基本单元，如图 1-2(a) 所示。基本单元通过连接棒、锁臂连接，并增加底座、垫板构成整片脚手架，如图 1-2(b) 所示。

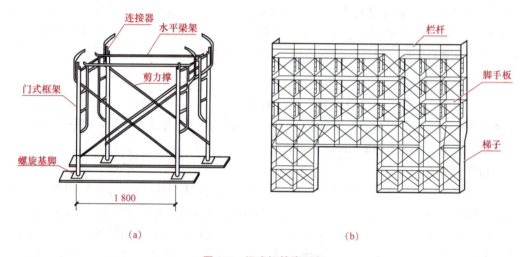

图 1-2　门式钢管脚手架
(a) 基本单元；(b) 门式外脚手架

基本单元部件包括门架、交叉支撑和水平架等。门架是门式脚手架的主要部件，有多种不同形式。标准型是基本的形式，主要用于构成脚手架的基本单元。

底座有可调底座、简易底座和带脚轮底座三种。可调底座可调高 200~550 mm，能适应不平的地面，可用其将各门架顶部调节到同一水平面上，如图 1-3(a) 所示。简易底座只起支承作用，无调高功能，使用它时要求地面平整，如图 1-3(b) 所示。带脚轮底座多用于操作平台，以满足移动的需要。

托座有平板和 L 形两种，置于门架竖杆的上端，多带有丝杠以调节高度，主要用于支模架。图 1-3(c) 所示为可调 U 形顶托。

脚手板一般为钢脚手板，其两端带有挂扣，搁置在门架的横梁上并扣紧。

梯子为设有踏步的斜梯，分别扣挂在上、下两层门架的横梁上。

扣墙器和扣墙管都是确保脚手架整体稳定的拉结杆。

托架分定长臂和伸缩臂两种形式，以适应脚手架距离墙面较远时的需要。

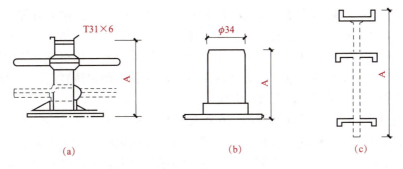

图 1-3　底座和托座
(a)可调底座；(b)简易底座；(c)可调 U 形顶托

3. 附着升降式脚手架

近年来在高层建筑及筒仓、竖井、桥墩等施工中发展了多种形式的外挂脚手架，其中应用较为广泛的是升降式脚手架，其包括自升降式、互升降式和整体升降式三种类型。

(1)自升降式脚手架。自升降式脚手架的升降运动是通过手动或电动倒链交替对活动架和固定架进行升降来实现的。从升降架的构造来看，活动架和固定架之间能够进行上下相对运动。当脚手架工作时，活动架和固定架均用附墙螺栓与墙体锚固，两架之间无相对运动；当脚手架需要升降时，活动架与固定架中的一个架子仍然锚固在墙体上，使用倒链对另一个架子进行升降，两架之间便产生相对运动。通过活动架和固定架交替附墙，互相升降，脚手架即可沿着墙体上的预留孔逐层升降。

爬升操作过程如下：爬升可分段进行，视设备、劳动力和施工进度而定，每个爬升过程提升 1.5～2 m，每个爬升过程分两步进行(图 1-4)。

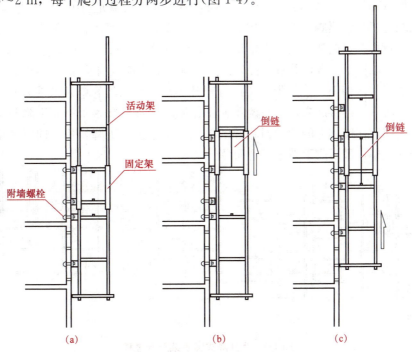

图 1-4　自升降式脚手架爬升过程
(a)爬升前的位置；(b)活动架爬升(半个层高)；(c)固定架爬升(半个层高)

①爬升活动架。解除脚手架上部的连接杆，在一个升降单元两端升降架的吊钩处，各配置1只倒链，倒链的上、下吊钩分别挂入固定架和活动架的相应吊钩内。操作人员位于活动架上，倒链受力后卸去活动架附墙支座的螺栓，活动架即被倒链挂在固定架上，然后在两端同步提升，活动架即呈水平状态徐徐上升。爬升到达预定位置后，将活动架用附墙螺栓与墙体锚固，卸下倒链，活动架爬升完毕。

②爬升固定架。同爬升活动架相似，在吊钩处用倒链的上、下吊钩分别挂入活动架和固定架的相应吊钩内，倒链受力后卸去固定架附墙支座的附墙螺栓，固定架即被倒链挂吊在活动架上。然后在两端同步抽动倒链，固定架即徐徐上升，同样爬升至预定位置后，将固定架用附墙螺栓与墙体锚固，卸下倒链，固定架爬升完毕。

至此，脚手架完成了一个爬升过程。待爬升一个施工高度后，重新设置上部连接杆，脚手架进入工作状态，以后按此循环操作，脚手架即可不断爬升，直至结构到顶。

与爬升操作顺序相反，下降顺着爬升时用过的墙体预留孔倒行，脚手架即可逐层下降，同时把留在墙面上的预留孔修补完毕，最后脚手架返回地面。

(2) 互升降式脚手架。互升降式脚手架将脚手架分为甲、乙两种单元，通过倒链交替对甲、乙两单元进行升降。互升降式脚手架的性能特点是：结构简单，易于操作控制；架子搭设高度低，用料省；操作人员不在被升降的架体上，增加了操作人员的安全性；脚手架结构刚度较大；附墙的跨度大。它适用于框架剪力墙结构的高层建筑、水坝、筒体等施工。

脚手架爬升前应进行全面检查，主要检查预留附墙连接点的位置是否符合要求，预埋件是否牢靠；架体上的横梁设置是否牢固；升降单元的导向装置是否可靠；升降单元与周围的约束是否解除，升降有无障碍；架子上是否有杂物；所适用的提升设备是否符合要求等，当确认以上各项都符合要求后方可进行爬升。

爬升操作过程如下：当脚手架需要工作时，甲单元与乙单元均用附墙螺栓与墙体锚固，两架之间无相对运动；当脚手架需要提升时，一个单元仍然锚固在墙体上，使用倒链对相邻一个架子进行提升，两架之间便产生相对运动。通过甲、乙两单元交替附墙，相互升降，脚手架即可沿着墙体上的预留孔逐层提升。提升到位后，应及时将架子同结构固定；然后，用同样的方法对与之相邻的单元脚手架进行爬升操作，待相邻的单元脚手架升至预定位置后，将两单元脚手架连接起来，并在两单元操作层之间铺设脚手板。而下降与爬升操作顺序相反，利用固定在墙体上的架子对相邻的单元脚手架进行下降操作，同时把留在墙面上的预留孔修补完毕，最后脚手架返回地面(图1-5)。

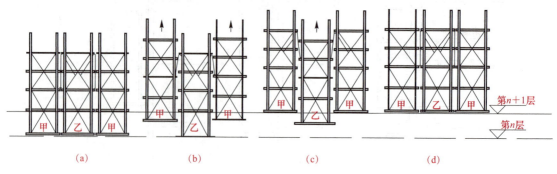

图 1-5　互升降式脚手架爬升过程

(a)第 n 层作业；(b)提升甲单元；(c)提升乙单元；(d)第 $n+1$ 层作业

(3)整体升降式脚手架。在超高层建筑的主体施工中,整体升降式脚手架具有明显的优越性,其结构整体性好、升降快捷方便、机械化程度高、经济效益显著,是一种很有推广使用价值的超高建(构)筑外脚手架。

整体升降式外脚手架以电动倒链为提升机,使整个外脚手架沿建筑物外墙或柱整体向上爬升。搭设高度依建筑物施工层的层高而定,一般取建筑物标准层4个层高加1步安全栏的高度为架体的总高度。脚手架为双排,宽度以0.8~1 m为宜,里排杆离建筑物净距0.4~0.6 m。脚手架的横杆和立杆间距都不宜超过1.8 m,可将1个标准层高分为两步架,以此步距为基数确定架体横杆、立杆的间距。

架体设计时可将架子沿建筑物外围分成若干单元,每个单元的宽度参考建筑物的开间而定,一般为5~9 m。

爬升操作过程如下:短暂开动电动倒链,将电动倒链与承力架之间的吊链拉紧,使其处在初始受力状态。松开架体与建筑物的固定拉结点。松开承力架与建筑物相连的螺栓和斜拉杆,开启电动倒链开始爬升。爬升过程中应随时观察架子的同步情况,如发现不同步应及时停机进行调整。爬升到位后,先安装承力架与混凝土边梁的紧固螺栓,并将承力架的斜拉杆与上层边梁固定,然后安装架体上部与建筑物的各拉结点。待检查符合安全要求后,脚手架可开始使用,进行上一层的主体施工。在新一层主体施工期间,将电动倒链及其挑梁摘下,用滑轮或手动倒链转至上一层重新安装,为下一层爬升作准备。而下降与爬升操作顺序相反,利用电动倒链顺着爬升用的墙体预留孔倒行,脚手架即可逐层下降,同时把留在墙面上的预留孔修补完毕,最后脚手架返回地面(图1-6)。

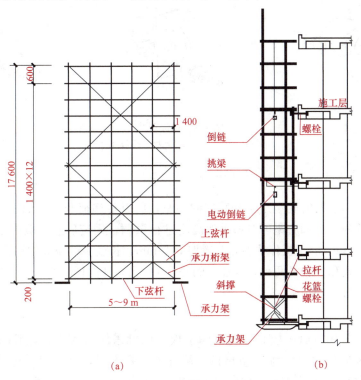

图1-6 整体升降式脚手架
(a)立面图;(b)侧面图

三、扣件式钢管脚手架主要部件

扣件式钢管脚手架属多立杆式脚手架,是目前在建筑工地使用最为广泛的一种脚手架。其优点是装拆方便、搭设灵活,能适应建筑物平面及高度的变化;强度高、搭设高度大、坚固耐用、周转次数多。

扣件式钢管脚手架主要由钢管、扣件、底座、脚手板等组成。

1. 钢管

钢管杆件一般采用外径为 48 mm、壁厚为 3.5 mm 的焊接钢管或无缝钢管,也可用外径为 50~51 mm、壁厚为 3~4 mm 的焊接钢管或其他钢管。根据钢管在脚手架中的位置和作用不同,可分为立杆、大横杆、小横杆、连墙杆、剪刀撑、斜杆和抛撑(在脚手架立面之外设置的斜撑)。用于立杆、大横杆、剪刀撑和斜杆的钢管最大长度为 4~6.5 m,以便适合人工操作。用于小横杆的钢管长度宜在 1.8~2.2 m,以适应脚手宽的需要。

2. 扣件

扣件是钢管与钢管间的连接件,其有直角扣件、旋转扣件、对接扣件三种基本形式,如图 1-7 所示。

(1)直角扣件:用于连接两根互相垂直交叉的钢管,如图 1-7(a)所示。

(2)旋转扣件:用于连接两根呈任意角度相交的钢管,如图 1-7(b)所示。

(3)对接扣件:用于两根钢管的对接连接,如图 1-7(c)所示。

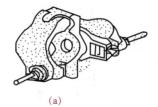 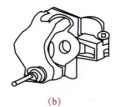 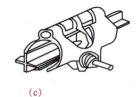

(a)　　　　　　　　　　(b)　　　　　　　　　　(c)

图 1-7　扣件形式

(a)直角扣件;(b)旋转扣件;(c)对接扣件

3. 底座

扣件式钢管脚手架的底座是立杆底部的垫座,用以传递荷载到地面上。底座有可调底座和固定底座两种,可调底座可对脚手架高度进行微调。固定底座一般采用厚度为 8 mm、边长为 150~200 mm 的钢板作底板,与壁厚 3.5 mm、长度 150 mm 的钢管套筒焊接而成。底座形式有内插式和外套式两种,内插式的外径 D_1 比立杆内径小 2 mm,外套式的内径 D_2 比立杆外径大 2 mm。如图 1-8 所示。

4. 脚手板

脚手板一般采用木脚手板和定型钢脚手板,也可采用竹脚手板,其材质应符合规范要求。木脚手板应采用厚度为 50 mm 的非脆性无腐朽木材,且不得有超过允许的变形和缺陷。钢制脚手板应采用厚度为 2~3 mm 的 3 号钢钢板,以长度 1.4~3.6 m、宽度 23~25 cm、肋高 5 cm 为宜,两端应有连接装置,板面有防滑孔,凡有裂纹、扭曲的不得使用。

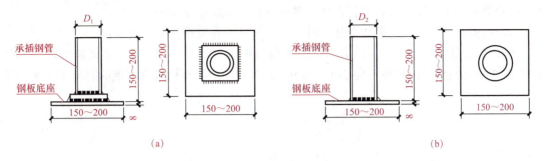

图 1-8 扣件式钢管脚手架底座
(a)内插式底座；(b)外套式底座

四、搭设形式

钢管外脚手架分为双排式和单排式两种搭设形式，如图 1-9 所示。

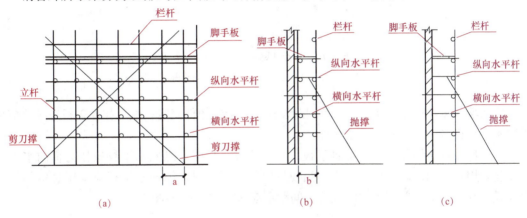

图 1-9 落地扣件式钢管脚手架搭设形式
(a)立面；(b)侧面(双排)；(c)侧面(单排)

扣件式钢管单排脚手架搭设高度不宜超过 24 m，不宜用于厚度小于或等于 180 mm 的墙体、空斗砖墙、加气块墙等轻质墙体以及砌筑砂浆强度等级小于或等于 M10 的砖墙。双排式脚手架多、高层房屋均可采用，当房屋高度超过 50 m 时，需专门设计。

典型工作任务二　扣件式钢管脚手架施工

一、落地扣件式钢管脚手架构造要点

(一)纵向水平杆

纵向水平杆的构造应符合下列规定：

(1)纵向水平杆应设置在立杆内侧,单根杆长度不应小于3跨。

(2)纵向水平杆接长应采用对接扣件连接或搭接,并应符合下列规定:

①两根相邻纵向水平杆的接头不应设置在同步或同跨内;不同步或不同跨的两个相邻接头在水平方向错开的距离不应小于500 mm;各接头中心至最近主节点的距离不应大于纵距的1/3(图1-10)。

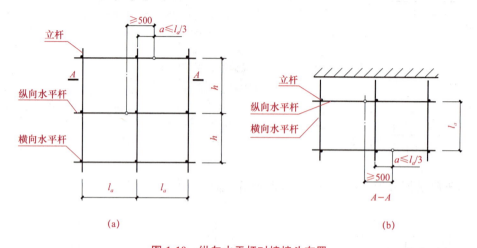

图 1-10 纵向水平杆对接接头布置
(a)接头不在同步内(立面);(b)接头不在同跨内(平面)

②搭接长度不应小于1 m,应等间距设置3个旋转扣件固定;端部扣件盖板边缘至搭接纵向水平杆杆端的距离不应小于100 mm。

③当使用冲压钢脚手板、木脚手板、竹串片脚手板时,纵向水平杆应作为横向水平杆的支座,用直角扣件固定在立杆上;当使用竹笆脚手板时,纵向水平杆应采用直角扣件固定在横向水平杆上,并应等间距设置,间距不应大于400 mm(图1-11)。

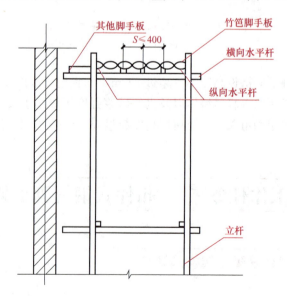

图 1-11 铺竹笆脚手板时纵向水平杆的构造

(二)横向水平杆

横向水平杆的构造应符合下列规定:

(1)作业层上非主节点处的横向水平杆,宜根据支承脚手板的需要等间距设置,最大间距不应大于纵距的1/2。

(2)当使用冲压钢脚手板、木脚手板、竹串片脚手板时,双排脚手架的横向水平杆两端均应采用直角扣件固定在纵向水平杆上;单排脚手架的横向水平杆的一端应用直角扣件固定在纵向水平杆上,另一端应插入墙内,插入长度不应小于180 mm。

(3)当使用竹笆脚手板时,双排脚手架的横向水平杆两端应用直角扣件固定在立杆上;单排脚手架的横向水平杆的一端应用直角扣件固定在立杆上,另一端插入墙内,插入长度不应小于180 mm。

(4)主节点处必须设置一根横向水平杆,用直角扣件扣接且严禁拆除。

(三)脚手板

脚手板的设置应符合下列规定:

(1)作业层脚手板应铺满、铺稳、铺实。

(2)冲压钢脚手板、木脚手板、竹串片脚手板等,应设置在三根横向水平杆上。当脚手板长度小于2 m时,可采用两根横向水平杆支承,但应将脚手板两端与横向水平杆可靠固定,严防倾翻。脚手板的铺设应采用对接平铺或搭接铺设。脚手板对接平铺时,接头处应设两根横向水平杆,脚手板外伸长度应取130~150 mm,两块脚手板外伸长度的和不应大于300 mm[图1-12(a)];脚手板搭接铺设时,接头应支在横向水平杆上,搭接长度不应小于200 mm,其伸出横向水平杆的长度不应小于100 mm[图1-12(b)]。

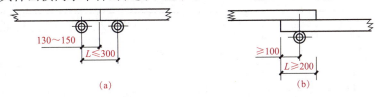

图1-12 脚手板对接、搭接构造
(a)脚手板对接;(b)脚手板搭接

(3)竹笆脚手板应按其主竹筋垂直于纵向水平杆方向铺设,且应对接平铺,四个角应用直径不小于1.2 mm的镀锌钢丝固定在纵向水平杆上。

(4)作业层端部脚手板探头长度应取150 mm,其板的两端均应固定于支承杆件上。

(四)立杆

每根立杆底部宜设置底座或垫板。脚手架必须设置纵、横向扫地杆。纵向扫地杆应采用直角扣件固定在距钢管底端不大于200 mm处的立杆上。横向扫地杆应采用直角扣件固定在紧靠纵向扫地杆下方的立杆上。

脚手架立杆基础不在同一高度上时,必须将高处的纵向扫地杆向低处延长两跨与立杆固定,高低差不应大于1 m。靠边坡上方的立杆轴线到边坡的距离不应小于500 mm(图1-13)。

单、双排脚手架底层步距均不应大于2 m。单排、双排与满堂脚手架立杆接长除顶层顶步外,其余各层各步接头必须采用对接扣件连接。脚手架立杆顶端栏杆宜高出女儿墙上端1 m,宜高出檐口上端1.5 m。

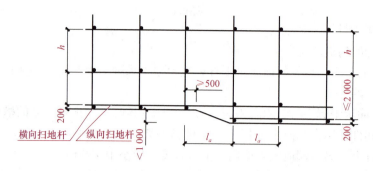

图 1-13　纵、横向扫地杆构造

脚手架立杆的对接、搭接应符合下列规定：

(1)当立杆采用对接接长时，立杆的对接扣件应交错布置，两根相邻立杆的接头不应设置在同步内，同步内隔一根立杆的两个相隔接头在高度方向错开的距离不宜小于 500 mm；各接头中心至主节点的距离不宜大于步距的 1/3。

(2)当立杆采用搭接接长时，搭接长度不应小于 1 m，并应采用不少于 2 个旋转扣件固定。端部扣件盖板的边缘至杆端距离不应小于 100 mm。

(五)连墙件

脚手架连墙件设置的位置、数量应按专项施工方案确定。脚手架连墙件数量的设置除应满足《建筑施工扣件式钢管脚手架安全技术规范》(JGJ 130—2011)的计算要求外，还应符合表 1-1 的规定。

表 1-1　连墙件布置最大间距

搭设方法	高度/m	竖向间距/h	水平间距/l_a	每根连墙件的覆盖面积/m^2
双排落地	≤50	$3h$	$3l_a$	≤40
双排悬挑	>50	$2h$	$3l_a$	≤27
单排	≤24	$3h$	$3l_a$	≤40

注：h—步距；l_a—纵距。

连墙件的布置应符合下列规定：

(1)应靠近主节点设置，偏离主节点的距离不应大于 300 mm。

(2)应从底层第一步纵向水平杆处开始设置，当该处设置有困难时，应采用其他可靠措施固定。

(3)应优先采用菱形布置，或采用方形、矩形布置。

开口型脚手架的两端必须设置连墙件，连墙件的垂直间距不应大于建筑物的层高，并且不应大于 4 m。连墙件中的连墙杆应呈水平设置，当不能水平设置时，应向脚手架一端下斜连接。连墙件必须采用可承受拉力和压力的构造。对高度 24 m 以上的双排脚手架，应采用刚性连墙件与建筑物连接。

当脚手架下部暂不能设连墙件时应采取防倾覆措施。当搭设抛撑时，抛撑应采用通长杆件，并用旋转扣件固定在脚手架上，与地面的倾角应为 45°～60°；连接点中心至主节点的距离不应大于 300 mm。抛撑应在连墙件搭设后再拆除。架高超过 40 m 且有风涡流作用时，应采取抗上升翻流作用的连墙措施。

(六)门洞

单、双排脚手架门洞宜采用上升斜杆、平行弦杆桁架结构形式(图1-14)，斜杆与地面的倾角 α 应为 $45°\sim60°$。门洞桁架的形式宜按下列要求确定：

(1)当步距(h)小于纵距(l_a)时，应采用A型。

(2)当步距(h)大于纵距(l_a)时，应采用B型，并应符合下列规定：

①$h=1.8$ m时，纵距不应大于1.5 m；

②$h=2.0$ m时，纵距不应大于1.2 m。

单、双排脚手架门洞桁架的构造应符合下列规定：

(1)单排脚手架门洞处，应在平面桁架(图1-14中 $ABCD$)的每一节间设置一根斜腹杆；双排脚手架门洞处的空间桁架，除下弦平面外，应在其余5个平面内的图示节间设置一根斜腹杆(图1-14中1—1、2—2、3—3剖面)。

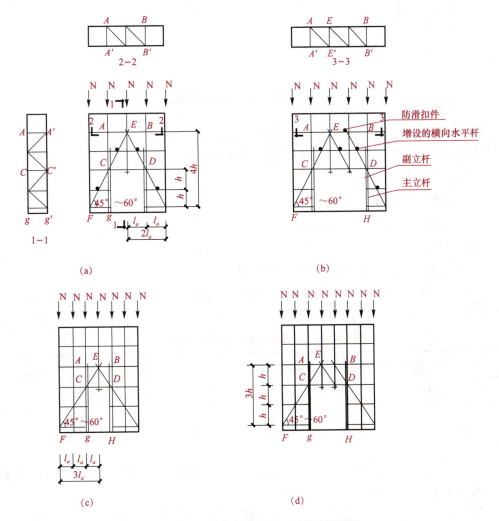

图1-14 门洞处上升斜杆、平行弦杆桁架

(a)挑空一根立杆(A型)；(b)挑空二根立杆(A型)；(c)挑空一根立杆(B型)；(d)挑空二根立杆(B型)

(2)斜腹杆宜采用旋转扣件固定在与之相交的横向水平杆的伸出端上,旋转扣件中心线至主节点的距离不宜大于 150 mm。当斜腹杆在 1 跨内跨越 2 个步距(图 1-14A 型)时,宜在相交的纵向水平杆处,增设一根横向水平杆,将斜腹杆固定在其伸出端上。

(3)斜腹杆宜采用通长杆件,当必须接长使用时,宜采用对接扣件连接,也可采用搭接。

(4)单排脚手架过窗洞时应增设立杆或增设一根纵向水平杆(图 1-15)。

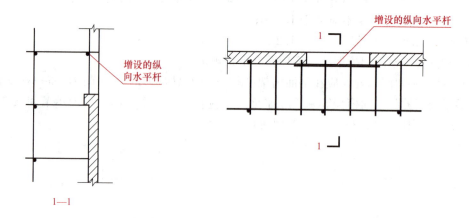

图 1-15 单排脚手架过窗洞构造

(5)门洞桁架下的两侧立杆应为双管立杆,副立杆高度应高于门洞口 1～2 步。

(6)门洞桁架中伸出上下弦杆的杆件端头,均应增设一个防滑扣件(图 1-14),该扣件宜紧靠主节点处的扣件。

(七)剪刀撑与横向斜撑

双排脚手架应设置剪刀撑与横向斜撑,单排脚手架应设置剪刀撑。

1. 剪刀撑

单、双排脚手架剪刀撑的设置应符合下列规定:

(1)每道剪刀撑跨越立杆的根数应按表 1-2 的规定确定。每道剪刀撑宽度不应小于 4 跨,且不应小于 6 m,斜杆与地面的倾角应为 45°～60°。

表 1-2 剪刀撑跨越立杆的最多根数

剪刀撑斜杆与地面的倾角 a	45°	50°	60°
剪刀撑跨越立杆的最多根数 n	7	6	5

(2)剪刀撑斜杆的接长应采用搭接或对接,搭接应符合前述脚手架立杆的对接、搭接规定。

(3)剪刀撑斜杆应用旋转扣件固定在与之相交的横向水平杆的伸出端或立杆上,旋转扣件中心线至主节点的距离不应大于 150 mm。

高度在 24 m 及以上的双排脚手架应在外侧全立面连续设置剪刀撑;高度在 24 m 以下的单、双排脚手架,均必须在外侧两端、转角及中间间隔不超过 15 m 的立面上,各设置一道剪刀撑,并应由底至顶连续设置(图 1-16)。

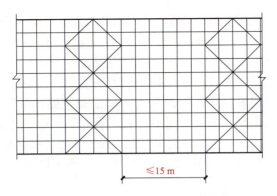

图 1-16 高度 24 m 以下剪刀撑布置

2. 斜撑

双排脚手架横向斜撑的设置应符合下列规定：

(1)横向斜撑应在同一节间，由底至顶层呈"之"字形连续布置。

(2)高度在 24 m 以下的封闭型双排脚手架可不设横向斜撑，高度在 24 m 以上的封闭型脚手架，除拐角应设置横向斜撑外，中间应每隔 6 跨距设置一道。

(3)开口型双排脚手架的两端均必须设置横向斜撑。

(八)斜道

高度不大于 6 m 的脚手架，宜采用"一"字形斜道；高度大于 6 m 的脚手架，宜采用"之"字形斜道。其构造应符合下列规定：

(1)斜道应附着外脚手架或建筑物设置。

(2)运料斜道宽度不应小于 1.5 m，坡度不应大于 1∶6；人行斜道宽度不应小于 1 m，坡度不应大于 1∶3。

(3)拐弯处应设置平台，其宽度不应小于斜道宽度。

(4)斜道两侧及平台外围均应设置栏杆及挡脚板。栏杆高度应为 1.2 m，挡脚板高度不应小于 180 mm。

(5)运料斜道两端、平台外围和端部均应按前述规定设置连墙件；每两步应加设水平斜杆；应按前述规定设置剪刀撑和横向斜撑。

斜道脚手板构造应符合下列规定：

(1)脚手板横铺时，应在横向水平杆下增设纵向支托杆，纵向支托杆间距不应大于 500 mm。

(2)脚手板顺铺时，接头应采用搭接，下面的板头应压住上面的板头，板头的凸棱处应采用三角木填顺。

(3)人行斜道和运料斜道的脚手板上应每隔 250~300 mm 设置一根防滑木条，木条厚度应为 20~30 mm。

(九)安全网

在多层、高层建筑施工时，为保证施工安全和减少灰尘、噪声、光污染，需要架设安全网。安全网包括立网和平网两部分。安全网的架设要随着楼层施工的增高而逐步上升，在高层施工中，外侧应自下而上满挂密目式安全网。除此之外，还应在每隔 4~6 层的位置设置一道安全平网。目前施工中所采用的安全网大多是由 $\phi 9$ mm 的麻绳、棕绳或尼龙绳编织而成,规格一般为 6 m×3 m,网眼规格为 5 cm×5 cm。当采用里脚手架砌筑外墙时,在上一层楼层窗口墙内放置一根横杆,与安全网的内横杆绑扎牢固,安全网外横杆与斜杆上端联结,斜杆下端与一根横杆相接,并与下层窗口墙内横杆绑扎牢固。对于无窗口的山墙,可在墙角内设立立杆来架设安全网或在墙体内预埋"Ω"形钢筋环来支承斜杆,或者采用穿墙钢管加转卡来支承斜杆。安全网的斜杆间距一般应不大于 4 m。但这种架设安全网的方法比较麻烦,速度较慢。也有的施工单位采用自制或购置的钢吊杆来架设安全网。相比之下,后者更具有制作简单、运输使用方便、轻巧、施工速度快的优点,它包括自制销片、钢吊杆和斜杆等。

对于工具式钢吊杆架设安全网,钢吊杆通常采用 $\phi 12$ 的钢筋制作,长 1 560 mm,在吊杆上端弯一直弯钩,挂在预埋入墙体的销片上,在直角弯钩的另一侧平焊一个 $\phi 12$ 挂钩,用来拴住安全网,在挂钩下端焊接一个拉尼龙绳的圆环。下端焊接一个可装设斜杆的活动铰座和靠墙支座,靠墙支座要能够保证吊杆稳定和受到坠物作用力时不发生旋转。斜杆用两根 25×4 的角钢焊成方形,长 2 800 mm,顶端也焊一个 $\phi 12$ 挂钩用来挂住安全网。在斜杆中间焊接一个挂尼龙绳的环,底端用 M12 螺栓与吊杆的底端铰支座连接。装设这种工具式结构时,可通过挂在吊杆和斜杆上尼龙绳的长度来调节斜杆的倾斜度,吊杆沿着建筑物的外墙而进行设置,间距一般为 3~4 m。

对于高层建筑,如果是采用在外墙面满搭外脚手架施工,应当沿脚手架外立杆的外侧满挂密目式安全网,由下往上的第一步架应当满铺脚手板,每一作业层的脚手板下应沿水平方向平挂安全网,其余每隔 4~6 层加设一层水平安全网。如果是采用吊篮或悬挂脚手架施工,除顶面和靠墙面外,在其他各面应满挂密目安全网,在底层架设宽度至少为 4 m 的安全网,其余每隔 4~6 层挑出一层安全网。如果是采用挑脚手架施工,当挑脚手架升高以后,不拆除悬挑支架加绑斜杆钩挂安全网。

在架设安全网时,安全网的伸出宽度若无要求,至少应不小于 2 m,而网的搭接应当牢固。在架设好脚手架安全网后,每块支好的安全网应至少能承受 1.6 kN 的冲击荷载作用。施工过程中要经常对安全网进行检查和维护,禁止向网内抛掷杂物,以保障安全。

二、搭设、拆除施工要求

(一)搭设施工要求

扣件式钢管脚手架搭设范围内的地基要夯实找平,做好排水处理,防止积水浸泡地基,产生脚手架的不均匀下沉,引起脚手架的倾斜变形。

立杆底座须在底下垫以木板或垫块,不得将底座直接置于土地上,以便均匀分布由立杆传来的荷载。杆件搭设时应注意立杆垂直,竖立第一节立柱时,每 6 跨应暂设一根抛撑(垂直于大横杆,一端支承在地面上),直至固定件架设好后方可根据情况拆除。

杆件搭设顺序:摆放扫地杆(贴近地面的大横杆)→逐根竖立立杆,随即与扫地杆扣紧→安装扫地小横杆并与立杆或扫地杆扣紧→安装第一步大横杆(与各立杆扣紧)→安装第一步小横杆→安装第二步大横杆→安装第二步小横杆→加设临时斜撑杆(上端与第二步大横杆扣紧,在装设两道连墙杆后可拆除)→安装第三、四步大横杆和小横杆→连墙杆→接立杆→加设剪刀撑→铺脚手板。

搭设时扣件应按要求拧紧，不得过松或过紧。随着墙体的砌筑应随即设置连墙杆与墙锚拉牢固，并应随时校正杆件的垂直与水平偏差，使之符合规定要求。

(二)拆除施工要求

脚手架的拆除按由上而下逐层向下的顺序进行，严禁上下同时作业。一般是先拆栏杆、脚手板、剪刀撑，后拆小横杆、大横杆、立杆等，严禁将整层或数层固定件拆除后再拆脚手架。严禁抛扔，卸下的材料应集中放置。严禁行人进入施工现场，要统一指挥，上下呼应，保证安全。

典型工作任务三　　脚手架施工质量安全检查验收

一、施工质量检查验收要求

脚手架的日常检查和验收按以下规定进行，检查验收合格后，方允许投入使用或继续使用。
(1)搭设完毕后。
(2)连续使用达到6个月。
(3)施工中途停止使用超过15天，在重新使用前。
(4)在遭受暴风、大雨、大雪、地震等强力因素作用之后。
(5)在使用过程中，发现有显著的变形、沉降、拆除杆件和拉结以及安全隐患存在的情况时。

脚手架验收应随施工进度按逐层、逐流水段进行。脚手架搭设完毕，架设作业班组首先按施工要求进行全面自检，合格后必须经过现场施工技术人员检查验收，检查验收人员对验收结论要签字认可。

脚手架检查验收以设计和相关规定为依据，检查验收的主要内容有：
(1)脚手架的材料、构配件质量、规格等是否符合设计和规范要求。
(2)脚手架的基础处理、埋设是否正确和安全可靠。
(3)作业层上的施工荷载是否符合设计要求，是否超载。
(4)脚手架的布置、立杆、横杆、剪刀撑、斜撑、间距，立杆垂直度等的偏差是否满足设计、规范要求。
(5)安全措施的杆件是否齐全，扣件是否紧固、合格，是否满足安全可靠要求。
(6)作业层铺板、安全网的张挂及扶手的设置是否齐全，是否符合要求。
(7)大型脚手架的避雷、接地等安全防护、保险装置是否有效。

二、施工安全检查要求

脚手架的使用关系到生命财产安全，确保脚手架的安全使用是施工中的重要问题，因此，在脚手架使用中应做好以下几个方面的工作：
(1)做好安全宣传教育，制定安全措施，按照安全规程搭设、使用和拆除脚手架。

(2)在搭设前要制定周密的作业方案，进行安全措施和详细的技术交底。按规定位置设置安全网、护栏、挡板等安全装置，并经常检查，确保安全。

(3)脚手架搭设人员，必须是经过考核合格的专业架子工，上岗人员应定期体检，合格者方可持证上岗，并正确使用安全帽、安全带，穿防滑鞋。

(4)对脚手架所用材料和加工质量，应进行检查验收，不合格产品不得使用。

(5)脚手架搭设完毕后必须进行质量检查，验收合格后才能使用。

(6)作业层上的施工荷载应符合设计要求，不得超载。不得将模板支架、缆风绳、泵送混凝土和砂浆的输送管等固定在脚手架上。

(7)当有六级及六级以上大风和雾、雨、雪天气时应停止脚手架搭设与拆除作业，暂停工程。复工和大风、大雨、大雪后对脚手架必须进行全面的检查，发现倾斜、沉陷、悬空、接头松动、扣件破裂、杆件折裂等，应及时加固。

(8)在脚手架使用期间，严禁拆除主节点处的纵、横向水平杆，纵、横向扫地杆和连墙件。

(9)在脚手架上进行电、气焊作业时，必须有防火措施和专人看守。

(10)外脚手架应搭设在距离外电架空线路的安全距离内，并做好可靠的安全接地处理。

(11)搭拆脚手架时，地面应设围栏和警戒标志，并派专人看守，严禁非操作人员入内。

(12)拆除时要统一指挥、上下响应、动作协调。拆架的程序应遵守由上而下、先搭后拆的原则，即先拆安全网、脚手片、防护栏杆、剪刀撑、斜撑，而后拆大横杆、小横杆、立杆等，并按一步一清原则依次进行。严禁上下同时进行拆架作业。

(13)拆下的材料严禁抛掷，应用起重设备吊运到地面，并分类堆放，以便于运输、维护和保管。

项目小结

本项目包括脚手架工程在建筑施工中的作用、脚手架的分类、选型、构造组成、扣件式钢管脚手架施工、脚手架施工质量安全检查验收三个典型工作任务。

本项目重点是扣件式钢管脚手架构造要点、搭设和拆除要求，扣件式钢管脚手架施工质量检查与验收要点及扣件式钢管脚手架安全施工要点。

架子工(1)

架子工(2)

架子工(3)

架子工(4)

架子工(5)

思考题

1. 脚手架工程在建筑施工中的作用、基本要求是什么？
2. 常用脚手架分为哪几类？
3. 扣件式钢管脚手架的构造要点是什么？
4. 扣件式钢管脚手架搭设和拆除的要求是什么？
5. 扣件式钢管脚手架施工质量检查与验收要点有哪些？
6. 扣件式钢管脚手架安全施工要点有哪些？

【参考文献】

[1] 中华人民共和国住房和城乡建设部．建筑施工扣件式钢管脚手架安全技术规范：JGJ 130—2011[S]．北京：中国建筑工业出版社，2011．
[2] 蒋春平，张蓓．建筑施工技术[M]．北京：中国建材工业出版社，2012．

项目二　现浇钢筋混凝土工程施工

知识目标

1. 了解模板的类型及特点；
2. 理解组合模板的设计要求；
3. 掌握模板安装与拆除的方法及要求；
4. 掌握模板的质量验收标准及检测方法；
5. 了解钢筋的种类、性能、加工工艺及质量验收要求；
6. 掌握钢筋配料、代换的计算方法；
7. 熟悉现浇钢筋混凝土工程施工工艺及质量控制方法；
8. 掌握混凝土施工配料及配合比换算；
9. 掌握钢筋混凝土安全生产技术要求、混凝土工程质量的影响因素及质量事故的处理。

能力目标

1. 能进行模板施工质量的检查和评定；
2. 能进行钢筋的下料及绑扎加工；
3. 能进行钢筋混凝土工程施工质量的检查、评定和质量事故的处理。

随着我国国民经济的迅速发展，高层建筑物越来越多，其中大多数采用钢筋混凝土结构。钢筋混凝土结构施工有现场浇筑、预制装配和部分预制部分现浇等形式。其中现浇钢筋混凝土结构施工方法，模板材料的消耗量较多，现场运输量较大，劳动强度也较高。但由于现浇钢筋混凝土结构的整体性和抗震性较好，节点接头简单，钢材的消耗量较少，特别是新型工具式模板和施工机械的出现，为现浇钢筋混凝土结构施工带来了方便，故工程应用较普遍。

钢筋混凝土结构工程在施工中可分为钢筋工程、模板工程和混凝土工程三个部分。钢筋混凝土结构工程的一般施工工艺流程如图2-1所示。

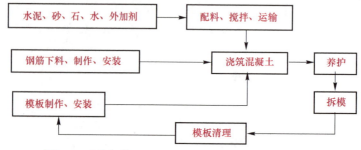

图2-1　现浇钢筋混凝土结构工程的一般施工工艺流程

典型工作任务一　钢筋工程施工

土木工程结构中常用的钢材有钢筋、钢丝和钢绞线三类。钢筋是指钢筋混凝土用钢材，包括光圆钢筋和带肋钢筋（螺纹钢筋）。按照生产工艺不同，钢筋分为低合金钢筋（HRB）、余热处理钢筋（RRB）和细晶粒钢筋（HRBF）。

按照强度等级划分，钢筋分为 HPB300、HRB335（E）、RRB335、HRBF335（E）、HRB400（E）、RRB400、HRBF400（E）、HRB500（E）、RRB500 和 HRBF500（E）。钢筋牌号后加"E"的为抗震专用钢筋。

钢筋工程施工工艺流程为：钢筋进场验收→钢筋存放→（钢筋代换）→钢筋下料→钢筋加工→钢筋连接→钢筋安装→钢筋工程施工质量验收。

一、钢筋进场验收

钢筋及预埋件进场应进行验收，验收项目包括查对标牌、检查外观和力学性能检验，验收合格后方可使用。

1. 查对标牌

产品合格证、出厂检验报告是产品质量的证明资料，因此，钢筋混凝土工程中所用的钢筋，必须有钢筋产品合格证和出厂检验报告（有时两者可以合并）。

进场的每捆（盘）钢筋（丝）均应有标牌，一般不少于两个，标牌上应有供方厂标、钢号、炉罐（批）号等标记，验收时应查对标牌上的标记是否与产品合格证和出厂检验报告上的相关内容一致。

2. 检查外观

钢筋的外观检查包括：钢筋应平直、无损伤；钢筋表面不得有裂纹、油污、颗粒状或片状锈蚀；钢筋表面凸块不允许超过螺纹的高度；钢筋的外形尺寸应符合有关规定。

3. 力学性能检验

钢筋进场时应按炉罐（批）号及直径分批验收，并按现行国家标准《钢筋混凝土用钢 第2部分：热轧带肋钢筋》（GB 1499.2—2007）、《钢筋混凝土用钢 第1部分：热轧光圆钢筋》（GB 1499.1—2008）等的规定抽取试件作力学性能检验，合格后方可使用（应有进场复验报告）。钢筋作力学性能检验的抽样方法如下：

（1）热轧钢筋：以同规格、同炉罐（批）号的不多于60 t的钢筋为一批，从每批中任选两根钢筋，每根钢筋取两个试件，分别做拉力试验和冷弯试验。

（2）热处理钢筋：以同规格、同热处理方法和同炉罐（批）号的不多于60 t的钢筋为一批，从每批中选取10%盘的钢筋（不少于25盘）做拉力试验。

（3）碳素钢丝、刻痕钢丝：以同钢号、同规格、同交货条件的钢丝为一批，从每批中选取10%盘（不少于15盘）的钢丝，从每盘钢丝的两端各截取一个试件，一个做拉力试验，一个做反复弯曲试验。

（4）钢绞线：以同钢号、同规格的不多于10 t的钢绞线为一批，从每批中选取15%盘的钢绞线(不少于 10 盘)，各截取一个试件做拉力试验。

(5)冷拉钢筋：以同级别、同直径的不多于 20 t 的钢筋为一批，从每批中任选两根钢筋，每根钢筋取两个试件，分别做拉力试验和冷弯试验。

(6)冷拔钢丝：甲级钢丝逐盘检查，从每盘钢丝上任一端截去不少于 500 mm 后再取两个试件，分别做拉力试验和冷弯试验；乙级钢丝以同一直径的 5 t 钢丝为一批，从中任取 3 盘，每盘各取两个试件，分别做拉力试验和冷弯试验。

钢筋力学性能试验，如有一项试验结果不符合国家标准要求，则从同一批钢筋中取双倍试件重做试验，如仍不合格，则该批钢筋为不合格品，不得在工程中使用。

对有抗震设防要求的结构，其纵向受力钢筋的强度应满足设计要求；当设计无具体要求时，对一、二、三级抗震等级设计的框架和斜撑构件(含梯级)中的纵向受力钢筋应采用 HRB335E、HRB400E、HRB500E、HRBF335E、HRBF400E 或 HRBF500E 钢筋，其强度和最大力下总伸长率的实测值应符合下列规定：

(1)钢筋的抗拉强度实测值与屈服强度实测值的比值不应小于 1.25。

(2)钢筋的屈服强度实测值与屈服强度标准值的比值不应大于 1.3。

(3)钢筋的最大力下总伸长率不应小于 9%。

当发现钢筋脆断、焊接性能不良或力学性能显著不正常等现象时，应立即停止使用，并对该批钢筋进行化学成分检验或其他专项检验。

4. 成型钢筋

成型钢筋进场时，应抽取试件作屈服强度、抗压强度、伸长率和重量偏差检验，检验结果应符合相关标准规定。

对由热轧钢筋制成的成型钢筋，当有施工单位或监理单位的代表驻厂监督生产过程，并提供原材钢筋力学性能第三方检验报告时，可仅进行重量偏差检验。

二、钢筋存放

(1)进入施工现场的钢筋，必须严格按批分等级、钢号、直径等挂牌存放。

(2)钢筋应尽量放入库房或料棚内，露天堆放时，应选择地势较高、平坦、坚实的场地。

(3)钢筋的堆放应架空，离地不小于 200 mm。在场地或仓库周围，应设排水沟，以防积水。

(4)钢筋在运输或储存时，不得损坏标志。

(5)钢筋不得和酸、盐、油类等物品放在一起，也不能和可能产生有害气体的车间靠近。

(6)加工好的钢筋要分工程名称和构件名称编号、挂牌堆放整齐。

三、钢筋代换

当施工中遇到钢筋品种或规格与设计要求不符时，应在办理设计变更文件，征得设计单位同意后，参照以下原则进行钢筋代换。

(1)等强度代换方法。当构件配筋受强度控制时，可按代换前后强度相等的原则代换。如设计图中所用的钢筋设计强度为 f_{y1}，钢筋总面积为 A_{s1}，代换后的钢筋设计强度为 f_{y2}，钢筋总面积为 A_{s2}，则应使：

$$A_{s1} \cdot f_{y1} \leqslant A_{s2} \cdot f_{y2}$$

即

$$n_2 \geqslant \frac{n_1 d_1^2 f_{y1}}{d_2^2 f_{y2}} \qquad (2-1)$$

式中　n_2——代换钢筋根数；
　　　n_1——原设计钢筋根数；
　　　d_2——代换钢筋直径；
　　　d_1——原设计钢筋直径。

(2)等面积代换方法。当构件按最小配筋率配筋时，可按代换前后面积相等的原则进行代换。代换时应满足下式要求：

$$A_{s1} \leqslant A_{s2}$$

即

$$n_2 \geqslant \frac{n_1 d_1^2}{d_2^2} \qquad (2-2)$$

式中符号意义同上。

(3)代换注意事项。钢筋代换时，应办理设计变更文件，并符合下列规定：

①对某些重要构件(如吊车梁、薄腹梁、桁架下弦等)，不宜用 HPB300 级光圆钢筋代替 HRB335 级和 HRB400 级带肋钢筋，以免裂缝开展过大。

②钢筋代换后，应满足《混凝土结构设计规范(2015 年版)》(GB 50010—2010)中所规定的钢筋间距、锚固长度、最小钢筋直径、根数等配筋构造要求。

③梁的纵向受力钢筋与弯起钢筋应分别代换，以保证正截面与斜截面强度。

④有抗震要求的梁、柱和框架，不宜以强度等级较高的钢筋代换原设计中的钢筋；如必须代换时，其代换的钢筋检验所得的实际强度，还应符合抗震钢筋的要求。

⑤预制构件的吊环，必须采用未经冷拉的 HPB300 级钢筋制作，严禁以其他钢筋代换。

⑥当构件受裂缝宽度或挠度控制时，钢筋代换后应进行刚度、裂缝验算。

【例 2-1】　今有一块 6 m 宽的现浇混凝土楼板，原设计的底部纵向受力钢筋采用 HPB300 级 ϕ12 钢筋，间距为 120 mm，共计 50 根。现拟改用 HRB335 级 ϕ12 钢筋，求所需 ϕ12 钢筋根数及其间距。

解：本题属于直径相同、强度等级不同的钢筋代换，采用式(2-1)计算：

$n_2 = 50 \times 270/300 = 45$(根)，间距 $= 120 \times 50/45 = 133.3$(mm)，取 134 mm

【例 2-2】　今有一根 400 mm 宽的现浇混凝土梁，原设计的底部纵向受力钢筋采用 HRB335 级 ϕ22 钢筋，共计 9 根，分两排布置，底排为 7 根，上排为 2 根。现拟改用 HRB400 级 ϕ25 钢筋，求所需 ϕ25 钢筋根数及其布置。

解：本题属于直径不同、强度等级不同的钢筋代换，采用式(2-2)计算：

$$n_2 = 9 \times \frac{22^2 \times 300}{25^2 \times 360} = 5.81 (根)，取 6 根$$

一排布置，增大了代换钢筋的合力点至构件截面受压边缘的距离 h_0，有利于提高构件的承载力。

四、钢筋配料

配料程序：看懂构件配筋图→绘出单根钢筋简图→编号→计算下料长度和根数→填写

配料表→申请加工。

钢筋配料是根据构件配筋图,先绘出各种形状和规格的单根钢筋简图并加以编号,然后分别计算钢筋下料长度和根数,填写配料单,申请加工。钢筋配料是确定钢筋材料计划,进行钢筋加工和结算的依据。

1. 混凝土简支梁

结构施工图中所指钢筋长度是钢筋外缘之间的长度,即外包尺寸,这是施工中量度钢筋长度的基本依据。

钢筋因弯曲或弯钩会使其长度变化,在配料中不能直接根据图纸中尺寸下料;必须了解对混凝土保护层、钢筋弯曲、弯钩等规定,再根据图中尺寸计算其下料长度。各种钢筋下料长度计算如下:

直钢筋下料长度=构件长度-保护层厚度+弯钩增加长度
弯起钢筋下料长度=直段长度+斜段长度-弯曲调整值+弯钩增加长度
箍筋下料长度=箍筋周长+箍筋调整值

上述钢筋如需要搭接,还应增加钢筋搭接长度。

(1)混凝土保护层厚度。混凝土保护层厚度是指从混凝土表面到最外层钢筋(包括箍筋、构造筋、分布筋等)公称直径外边缘之间的最小距离,其作用是保护钢筋在混凝土结构中不受锈蚀。根据《混凝土结构设计规范(2015年版)》(GB 50010—2010)的规定,设计使用年限为50年的混凝土结构,混凝土保护层最小厚度见表2-1。

表2-1 混凝土保护层的最小厚度 c mm

环境等级	板、墙、壳	梁、柱、杆
一	15	20
二a	20	25
二b	25	35
三a	30	40
三b	40	50

注:1. 混凝土强度等级不大于C25时,表中保护层厚度数值应增加5 mm。
2. 钢筋混凝土基础宜设置混凝土垫层,其纵向受力钢筋的混凝土保护层厚度应从垫层顶面算起,且不应小于40 mm。

(2)弯曲调整值。钢筋弯曲后在弯曲处内皮收缩、外皮延伸、轴线长度不变,弯曲处形成圆弧,弯起钢筋的量度尺寸大于下料尺寸,两者之间的差值称为弯曲调整值。弯曲调整值,根据理论推算并结合实践经验,列于表2-2。

表2-2 钢筋弯曲量度差值

钢筋弯曲角度	30°	45°	60°	90°	135°
钢筋弯曲调整值	$0.35d$	$0.5d$	$1d$	$2d$	$2.5d$

(3)钢筋弯钩增加值。钢筋的弯钩形式有半圆弯钩、直弯钩和斜弯钩三种。半圆弯钩是最常用的形式,即180°弯钩。受力钢筋的弯钩和弯折应符合下列要求:

①HPB300级钢筋末端应作180°弯钩,其弯弧内直径不应小于钢筋直径的2.5倍,弯

钩的弯后平直部分长度不应小于钢筋直径的 3 倍;

②当设计要求钢筋末端需作 135°弯钩时,HRB335 级、HRB400 级钢筋的弯弧内直径不应小于钢筋直径的 4 倍,弯钩的弯后平直部分长度应符合设计要求;

③钢筋作不大于 90°的弯折时,弯折处的弯弧内直径不应小于钢筋直径的 5 倍;

④除焊接封闭环式箍筋外,箍筋的末端应作弯钩,弯钩形式应符合设计要求。当无具体要求时,应符合下列要求:

a. 箍筋弯钩的弯弧内直径除应满足上述要求外,还应不小于受力钢筋直径;

b. 箍筋弯钩的弯折角度:对一般结构不应小于 90°,对于有抗震等要求的结构应为 135°;

c. 箍筋弯后平直部分长度:对一般结构不宜小于箍筋直径的 5 倍;对于有抗震要求的结构,不应小于箍筋直径的 10 倍。

(4)箍筋调整值。为了箍筋计算方便,一般将箍筋弯钩增长值和量度差值两项合并成一项为箍筋调整值,见表 2-3。

表 2-3 箍筋调整值

箍筋量度方法	箍筋直径/mm			
	4~5	6	8	10~12
量外包尺寸	40	50	60	70
量内包尺寸	80	100	120	150~170

(5)钢筋下料计算注意事项。在设计图纸中,钢筋配置的细节问题没有注明时,一般按构造要求处理;配料计算时,要考虑钢筋的形状和尺寸,在满足设计要求的前提下,要有利于加工;配料时,还要考虑施工需要的附加钢筋。例如,后张预应力构件预留孔道定位用的钢筋井字架,基础双层钢筋网中保证上层钢筋网位置用的钢筋撑脚,墙板双层钢筋网中固定钢筋间距用的钢筋撑铁,柱钢筋骨架增加四面斜筋撑等。

【例 2-3】 某建筑物一层共有 10 根编号为 L1 的梁,如图 2-2 所示,试计算各钢筋下料长度并绘制钢筋配料单。钢筋保护层取 25 mm。

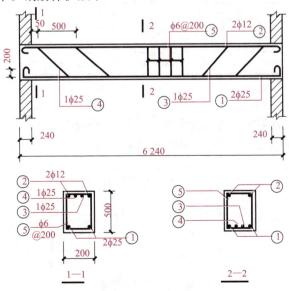

图 2-2 例 2-3 配图

解：①号钢筋下料长度：(6 240+2×200-2×25)-2×2×25+2×6.25×25=6 802(mm)

②号钢筋下料长度：6 240-2×25+2×6.25×12=6 340(mm)

③号弯起钢筋下料长度：

上直段钢筋长度：240+50+500-25=765(mm)

斜段钢筋长度：(500-2×25)×1.414=636(mm)

中间直段长度：6 240-2×(240+50+500+450)=3 760(mm)

下料长度：(765+636)×2+3 760-4×0.5×25+2×6.25×25=6 824(mm)

④号钢筋下料长度计算为 6 824 mm。

⑤号箍筋下料长度：

宽度：200-2×25=150(mm)

高度：500-2×25=450(mm)

下料长度为(150+150)×2+50=1 250(mm)

钢筋配料单见表 2-4。

表 2-4 钢筋配料单

构件名称	钢筋编号	简图	钢号	直径/mm	下料长度/mm	单根根数	合计（根数）	总质量/kg
L1 梁（共 10 根）	①	200　6 190	Φ	25	6 802	2	20	523.8
	②	6 190	Φ	12	6 340	2	20	112.6
	③	765　636　3 760	Φ	25	6 824	1	10	262.7
	④	265　636　4 760	Φ	25	6 824	1	10	262.7
	⑤	150　450	φ	6	1 250	32	320	88.8
合计				φ6：88.8 kg；Φ12：112.60 kg；Φ25：1 049.19 kg				

2. 混凝土框架梁

【例 2-4】 已知某教学楼钢筋混凝土框架梁 KL1 的截面尺寸与配筋如图 2-3 所示，共计 5 根。混凝土强度等级为 C25。求各种钢筋的下料长度。

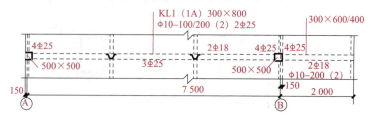

图 2-3 例 2-4 配图

解：(1)绘制钢筋翻样图。根据"配筋构造"的有关规定，得

①纵向受力钢筋端头的混凝土保护层为 25 mm；

②框架梁纵向受力钢筋 φ25 的锚固长度为 35×25＝875 mm，伸入柱内的长度可达 500－25＝475(mm)，需要向上(下)弯 400 mm；

③悬臂梁负弯矩钢筋应有两根伸至梁端包住边梁后斜向上伸至梁顶部；

④吊筋底部宽度为次梁宽＋2×50 mm，按 45°向上弯至梁顶部，再水平延伸 20d＝20×18＝360 mm。

对照 KL1 框架梁尺寸与上述构造要求，绘制单根钢筋翻样图(图 2-4)，并将各种钢筋编号。

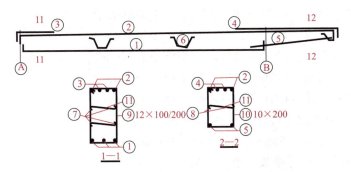

图 2-4　KL1 框架梁钢筋翻样图

(2)计算钢筋下料长度。计算钢筋下料长度时，应根据单根钢筋翻样图尺寸，并考虑各项调整值。

①号受力钢筋下料长度：(7 800－2×25)＋2×400－2×2×25＝8 450(mm)。

②号受力钢筋下料长度：(9 650－2×25)＋400＋350＋200＋500－3×2×25－0.5×25＝10 888(mm)。

③号受力钢筋下料长度：2 742＋400－2×25＝3 092(mm)。

④号受力钢筋下料长度：4 617＋350－2×25＝4 917(mm)。

⑤号受力钢筋下料长度：2 300 mm。

⑥号吊筋下料长度：350＋2×(1 060＋360)－4×0.5×25＝3 140(mm)。

⑦号腰筋下料长度：7 200 mm。

⑧号腰筋下料长度：2 050 mm。

⑨号箍筋下料长度：2×(770＋270)＋70＝2 150(mm)。

⑩号箍筋下料长度，由于梁高变化，因此要先按式(2-3)算出箍筋高差 Δ。

补充：变截面构件箍筋(图 2-5)。

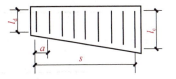

图 2-5　变截面构件箍筋

根据比例原理，每根箍筋的长短差数 Δ，可按下式计算：

$$\Delta = \frac{l_c - l_d}{n-1} \tag{2-3}$$

式中　l_c——箍筋的最大高度；

　　　l_d——箍筋的最小高度；

n——箍筋个数，$n=s/a+1$；

s——最长箍筋和最短箍筋之间的总距离；

a——箍筋间距。

箍筋根数 $n=(1\,850-100)/200+1=10$。

箍筋高差 $\Delta=(570-370)/(10-1)=22(\text{mm})$。

⑩1号箍筋下料长度：$(270+570)\times2+70=1\,750(\text{mm})$。

⑩2号箍筋下料长度：$(270+548)\times2+70=1\,706(\text{mm})$。

⑩3号箍筋下料长度：$(270+526)\times2+70=1\,662(\text{mm})$。

⑩4号箍筋下料长度：$(270+504)\times2+70=1\,618(\text{mm})$。

⑩5号箍筋下料长度：$(270+482)\times2+70=1\,574(\text{mm})$。

⑩6号箍筋下料长度：$(270+460)\times2+70=1\,530(\text{mm})$。

⑩7号箍筋下料长度：$(270+437)\times2+70=1\,484(\text{mm})$。

⑩8号箍筋下料长度：$(270+415)\times2+70=1\,440(\text{mm})$。

⑩9号箍筋下料长度：$(270+393)\times2+70=1\,396(\text{mm})$。

⑩10号箍筋下料长度：$(270+370)\times2+70=1\,350(\text{mm})$。

⑪号单支箍下料长度：$266+3\times8\times2=314(\text{mm})$。

每个箍筋下料长度计算结果列于表2-5。

表2-5 钢筋配料单

构件名称：KL1梁，5根

钢筋编号	简　图	钢　号	直径/mm	下料长度/mm	单位根数	合计根数	质量/kg
①	400　　7 750	Φ	25	8 450	3	15	488
②	400　9 600　500 350 200	Φ	25	10 888	2	10	419
③	2 742　400	Φ	25	3 092	2	10	119
④	4 617　350	Φ	25	4 917	2	10	189
⑤	2 300	Φ	15	2 300	2	10	46
⑥	360 1 060 350 1 060 360	Φ	18	3 140	4	20	126
⑦	7 200	Φ	14	7 200	4	20	174

续表

钢筋编号	简　图	钢　号	直径/mm	下料长度/mm	单位根数	合计根数	质量/kg
⑧	2 050	⏀	14	2 050	2	10	25
⑨	270 / 770	φ	10	2 150	46	230	305
⑩1	270 / 570	φ	10	1 750	1	5	48
⑩2	548×270	φ	10	1 706	1	5	
⑩3	526×270	φ	10	1 662	1	5	
⑩4	504×270	φ	10	1 618	1	5	
⑩5	482×270	φ	10	1 574	1	5	
⑩6	460×270	φ	10	1 530	1	5	
⑩7	437×270	φ	10	1 484	1	5	
⑩8	415×270	φ	10	1 440	1	5	
⑩9	393×270	φ	10	1 396	1	5	
⑩10	370×270	φ	10	1 350	1	5	
⑪	266	φ	8	314	28	140	18
						总质量	1 957

五、钢筋的加工

钢筋的加工有除锈、调直、下料剪切及弯曲成型。钢筋加工的形状、尺寸应符合设计要求，其偏差应符合表 2-6 的规定。

表 2-6　钢筋加工的允许偏差

项　目	允许偏差/mm
受力钢筋顺长度方向全长的净尺寸	±10
弯起钢筋的弯折位置	±20
箍筋内净尺寸	±5

（1）除锈。钢筋的表面应洁净。油渍、漆污和用锤敲击时能剥落的浮皮、铁锈等应在使用前清除干净。在焊接前，焊点处的水锈应清除干净。

钢筋除锈一般可以通过以下两个途径：大量钢筋除锈可通过钢筋冷拉或钢筋调直机在调直过程中完成；少量的钢筋局部除锈可采用电动除锈机或人工用钢丝刷、砂盘以及喷砂和酸洗等方法进行。

(2) 钢筋的冷拉。钢筋的冷拉是指在常温下对钢筋进行强力拉伸，以超过钢筋的屈服强度的拉应力，使钢筋产生塑性变形，达到调直钢筋、提高强度的目的。冷拉控制应力及最大冷拉率见表 2-7。

表 2-7　冷拉控制应力及最大冷拉率

项次	钢筋级别		冷拉控制应力/(N·mm^{-2})	最大冷拉率/%
1	HPB300	$d\leqslant 12$	280	10
2	HRB335	$d\leqslant 25$	450	5.5
		$d=28\sim 40$	430	
3	HRB400	$d=8\sim 40$	500	5
4	RRB400	$d=10\sim 28$	700	4

(3) 调直。钢筋调直宜采用机械方法，也可以采用冷拉。对局部曲折、弯曲或成盘的钢筋在使用前应加以调直。钢筋调直方法很多，常用的方法是使用卷扬机拉直和用调直机调直。

(4) 切断。切断前，应将同规格钢筋长短搭配，统筹安排，一般先断长料，后断短料，以减少短头和损耗；钢筋切断可用钢筋切断机或手动剪切器。

(5) 弯曲成型。钢筋弯曲有人工弯曲和机械弯曲；钢筋弯曲的顺序是画线、试弯、弯曲成型；画线主要根据不同的弯曲角在钢筋上标出弯折的部位，以外包尺寸为依据，扣除弯曲量度差值。

六、钢筋接头连接

(一) 钢筋的连接

钢筋连接形式有搭接、机械连接、焊接三种。由于钢筋通过连接接头传力的性能总不如整根钢筋，因此设置钢筋连接的原则为：钢筋接头宜设置在受力较小处，同一根钢筋上宜少设接头，同一构件中的纵向受力钢筋接头宜相互错开。

1. 钢筋搭接连接

钢筋搭接连接用于直径不大于 25 mm 受拉钢筋及直径不大于 28 mm 受压钢筋的连接；轴心受拉及小偏心受拉杆件的纵向受力钢筋不应采用绑扎搭接。

钢筋绑扎安装前，应先熟悉施工图纸，核对钢筋配料单和料牌，研究钢筋安装和与有关工种配合的顺序，准备绑扎用的钢丝、绑扎工具、绑扎架等。钢筋绑扎一般用 18~22 号钢丝，其中 22 号钢丝只用于绑扎直径 12 mm 以下的钢筋。

(1) 钢筋绑扎要求。钢筋的交叉点应用钢丝扎牢；柱、梁的箍筋，除设计有特殊要求外，应与受力钢筋垂直；箍筋弯钩叠合处，应沿受力钢筋方向错开设置；柱中竖向钢筋搭接时，角部钢筋的弯钩平面与模板面的夹角，矩形柱应为 45°，多边形柱应为模板内角的平分角；板、次梁与主梁交叉处，板的钢筋在上，次梁的钢筋居中，主梁的钢筋在下；当有圈梁或垫梁时，主梁的钢筋应放在圈梁上。主筋两端的搁置长度应保持均匀一致。

(2)钢筋绑扎接头。同一构件中相邻纵向受力钢筋的绑扎搭接接头宜相互错开,如图 2-6 所示。

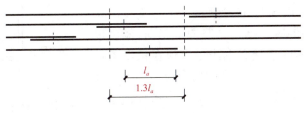

图 2-6 钢筋绑扎搭接接头

2. 钢筋焊接

钢筋焊接宜用直径不大于 28 mm 受力钢筋的连接。

钢筋焊接分为压焊和熔焊两种形式。压焊包括闪光对焊、电阻点焊和气压焊;熔焊包括电弧焊和电渣压力焊。另外,钢筋与预埋件 T 形接头的焊接应采用埋弧压力焊,也可用电弧焊或穿孔塞焊,但焊接电流不宜大,以防烧伤钢筋。

钢筋常用的焊接方法有闪光对焊、电弧焊、电渣压力焊、电阻点焊和钢筋气压焊等。

(1)闪光对焊。钢筋闪光对焊是将两根钢筋安放成对接形式,利用焊接电流通过两根钢筋接触点产生的电阻热,使接触点金属熔化,产生强烈飞溅,形成闪光,迅速施加顶锻力完成的一种压焊方法。

闪光对焊被广泛应用于钢筋纵向连接及预应力钢筋与螺丝端的焊接。热轧钢筋的焊接宜优先采用闪光对焊。根据钢筋级别、直径和所用焊机的功率,闪光对焊工艺可分为连续闪光焊、预热闪光焊、闪光—预热—闪光焊三种。

①连续闪光焊的工艺过程包括连续闪光和顶锻过程。连续闪光焊宜用于焊接直径 25 mm 以内的 HPB300 级、HRB335 级和 HRB400 级钢筋。最适宜焊接直径较小的钢筋。

②预热闪光焊的工艺过程包括预热、连续闪光及顶锻过程,即在连续闪光焊前增加了一次预热过程,使钢筋预热后再连续闪光烧化进行加压顶锻。预热闪光焊适宜焊接直径大于 25 mm 且端部较平坦的钢筋。

③闪光—预热—闪光焊的焊接工艺即在预热闪光焊前面增加了一次闪光过程,使不平整的钢筋端面烧化平整,预热均匀,最后进行加压顶锻。它适宜焊接直径大于 25 mm 且端部不平整的钢筋。

闪光对焊一般要求接头处不得有横向裂纹;与电极接触处的钢筋表面,对于 HPB300 级、HRB335 级和 HRB400 级钢筋不得有明显烧伤,对于 RRB400 级钢筋不得有烧伤;接头处的弯折角不得大于 4°;接头处的轴线偏移不得大于钢筋直径的 0.1 倍,且不得大于 2 mm。

(2)电弧焊。电弧焊是利用弧焊机使焊条与焊件之间产生高温,电弧使焊条和电弧燃烧范围内的焊件熔化,待其凝固便形成焊缝或接头。电弧焊广泛用于钢筋接头焊接、钢筋骨架焊接、装配式结构接头的焊接、钢筋与钢板的焊接及各种钢结构焊接。

钢筋电弧焊的接头形式有搭接接头、帮条接头及坡口接头三种。搭接接头的长度、帮条的长度、焊缝的宽度和高度,均应符合规范的规定。

电弧焊一般要求焊缝表面应平整,不得有凹陷或焊瘤;焊接接头区域不得有裂纹;咬边深度、气孔、夹渣等缺陷允许值及接头尺寸的允许偏差,应符合相关的规定;坡口焊、熔槽帮条焊和窄间隙焊接头的焊缝余高不得大于 3 mm。

(3)电渣压力焊。电渣压力焊是利用电流通过渣池产生的电阻热将钢筋端部熔化,然后施加压力使钢筋焊合。这种焊接方法比电弧焊节省钢材、工效高、成本低,适用于现浇钢筋混凝土结构中竖向或斜向(倾斜度在 4∶1 范围内)钢筋的连接。电渣压力焊在供电条件差、电压不稳、雨期或防火要求高的场合应慎用。钢筋电渣压力焊分手工操作和自动控制两种。电渣焊构造如图 2-7 所示。

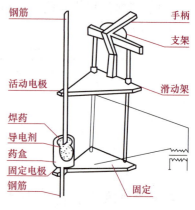

图 2-7 电渣焊构造

电渣压力焊的接头一般要求四周焊包凸出钢筋表面的高度应大于或等于 4 mm;钢筋与电极接触处,应无烧伤缺陷;接头处的弯折角不得大于 4°;接头处的轴线偏移不得大于钢筋直径的 0.1 倍,且不得大于 2 mm。

(4)电阻点焊。电阻点焊主要用于小直径钢筋的交叉连接,可成型为钢筋网片或骨架,以代替人工绑扎。

(5)钢筋气压焊。钢筋气压焊是利用乙炔、氧气混合气体燃烧的高温火焰,加热钢筋结合端部,不待钢筋熔融使其高温下加压接合。气压焊的设备包括供气装置、加热器、加压器和压接器等。气压焊操作工艺如下:

①施焊前,钢筋端头用切割机切齐,压接面应与钢筋轴线垂直,如稍有偏斜,两钢筋间距不得大于 3 mm。

②钢筋切平后,端头周边用砂轮磨成小八字角,并将端头附近 50~100 mm 范围内钢筋表面上的铁锈、油渍和水泥清除干净。

③施焊时,先将钢筋固定于压接器上,并加以适当的压力使钢筋接触,然后将火钳火口对准钢筋接缝处,加热钢筋端部至 1 100 ℃~1 300 ℃,表面发深红色时,加压油泵,对钢筋施以 40 MPa 以上的压力。

3. 钢筋机械连接

机械连接宜用于直径不小于 16 mm 的受力钢筋的连接。机械连接的连接区段长度是以套筒为中心长度 $35d$ 的范围,在同一连接区段内的纵向受拉钢筋接头面积百分率不宜大于 50%,但对板、墙、柱及预制构件拼接处,可适当放宽。纵向受压钢筋的接头面积百分率可不受限制。

钢筋机械连接具有接头强度高于钢筋母材、速度比电焊快 5 倍、无污染、节省钢材 20% 等优点。其常用方法有以下几种:

(1)套筒挤压连接。套筒挤压连接是把两根待接钢筋的端头先插入一个优质钢套管,然后用挤压机在侧向加压数道,套筒塑性变形后即与带肋钢筋紧密咬合达到连接的目的。

(2)锥螺纹连接。锥螺纹连接是用锥形纹套筒将两根钢筋端头对接在一起,利用螺纹的机械咬合力传递拉力或压力。所用的设备主要是套丝机,通常安放在现场对钢筋端头进行套丝。

(3)直螺纹连接。直螺纹连接是先把钢筋端部镦粗,然后再切削直螺纹,最后用套筒实行钢筋对接。直螺纹接头强度高,不受扭紧力矩影响;连接速度快。

七、钢筋安装与绑扎

(一)钢筋现场绑扎

1. 准备工作

(1)核对成品钢筋的钢号、直径、形状、尺寸和数量等是否与料单、料牌相符。如有错漏,应纠正增补。

(2)准备绑扎用的钢丝、绑扎工具、绑扎架等。

钢筋绑扎用的钢丝,可采用20~22号钢丝,其中22号钢丝只用于绑扎直径12 mm以下的钢筋。钢丝长度可参考表2-8的数值采用。

表2-8 钢筋绑扎钢丝长度参考表   mm

钢筋直径/mm	3~5	6~8	10~12	14~16	18~20	22	25	28	32
3~5	120	130	150	170	190				
6~8		150	170	190	220	250	270	290	320
10~12			190	220	250	270	290	310	340
14~16				250	270	290	310	330	360
18~20					290	310	330	350	380
22						330	350	370	400

(3)准备控制混凝土保护层用的水泥砂浆垫块或塑料卡。

水泥砂浆垫块的厚度,应等于保护层厚度。当在垂直方向使用垫块时,可在垫块中埋入20号钢丝。

塑料卡的形状有塑料垫块和塑料环圈两种,如图2-8所示。塑料垫块用于水平构件(如梁、板),在两个方向均有凹槽,以便适应两种保护层厚度。塑料环圈用于垂直构件(如柱、墙),使用时钢筋从卡嘴进入卡腔;由于塑料环圈有弹性,可使卡腔的大小能适应钢筋直径的变化。

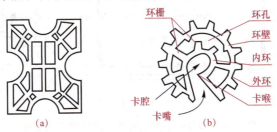

图2-8 控制混凝土保护层用的塑料卡
(a)塑料垫块;(b)塑料环圈

(4)划出钢筋位置线。平板或墙板的钢筋,在模板上划线;柱的箍筋,在两根对角线主筋上划点;梁的箍筋,则在架立筋上划点;基础的钢筋,在两向各取一根钢筋划点或在垫层上划线。

钢筋接头的位置,应根据来料规格,结合有关接头位置、数量的规定,使其错开,在模板上划线。

(5)绑扎形式复杂的结构部位时,应先研究逐根钢筋穿插就位的顺序,并与模板工联系讨论支模和绑扎钢筋的先后次序,以减少绑扎困难。

2. 基础钢筋绑扎

(1)钢筋网绑扎。四周两行钢筋交叉点应每点扎牢,中间部分交叉点可相隔交错扎牢,但必须保证受力钢筋不位移。双向主筋的钢筋网,则须将全部钢筋相交点扎牢。绑扎时应注意相邻绑扎点的钢丝扣成八字形,以免网片歪斜变形。

(2)基础底板采用双层钢筋网时,在上层钢筋网下面应设置钢筋撑脚或混凝土撑脚,以保证钢筋位置正确。

钢筋撑脚的形式与尺寸如图 2-9 所示,每隔 1 m 放置一个。其直径选用:当板厚 $h \leqslant 30$ cm 时为 8~10 mm;当板厚 $h=30$~50 cm 时为 12~14 mm;当板厚 $h>50$ cm 时为 16~18 mm。

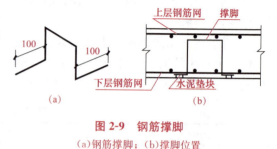

图 2-9　钢筋撑脚
(a)钢筋撑脚;(b)撑脚位置

(3)钢筋的弯钩应朝上,不要倒向一边;但双层钢筋网的上层钢筋弯钩应朝下。

(4)独立柱基础为双向弯曲,其底面短边的钢筋应放在长边钢筋的上面。

(5)现浇柱与基础连接用的插筋,其箍筋应比柱的箍筋缩小一个柱筋直径,以便连接。插筋位置一定要固定牢靠,以免造成柱轴线偏移。

(6)对厚片筏上部钢筋网片,可采用钢管临时支撑体系。图 2-10(a)所示为绑扎上部钢筋网片用的钢管支撑。在上部钢筋网片绑扎完毕后,需置换出水平钢管;为此另取一些垂直钢管通过直角扣件与上部钢筋网片的下层钢筋连接起来(该处需另用短钢筋段加强),替换原支撑体系,如图 2-10(b)所示。在混凝土浇筑过程中,逐步抽出垂直钢管,如图 2-10(c)所示。此时,上部荷载可由附近的钢管及上、下端均与钢筋网焊接的多个拉结筋来承受。由于混凝土不断浇筑与凝固,拉结筋细长比减少,提高了承载力。

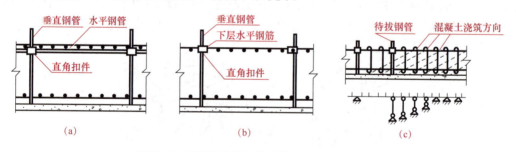

图 2-10　厚片筏上部钢筋网片的钢管临时支撑
(a)绑扎上部钢筋网片时;(b)浇筑混凝土前;(c)浇筑混凝土时

3. 柱钢筋绑扎

(1)柱中的竖向钢筋搭接时,角部钢筋弯钩应与模板成 45°(多边形柱为模板内角的平分角,圆形柱应与模板切线垂直),中间钢筋弯钩应与模板成 90°。如用插入式振捣器浇筑小型截面柱时,弯钩与模板角度不得小于 15°。

(2)箍筋的接头(弯钩叠合处)应交错布置在四角纵向钢筋上;箍筋转角与纵向钢筋交叉点均应扎牢(箍筋平直部分与纵向钢筋交叉点可间隔扎牢),绑扎箍筋时绑扣相互间应成八字形。

(3)下层柱的钢筋露出楼面部分,宜用工具式柱箍将其收进一个柱筋直径,以利上层柱的钢筋搭接。当柱截面有变化时,其下层柱钢筋的露出部分,必须在绑扎梁的钢筋之前,先行收缩准确。

(4)框架梁、牛腿及柱帽等钢筋,应放在柱的纵向钢筋内侧。

(5)柱钢筋的绑扎,应在模板安装前进行。

4. 墙钢筋绑扎

(1)墙(包括水塔壁、烟囱筒身、池壁等)的垂直钢筋每段长度不宜超过 4 m(钢筋直径≤12 mm)或 6 m(直径>12 mm),水平钢筋每段长度不宜超过 8 m,以利于绑扎。钢筋的弯钩应朝向混凝土内。

(2)采用双层钢筋网时,在两层钢筋间应设置撑铁(图 2-11),以固定钢筋间距。

图 2-11 墙钢筋的撑铁

5. 梁、板钢筋绑扎

(1)纵向受力钢筋采用双层排列时,两排钢筋之间应垫以直径≥25 mm 的短钢筋,以保持其设计距离。

(2)箍筋的接头(弯钩叠合处)应交错布置在两根架立钢筋上,其余同柱。

(3)板的钢筋网绑扎与基础相同,但应注意板上部的负筋,要防止被踩下;特别是雨篷、挑檐、阳台等悬臂板,要严格控制负筋位置,以免拆模后断裂。

(4)板、次梁与主梁交叉处,板的钢筋在上,次梁的钢筋居中,主梁的钢筋在下(图 2-12);当有圈梁或垫梁时,主梁的钢筋在上(图 2-13)。

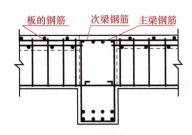 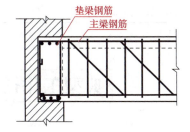

图 2-12 板、次梁与主梁交叉处钢筋　　图 2-13 主梁与垫梁交叉处钢筋

(5)框架节点处钢筋穿插十分稠密时,应特别注意梁顶面主筋间的净距要有 30 mm,以利于浇筑混凝土。

(6)梁的高度较小时,梁的钢筋架空在梁顶上绑扎,然后再落位;当梁的高度较大(≥1.0 m)时,梁的钢筋宜在梁底模上绑扎,其两侧模板或一侧模板后装。板的钢筋在模板安装后绑扎。梁、板钢筋绑扎时应防止水电管线将钢筋抬起或压下。

八、钢筋工程施工质量控制

钢筋安装完成后,在浇筑混凝土之前,应进行钢筋隐蔽工程验收,其内容包括:纵向受力钢筋的品种、规格、数量、位置等;钢筋连接方式、接头位置、接头数量、接头面积百分率等;箍筋、横向钢筋的品种、规格、数量、间距等;预埋件的规格、数量、位置等。

钢筋隐蔽工程验收前,应提供钢筋出厂合格证与检验报告及进场复验报告、钢筋焊接接头和机械连接接头力学性能试验报告。

钢筋安装位置的偏差,应符合表 2-9 的规定。

表 2-9 钢筋安装位置的允许偏差和检验方法

项 目		允许偏差/mm	检验方法
绑扎钢筋网	长、宽	±10	尺量
	网眼尺寸	±20	尺量连续三档,取最大偏差值
绑扎钢筋骨架	长	±10	尺量
	宽、高	±5	尺量
纵向受力钢筋	锚固长度	−20	尺量
	间距	±10	尺量两端、中间各一点,取最大偏差值
	排距	±5	
纵向受力钢筋、箍筋的混凝土保护层厚度	基础	±10	尺量
	柱、梁	±5	尺量
	板、墙、壳	±3	尺量
绑扎箍筋、横向钢筋间距		±20	尺量连续三档,取最大偏差值
钢筋弯起点位置		20	尺量,沿纵、横两个方向量测,并取其中偏差的较大值
预埋件	中心线位置	5	尺量
	水平高差	+3,0	塞尺量测

注:1. 检查预埋件中心线位置时,应沿纵、横两个方向量测,并取其中的较大值。
2. 表中梁、板类构件上部纵向受力钢筋保护层厚度的合格点率应达到 90% 及以上,且不得有超过表中数值 1.5 倍的尺寸偏差。

典型工作任务二　模板工程施工

模板是使混凝土结构和构件按所要求的几何尺寸成型的模型板。模板系统包括模板和支撑系统两大部分,此外还需适量的紧固连接件。

由于模板工程量大,材料和劳动力消耗多。正确选择模板形式、材料及合理组织施工对加速现浇钢筋混凝土结构施工和降低工程造价具有重要作用。

模板工程的施工包括模板的选材、选型、设计、制作、安装、拆除和周转等过程。

混凝土结构施工效果展示

一、模板的构造与施工

(一)模板的种类

模板分类有多种方式,通常按以下方式分类:

(1)按材料不同,可分为木模板、钢模板、胶合板模板、钢木模板、塑料模板、钢竹模板、铝合金模板等。

(2) 按结构类型不同，可分为基础模板、柱模板、楼板模板、墙模板、壳模板和烟囱模板等。

(3) 按模板的形式及施工工艺不同，可分为整体式模板、定型模板、工具式模板、滑升模板、胎模等。

(4) 按施工方法不同，可分为现场装拆式模板、固定式模板和移动式模板。

(5) 按模板的功能不同，可分为普通成型模板，清水混凝土成型模板，有装饰条纹、花纹的装饰混凝土成型模板，不拆除的作为结构组成部分的永久性模板和带内外保温层的模板。

(二) 模板的构造要求与安装工艺

现浇混凝土结构工程施工用模板系统，主要由面板、支撑结构和连接件三部分组成。

面板为构成模板并与混凝土面接触的板材。当面板为木、竹胶合板或其他达不到耐水、耐磨、平整要求的材料时，其表面一般都需要做耐磨漆、涂料涂层或做贴面，以满足表面平整光滑、易于脱模和提高周转次数的要求。

支撑结构是支撑面板、混凝土和施工荷载的临时结构，保证建筑模板结构牢固地组合，做到不变形、不破坏。

连接件是将面板与支撑结构连接成整体的配件。

在现浇钢筋混凝土结构施工中，对模板的要求是保证工程结构各部分形状尺寸和相互位置的正确性；具有足够的承载能力、刚度和稳定性，能可靠地承受浇筑混凝土的重力、侧压力以及施工荷载；构造简单，装拆方便，便于钢筋的绑扎与安装、混凝土的浇筑与养护等工艺要求；接缝不得漏浆；选材合理，用料经济，在确保工期、质量的前提下，减少一次性投入，增加模板周转，减少支拆用工，实现文明施工。

1. 木模板

木模板的主要优点是制作拼装随意，尤其适用于浇筑外形复杂、数量不多的混凝土结构或构件，但木模板耗用木材资源多，重复使用率低，多用于补缝或特殊构件。目前常用钢木(竹)模板和胶合板等模板材料。

钢木模板是以角钢为边框，以木板作面板的定型模板，用连接构件拼装成各种形状和尺寸，适用于多种结构形式，在现浇钢筋混凝土结构施工中广泛应用。

钢竹模板是以角钢为边框，以竹编胶合板为面板的定型板，这种模板刚度较大、不易变形、重量轻、操作方便。

胶合板模板是以胶合板为面板，以角钢为边框的定型模板。以胶合板为面板，克服了木材的不等方向性的缺点，受力性能好。这种模板具有强度高、自重小、不翘曲、不开裂及板幅大、接缝少的优点。

木模板及其支架系统一般在加工厂或现场木工棚制成元件，然后再在现场拼装。图 2-14 所示为基本元件之一拼板的构造。拼板的板条厚度一般为 25～50 mm，宽度不宜超过 200 mm，以免受潮翘曲。拼条的间距取决于板条面受荷大小以及板条的厚度，一般为 400～500 mm。

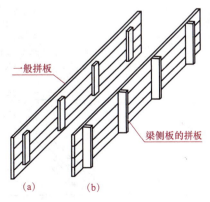

图 2-14 拼板的构造
(a)—一般拼板；(b)拼条

土木工程施工用的木模板，其构造及支撑方法如下：

(1) 基础模板。现浇结构木模板多用于独立基础和条形基础的混凝土浇筑施工中。独立基础木模施工常见形式有阶梯形基础模板和杯形基础模板两种；条形基础模板由侧板、斜撑、平撑组成，侧板可用长条木板加钉竖向木挡拼制，也可用短条木板加横向木挡拼成。斜撑和平撑钉在垫木与木挡之间。

①阶梯形独立基础。阶梯形独立基础模板由四块侧板拼钉而成，其中两块侧板的尺寸与相应的台阶侧面尺寸相等；另两块侧板长度应比相应的台阶侧面长度大 150～200 mm，高度与其相等。四块侧板用木挡拼成方框，上台阶模板的其中两块侧板的最下一块拼板加长，以便搁置在下层台阶模板上，下层台阶模板的四周要设斜撑及平撑支撑住，斜撑和平撑一端钉在侧板的木挡上；另一端顶紧在木桩上。

模板安装时，先在侧板内侧划出中线，在基坑底弹出基础中线。把各台阶侧板拼成方框。然后把下台阶模板放在基坑底，模板中线与基坑中线互相对准，并用水平尺校正其标高，在模板周围钉上木桩。木桩与侧板之间用斜撑和平撑支撑。上台阶模板放在下台阶模板上的安装方法相同。图 2-15 所示为阶梯形独立基础模板。

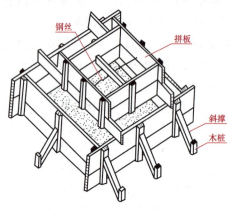

图 2-15　阶梯形独立基础模板

②条形基础。条形基础模板一般由侧板、斜撑、平撑组成。侧板可用长条木板加钉竖向木挡拼制，也可用短条木板加横向木挡拼成。斜撑和平撑钉在木桩(或垫木)与木挡之间。

模板安装时，先在基槽底弹出基础边线，在侧板对准边线垂直竖立，接着用水平尺校正侧板顶面水平并用斜撑和平撑钉牢，然后立基础两端侧板校正并拉通线，再依照通线立中间的侧板。当侧板高度大于基础台阶高度时，可在侧板内侧按台阶高度弹准线，并每隔 2 m 在准线上钉圆钉，作为浇筑混凝土的标志；为防止浇筑时模板变形，每隔一定距离在侧板上口钉上搭头木。图 2-16 所示为带地梁的条形基础模板。

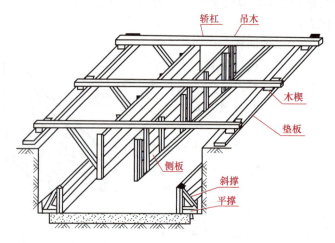

图 2-16　带地梁的条形基础模板

（2）柱模板。柱模板构造如图 2-17 所示。柱模板由内拼板夹在两块外拼板之内组成，也可用短横板代替外拼板钉在内拼板上。柱子的特点是断面尺寸不大而比较高；柱模板由两块相对的内拼板、两块相对的外拼板和柱箍组成；柱箍的间距取决于侧压力的大小及拼板的厚度，由于侧压力下大上小，因而柱模下部的柱箍较密；拼板上端应根据实际情况开有与梁模板连接的缺口，底部开有清理孔，沿高度每隔 2 m 开有浇筑孔。为了节约木材，还可将两块外拼板全部用短横板，其中一个面上的短板有些可以先不钉死，灌注混凝土时，临时拆开作为浇筑孔，浇灌振捣后钉死。当设置柱箍时，短横板外面要设竖向拼条，以便箍紧。

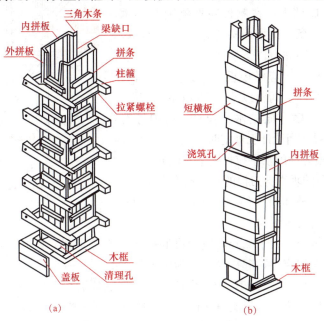

图 2-17 柱模板
(a)拼板柱模板；(b)短横板柱模板

柱模板安装：安装柱模板前，应先绑扎好钢筋，测出标高标在钢筋上，同时在已灌注的地面、基础顶面或楼面上固定好柱模底部的木框，在预制的拼板上弹出中心线，根据柱边线及木框立模板并用临时斜撑固定，然后由顶部用垂球校正，使其垂直。检查无误，即用斜撑钉牢固定。在同一条直线上的柱，应先校两头的柱模，再在柱模上口中心线拉一钢丝来校正中间的柱模。柱模之间，还要用水平撑及剪刀撑相互牵搭。柱模的固定如图 2-18 所示。

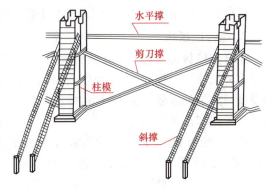

图 2-18 柱模的固定

柱模板安装时，应注意以下事项：保证柱模的长度符合模数；柱模根部要用水泥砂浆堵严，防止跑浆；梁、柱模板分两次支设时，在柱子混凝土达到拆模强度时，最上一段柱模先保留不拆，以便于与梁模板连接；柱模设置的拉杆每边两根，与地面呈 45°夹角，并与预埋在楼板内的钢筋环拉结。

(3)梁模板。梁模板主要由底模、侧模、夹木及支架系统组成。底模用长条模板加拼条拼成，或用整块板条。为承受垂直荷载，在梁底模板下每隔一定间距(800～1 200 mm)用顶撑(琵琶撑)顶住，顶撑可用圆木、方木或钢管制成，在顶撑底要加铺垫块。

梁模板安装：沿梁模板下方地面上铺垫板，在柱模板缺口处钉衬口档，把底板搁置在衬口档上；立起靠近柱或墙的顶撑，再将梁长度等分，立中间部分顶撑，顶撑底下打入木楔，并检查调整标高；把侧模板放上，两头钉于衬口档上，在侧板底外侧铺钉夹木，再钉上斜撑和水平拉条。梁模板构造如图2-19所示。

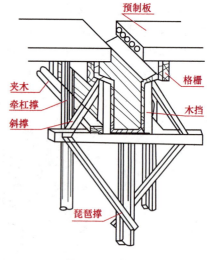

图2-19 梁模板

梁模板安装时，应注意以下事项：

①梁模支柱的设置，应经模板设计计算决定，一般情况下采用双支柱时，间距以60～100 cm为宜。

②模板支柱纵、横方向的水平拉杆、剪刀撑等，均应按设计要求布置；当设计无规定时，支柱间距一般不宜大于2 m，纵横方向的水平拉杆的上下间距不宜大于1.5 m，纵横方向的垂直剪刀撑的间距不宜大于6 m。

③单片预组拼和整体组拼的梁模板，必须在吊装就位拉结支撑稳固后方可脱钩。

④若梁的跨度等于或大于4 m，应使梁底模板中部略起拱，防止由于混凝土的重力使跨中下垂。如设计无规定时，起拱高度宜为全跨长度的1‰～3‰。

(4)楼板模板。楼板模板及其支架系统主要用于抵抗混凝土的垂直荷载和其他施工荷载，保证楼板不变形下垂。模板支撑在楞木上，楞木断面一般采用60 mm×120 mm，间距不宜大于600 mm，楞木支撑在梁侧模板外的托板上，托板下安短撑，撑在固定夹板上。如跨度大于2 m，楞木中间应增加一至几排支撑排架作为支架系统。

楼板模板的安装：主次梁模板安装完毕后，首先安装托板，然后安装楞木，铺定型模板。铺好后核对楼板标高、预留孔洞及预埋铁等的部位和尺寸。图2-20所示为梁及楼板模板。

2. 组合钢模板

组合钢模板是一种工具式模板，由一定模数若干类型的板块，通过连接件和支承件组合成多种尺寸、结构和几何形状的模板，以适应各种类型建筑物的梁、柱、板、墙、基础和设备等施工的需要，施工时可在现场直接组装，也可用其拼装成大模板、滑模、隧道模和台模等用起重机吊运安装。

组合钢模板组装灵活，通用性强，拆装方便；每套钢模可重复使用50～100次；加工精度高，浇筑混凝土的质量好，成型后的混凝土尺寸准确，棱角整齐，表面光滑，可以节省装修用工。

(1)钢模板。钢模板包括平面模板、阴角模板、阳角模板和连接角模。钢模板采用模数制设计，宽度模数以50 mm进级，长度为150 mm进级，可以适应横竖拼装成以50 mm进级的任何尺寸的模板。平面模板用于基础、墙体、梁、板、柱等各种结构的平面部位，它由面板和肋组成，面板厚为2.3 mm或2.5 mm，肋上设有U形卡孔和插销孔，利用U形卡和L形插销等拼装成大块板。阳角模板主要用于混凝土构件阳角。阴角模板用于混凝土构件阴角，如内墙角、水池内角及梁板交接处阴角等。角模用于平模板作垂直连接构成阳角。如图2-21所示。

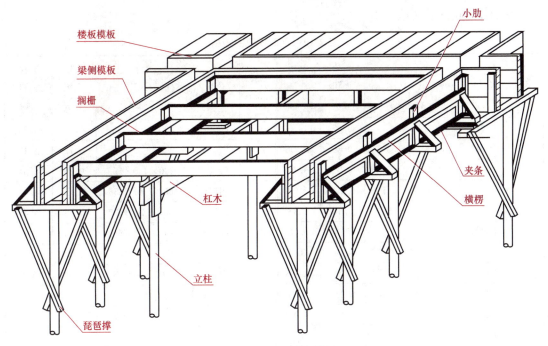

图 2-20 梁及楼板模板

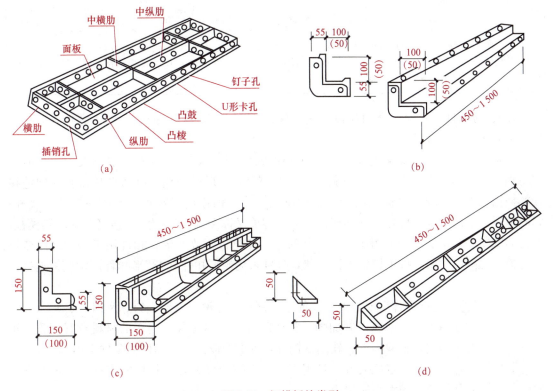

图 2-21 钢模板的类型
(a)平面模板；(b)阳角模板；(c)阴角模板；(d)连接角模

平面模板的规格见表 2-10。

表 2-10　平面模板的规格

宽度/mm	代号	尺寸 宽(mm)×长(mm) ×高(mm)	每块面积/mm²	每块质量/kg	宽度/mm	代号	尺寸 宽(mm)×长(mm) ×高(mm)	每块面积/mm²	每块质量/kg
300	P3015	300×1 500×55	0.45	14.9	200	P2007	200×750×55	0.15	5.25
	P3012	300×1 200×55	0.36	12.06		P2006	200×600×55	0.12	4.17
	P3009	300×900×55	0.27	9.21		P2004	200×450×55	0.09	3.34
	P3007	300×750×55	0.225	7.93	150	P1515	150×1 500×55	0.225	8.01
	P3006	300×600×55	0.18	6.36		P1512	150×1 200×55	0.18	6.47
	P3004	300×450×55	0.135	5.08		P1509	150×900×55	0.135	4.93
250	P2515	250×1 500×55	0.375	13.19		P1507	150×750×55	0.113	4.23
	P2512	250×1 200×55	0.30	10.66		P1506	150×600×55	0.09	3.4
	P2509	250×900×55	0.225	8.13		P1504	150×450×55	0.068	2.69
	P2507	250×750×55	0.188	6.98	100	P1015	100×1 500×55	0.15	6.36
	P2506	250×600×55	0.15	5.60		P1012	100×1 200×55	0.12	5.13
	P2504	250×450×55	0.113	4.45		P1009	100×900×55	0.09	3.90
200	P2015	200×1 500×55	0.30	9.76		P1007	100×750×55	0.075	3.33
	P2012	200×1 200×55	0.24	7.91		P1006	100×600×55	0.06	2.67
	P2009	200×900×55	0.18	6.03		P1 004	100×450×55	0.045	2.11

注：1. 平面模板质量按 2.3 mm 厚钢板计算。
　　2. 代号中，如 P3015 中，P 表示平面模板，30 表示模板宽度为 300 mm，15 表示模板长度为 1 500 mm。但 P3007 中 07 则表示模板长度为 750 mm。

(2)连接配件。定型组合钢模板连接配件包括 U 形卡、L 形插销、钩头螺栓、对拉螺栓、紧固螺栓、扣件等。

U 形卡是模板的主要连接件，用于相邻模板的拼装。其安装间距一般不大于 300 mm，即每隔一孔卡插一个，安装方向一顺一倒相互错开；L 形插销用于插入两块模板纵向连接处的插销孔内，以增强模板纵向接头处的刚度；钩头螺栓连接模板与支撑系统的连接件；紧固螺栓用于内、外钢楞之间的连接件；对拉螺栓又称穿墙螺栓，用于连接墙壁两侧模板，保持墙壁厚度，承受混凝土侧压力及水平荷载，使模板不致变形；扣件用于钢楞之间或钢楞与模板之间的扣紧，按钢楞的不同形状，分别采用蝶形扣件和"3"形扣件。钢模板连接件如图 2-22 所示。

(3)支撑件。定型组合钢模板的支撑件包括钢楞、柱箍、支架、斜撑及钢桁架等。

①钢楞主要用于支撑钢模板并加强其整体刚度，又称龙骨。钢楞的材料有圆钢管、矩形钢管、内卷边槽钢、轻型槽钢、轧制槽钢等，可根据设计要求和供应条件选用。

②柱箍又称柱卡箍、定位夹箍，是用于直接支撑和夹紧各类柱模的支撑件，可根据柱模的外形尺寸和侧压力的大小来选用。

③梁卡具也称梁托架，是一种将大梁、过梁等钢模板夹紧固定的装置，并承受混凝土侧压力，其种类较多。

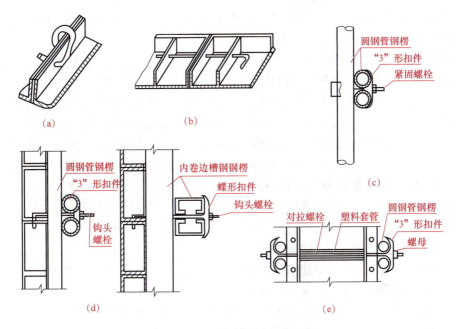

图 2-22 钢模板连接件
(a)U 形卡连接;(b)L 形插销连接;(c)紧固螺栓连接;(d)钩头螺栓连接;(e)对拉螺栓连接

④圈梁卡用于圈梁、过梁、地基梁等方(矩)形梁侧模的夹紧固定,目前各地使用的形式多样。

⑤斜撑由组合钢模板拼成整片墙模或柱模,在吊装就位后,下端垫平,紧靠定位基准线,模板应用斜撑调整和固定其垂直位置。

⑥钢管脚手支架主要用于层高较大的梁、板等水平构件模板的垂直支撑。目前常用的有扣件式钢管脚手架和碗扣式钢管脚手架,也有采用门式支架。

⑦平面可调桁架用于楼板、梁等水平模板的支架,可以节省模板支撑和扩大施工空间,加快施工速度。

3. 其他新型模板

(1)大模板。大模板是一种大尺寸的工具式模板,常用于剪力墙、筒体、桥墩的施工。一般配以相应的起重吊装机械,通过合理的施工组织安排,以机械化施工方式在现场浇筑混凝土竖向(主要是墙、壁)结构构件。

大模板由面板、次肋、主肋、支撑桁架及稳定装置组成。面板要求平整、刚度好;板面须喷涂脱模剂以利脱模。两块相对的大模板通过对销螺栓和顶部卡具固定;大模板存放时应打开支撑架,将板面后倾一定角度,防止倾倒伤人。

(2)滑升模板。滑升模板依附于已浇筑的混凝土墩壁上,随着墩身的逐步加高而向上升高,因此,滑升模板的构造不需要随着高度的增加而加强其结构的强度和刚度。滑升模板施工进度快,在一般气温下,每昼夜平均进度可达 5~6 m;模板利用率较高,拆装、提升机械化程度高,较为方便,可用于直坡墩身,也可用于斜坡墩身;滑升模板自身刚度好,可连续作业,提高了墩台混凝土浇筑的质量。

液压滑升模板是由模板系统、操作平台系统和提升机具系统及施

滑模施工动画

工精度控制系统等部分组成的。液压滑模装置要求具有较好的整体刚度,能保证结构的几何形状与截面尺寸,运转可靠,施工安全。

(3)爬升模板。爬升模板是综合大模板与滑升模板工艺和特点的一种模板工艺,具有大模板和滑升模板共同的优点。它与滑升模板一样,在结构施工阶段依附在建筑竖向结构上,随着结构施工而逐层上升,这样模板可以不占用施工场地,也不用其他垂直运输设备。另外,它装有操作脚手架,施工时有可靠的安全围护,故可不需搭设外脚手架,特别适用于在较狭小的场地上建造多层或高层建筑。爬升模板有手动爬模、电动爬模、液压爬模、吊爬模等。

(4)飞模。飞模是一种大型工具式模板,因其外形如桌,故又称桌模或台模。由于它可以借助起重机械从已浇筑完混凝土的楼板下吊运飞出转移到上层重复使用,又称为飞模。

飞模主要由平台板、支撑系统(包括梁、支架、支撑、支腿等)和其他配件(如升降机构和行走机构等)组成。适用于大开间、大柱网、大进深的现浇钢筋混凝土楼盖施工,尤其适用于现浇板柱结构(无柱帽)楼盖的施工。

飞模的规格尺寸,主要根据建筑物结构的开间(柱网)和进深尺寸以及起重机械的吊运能力来确定,一般按开间(柱网)乘以进深尺寸设置一台或多台。

飞模按其支承方式分有支腿和无支腿两种。我国目前采用较多的是伸缩支腿式,无支腿式只在个别工程中采用。图 2-23 所示是木铝桁架式飞模构造。

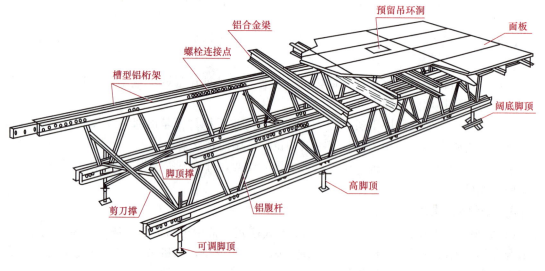

图 2-23 木铝桁架式飞模

采用飞模用于现浇钢筋混凝土楼盖的施工,具有以下特点:楼盖模板一次组装重复使用,从而减少了逐层组装、支拆模板的工序,简化了模板支拆工艺,节约了模板支拆用工,加快了施工进度;由于模板在施工过程中不再落地,从而可以减少临时堆放模板的场地。

(5)隧道模。隧道模是用于同时整体浇筑竖向和水平结构的大型工具式模板,其常用于建筑物墙与楼板的同步施工,它能将各开间沿水平方向逐段整体浇筑,故施工的结构整体性好、抗震性能好、施工速度快,但模板的一次性投资大,模板起吊和转运需较大的起重机。

隧道模有全隧道模(整体式隧道模)和双拼式隧道模两种。前者自重大,推移时多需铺设轨道,目前逐渐少用。后者由两个半隧道模对拼而成,两个半隧道模的宽度可以不同,再增加一块插板，即可组合成各种开间需要的宽度。

(6) 永久式模板。永久式模板是指一些施工时起模板作用，浇筑混凝土后作为结构本身组成部分之一的预制模板。目前国内外常用的有异形（波形、密肋形等）金属薄板（也称压形钢板）、预应力混凝土薄板、玻璃纤维水泥模板、小梁填块（小梁为倒 T 形，填块放在梁底凸缘上，再浇混凝土）、钢桁架型混凝土板等。预应力混凝土薄板在我国已在一些高层建筑中应用，铺设后稍加支撑，然后在其上铺放钢筋浇筑混凝土形成楼板，施工简便，效果较好。压形金属薄板我国土木工程施工中也有应用，施工简便，速度快，但耗钢量较大。

(三) 模板的拆除

(1) 混凝土成型并养护一段时间，强度达到一定要求时，即可拆除模板。模板的拆除日期取决于混凝土硬化的快慢、模板的用途、结构的性质及环境温度。及时拆模可提高模板周转率、加快工程进度；过早拆模，混凝土会变形、断裂，甚至造成重大质量事故。

(2) 现浇结构的模板及支架的拆除，如设计无规定时，应符合下列规定：

① 模板的拆除，除承重侧模外，应在混凝土强度能保证其表面及棱角不因拆除模板而受损坏时，方可拆除。

② 对后张法预应力混凝土结构构件，侧模宜在预应力张拉前拆除。

③ 模板拆除的顺序和方法，应按照配板设计的规定进行，遵循先支后拆、后支先拆、先非承重部位和后承重部位以及自上而下的原则。

④ 多层楼板模板支架的拆除，上层楼板正在浇筑混凝土时，下一层楼板的模板支架不得拆除，再下一层楼板模板的支架仅可拆除一部分；跨度≥4 m 的梁均应保留支架，其间距不得大于 3 m。

⑤ 拆模时，不应对楼层形成冲击荷载，严禁用大锤和撬棍硬砸硬撬。

⑥ 拆除的模板等配件，严禁抛扔，要有人接应传递，应按指定地点堆放。并做到及时清理、维修和涂刷好隔离剂，以备待用。

⑦ 底模板及支架拆除时的混凝土强度应符合设计要求；当设计无具体要求时，混凝土强度应符合表 2-11 的规定。

表 2-11　底模拆除时的混凝土强度要求

构件类型	构件跨度/m	达到设计的混凝土立方体抗压强度标准值的百分率/%
板	≤2	≥50
	>2，≤8	≥75
	>8	≥100
梁、拱、壳	≤8	≥75
	>8	≥100
悬臂构件		≥100

二、模板及支撑架设计基本原理

(一) 模板设计的基本内容

模板设计的主要任务是确定模板构造及各部分尺寸，进行模板与支撑的结构计算。主要包括选型、选材、配板、荷载计算、结构设计和绘制模板施工图等。各项设计的内容和详尽程度，可根据工程的具体情况和施工条件确定。一般的工程施工中，普通结构、构件的模板不要求进行计算，但特殊的结构和跨度很大时，则必须进行验算，以保证结构和施工安全。

(二)模板荷载

荷载分为荷载标准值和荷载设计值，而荷载设计值等于荷载标准值乘以相应的荷载分项系数。

1. 荷载分类

根据《混凝土结构工程施工质量验收规范》(GB 50204—2015)中有关模板设计的荷载及有关规定，模板及其支架设计时，应考虑下列各项荷载：

(1)模板及支架自重。模板及支架的自重，可按图纸或实物计算确定，对肋形楼板及无梁楼盖模板的自重，可参考表2-12选用。

表 2-12　模板自重标准值

模板构件	木模板/(kN·m^{-2})	定型组合钢模板/(kN·m^{-2})
平板模板及小梁	0.3	0.5
楼板模板自重(包括梁模板)	0.5	0.75
楼板模板及支架自重(楼层高度4 m以下)	0.75	1.1

(2)新浇筑混凝土的自重标准值。对普通混凝土可采用 24 kN/m^3，对其他混凝土可根据实际重力密度确定。

(3)钢筋自重标准值。钢筋自重标准值应根据设计图纸确定。一般梁板结构每立方米混凝土结构的钢筋自重标准值：楼板取 1.1 kN；梁取 1.5 kN。

(4)施工人员及设备荷载标准值。计算模板及直接支承模板的小楞时，对均布活荷载取 2.5 kN/m^2，另以集中荷载 2.5 kN 进行验算，取两者中较大的弯矩值：

计算支承小楞的构件时，对均布活荷载取 1.5 kN/m^2；

计算支架立柱及其他支承结构构件时，对均布活荷载取 1.0 kN/m^2。

对大型浇筑设备(上料平台等)、混凝土泵等按实际情况计算。木模板板条宽度小于 150 mm 时，集中荷载可以考虑由相邻两块板共同承受。如混凝土堆积料的高度超过 100 mm 时，则按实际情况计算。

(5)振捣混凝土时产生的荷载标准值。对水平面模板可采用 2.0 kN/m^2；对垂直面模板可采用 4.0 kN/m^2(作用范围在有效压头高度之内)。

(6)新浇筑混凝土对模板侧面的压力标准值。影响混凝土侧压力的因素很多，如与混凝土组成有关的集料种类、配筋数量、水泥用量、外加剂、坍落度等。此外，还有外界影响，如混凝土的浇筑速度、混凝土的温度、振捣方式、模板情况、构件厚度等。

混凝土的浇筑速度是一个重要影响因素，最大侧压力一般与其成正比。但当其达到一定速度后，再提高浇筑速度，则对最大侧压力的影响就不明显。混凝土的温度影响混凝土的凝结速度，温度低、凝结慢，混凝土侧压力的有效压头高，最大侧压力就大；反之，最大侧压力就小。模板情况和构件厚度影响拱作用的发挥，因之对侧压力也有影响。

由于影响混凝土侧压力的因素很多，想用一个计算公式全面反映是有一定困难的。国内外研究混凝土侧压力，都是抓住几个主要影响因素，通过典型试验或现场实测取得数据，再用数学方法归纳分析后提出公式。

我国目前采用的计算公式,当采用内部振动器时,新浇筑的混凝土作用于模板的最大侧压力,按下列两式计算,并取两式中的较小值:

$$F = 0.22\gamma_c t_0 \beta_1 \beta_2 V^{1/2}$$

$$F = \gamma_c H$$

式中　F——新浇筑混凝土对模板的侧压力计算值(kN/m^2);
　　　γ_c——混凝土的重力密度(kN/m^3);
　　　t_0——新浇筑混凝土的初凝时间(h),可按实测确定;当缺乏试验资料时,可采用 $t_0 = 200/(T+15)$ 计算(T 为混凝土的温度 ℃);
　　　V——混凝土的浇筑速度(m/h);
　　　H——混凝土侧压力计算位置处至新浇筑混凝土顶面的总高度(m);
　　　β_1——外加剂影响修正系数,不掺外加剂时取 1.0;掺具有缓凝作用的外加剂时,取 1.2;
　　　β_2——混凝土坍落度影响修正系数,当坍落度小于 30 mm 时,计算分布图取 0.85;50~90 mm 时,取 1.0;110~150 mm 时,取 1.15。

(7)倾倒混凝土时产生的荷载标准值。倾倒混凝土时对垂直面模板产生的水平荷载标准值,可按表 2-13 采用。

表 2-13　倾倒混凝土时产生的水平荷载

项次	向模板中供料方法	水平荷载标准/($kN·m^{-2}$)
1	用溜槽、串筒或由导管输出	2
2	用容量 <0.2 m^3 的运输器具倾倒	2
3	用容量为 0.2~0.8 m^3 的运输器具倾倒	4
4	用容量 >0.8 m^3 的运输器具倾倒	6

注:作用范围在有效压头高度以内。

除上述 7 项荷载外,当水平模板支撑结构的上部继续浇筑混凝土时,还应考虑由上部传递下来的荷载。

计算模板及其支架时的荷载设计值,应采用荷载标准值乘以相应的荷载分项系数求得,荷载分项系数按表 2-14 采用。

表 2-14　荷载分项系数

项次	荷载类别	γ_i
1	模板及支架自重	
2	新浇筑混凝土自重	1.2
3	钢筋自重	
4	施工人员及施工设备荷载	1.4
5	振捣混凝土时产生的荷载	
6	新浇筑混凝土对模板侧面的压力	1.2
7	倾倒混凝土时产生的荷载	1.4

2. 荷载组合

参与模板及其支架荷载效应组合的各项荷载,应符合表 2-15 的规定。

表 2-15　参与模板及其支架荷载效应组合的各项荷载

模板类别	参与组合的荷载项	
	计算承载能力	验算刚度
平板和薄壳的模板及支架	1,2,3,4	1,2,3
梁和拱模板的底板及支架	1,2,3,5	1,2,3
梁、拱、柱(边长≤300 mm)、墙(厚≤100 mm)的侧面模板	5,6	6
大体积结构、柱(边长>300 mm)、墙(厚>100 mm)的侧面模板	6,7	6

3. 模板设计的有关计算规定

(1)计算钢模板、木模板及支架时均应遵守相应的设计规范。

(2)验算模板及其支架的刚度时,其最大变形值不得超过下列允许值:对结构表面外露的模板,为模板构件计算跨度的 1/400;对结构表面隐蔽的模板,为模板构件计算跨度的 1/250;对支架的压缩变形值或弹性挠度,为相应的结构计算跨度的 1/1 000。

(3)支架的立柱或桁架应保持稳定,并用撑拉杆件固定。

(4)验算模板及其支架在自重和风荷载作用下的抗倾倒稳定性时,应符合有关的专门规定。

(5)当梁板跨度≥4 m 时,模板应按设计要求起拱;如无设计要求,起拱高度宜为全长跨度的 1/1 000～3/1 000,钢模板取小值(1/1 000～2/1 000)。

三、模板工程施工质量控制

(1)模板应按配模图和施工说明书的顺序组装,以保证模板系统的整体稳定。按预组装配板图组装的模板,为防止模板块串角,连接件应交叉对称由外向内安装。经检查合格后的预组装模板,应按安装顺序堆放,堆放层数不宜超过 6 层,各层间用木方支垫,上下对齐。模板位置应准确,接缝应严密、平整。预埋件、预留孔洞以及水电管线、门窗洞口的位置,必须留置准确,安设牢固。

(2)支柱立杆和斜撑下的支撑面应平整垫实,并有足够的承压面。

(3)柱模板的底面应找平,下端应设置定位基准,靠紧垫平。向上继续安装模板时,模板应有可靠的支撑点,其平直度应进行校正。墙模板的对拉螺栓孔应平直。相邻两柱的模板安装、校正完毕后,应及时架设柱间支撑。

(4)梁、柱分别浇筑混凝土时,应在柱模板拆除后,方可支设梁模板。梁底模要按规定起拱。梁、柱接头处的模板,应尽量采用梁、柱接头专用模板。

(5)板模板的安装,应由四周向中心铺板。支柱在高度方向所设的水平撑与剪刀撑,应按构造与整体稳定性要求布置。对于不够模数的缝隙,可用木模补缝。

(6)模板安装完毕后应对模板工程进行验收,模板安装的允许偏差及预埋件和预留孔洞的允许偏差见表 2-16 和表 2-17。

表 2-16　现浇结构模板安装的允许偏差及检验方法

项　　目		允许偏差/mm	检验方法
轴线位置		5	尺量
底模上表面标高		±5	水准仪或拉线、尺量
模板内部尺寸	基础	±10	尺量
	柱、墙、梁	±5	尺量
	楼梯相邻踏步高差	±5	尺量
层高垂直度	柱、墙层高≤6 m	8	经纬仪或吊线、尺量
	柱、墙层高>6 m	10	经纬仪或吊线、尺量
相邻两板表面高低差		2	尺量
表面平整度		5	2 m 靠尺和塞尺量测

注：检查轴线位置当有纵横两个方向时，沿纵、横两个方向量测，并取其中偏差的较大值。

表 2-17　预埋件和预留孔洞的允许偏差

项　　目		允许偏差/mm
预埋钢板中心线位置		3
预埋管、预留孔中心线位置		3
插筋	中心线位置	5
	外露长度	+10，0
预埋螺栓	中心线位置	2
	外露长度	+10，0
预留洞	中心线位置	10
	尺寸	+10，0

注：检查中心线位置时，应沿纵、横两个方向量测，并取其中偏差的较大值。

(7)模板工程验收，应提供下列资料：工程施工图；施工组织设计中有关的模板工程部分，包括模板组装图、支撑系统布置图及有关说明；模板安装质量检查记录。

典型工作任务三　混凝土工程施工

混凝土结构工程在土木工程施工中占主导地位，它对工程的人力、物力消耗和对工期均有很大的影响。混凝土工程包括混凝土的制备、运输、浇筑、振捣、养护等施工过程。

一、混凝土的制备

(一)混凝土的施工配合比计算

混凝土是以胶凝材料、粗集料、细集料、水组成，需要时掺外加剂和矿物掺合料，按设计配合比配料，经均匀拌制、密实成型养护硬化而成的人造石材。混凝土组成材料的质量及其配比是保证混凝土质量的前提。因此施工中对混凝土施工配合比应严格控制。

混凝土的施工配合比，应保证结构设计对混凝土强度等级及施工对混凝土和易性的要求，并应符合合理使用材料、节约水泥的原则。同时，还应符合抗冻性、抗渗性和耐久性要求。

混凝土的施工配合比是指混凝土在施工过程中所采用的配合比。混凝土施工配合比一经确定就不能随意改变。按国家现行标准《普通混凝土配合比设计规程》(JGJ 55—2011)和《混凝土强度检验评定标准》(GB/T 50107—2010)的有关规定，混凝土施工配合比应由有相关资质的试验室提供（试验室配合比），或在试验室配合比的基础上根据施工现场砂、石含水量进行调整。

施工配料时影响混凝土质量的因素主要有两方面：一是称量不准，原材料每盘称量的允许偏差见表2-18；二是未按砂、石集料实际含水率的变化进行施工配合比的换算。

表2-18 原材料每盘称量的允许偏差

材料名称	允许偏差
水泥掺合料	±2%
粗、细集料	±3%
水、外加剂	±2%

1. 施工配合比换算

施工时应及时测定砂、石集料的含水率，并将混凝土配合比换算成在实际含水率情况下的施工配合比。

设混凝土实验室配合比为水泥：砂子：石子＝1：x：y，测得砂子的含水率为W_x，石子的含水率为W_y，则施工配合比应为1：$x(1+W_x)$：$y(1+W_y)$。

【例2-5】 已知C20混凝土的试验室配合比为1：2.55：5.12，水胶比为0.65，经测定砂子的含水率为3%，石子的含水率为1%，每1 m³混凝土的水泥用量为310 kg，则施工配合比为多少？每1 m³混凝土材料用量为多少？

解：施工配合比为

$$1：2.55\times(1+3\%)：5.12\times(1+1\%)=1：2.63：5.17$$

每1 m³混凝土材料用量为

水泥：310 kg

砂子：310×2.63＝815.3(kg)

石子：310×5.17＝1 602.7(kg)

水：310×0.65－310×2.55×3%－310×5.12×1%＝161.9(kg)

2. 施工配料

施工中往往以一袋或两袋水泥为下料单位，每搅拌一次叫作一盘。因此，求出每1 m³混凝土材料用量后，还必须根据工地现有搅拌机出料容量确定每次需用几袋水泥，然后按水泥用量算出砂、石子的每盘用量。

【例2-6】 【例2-5】中，如采用JZ250型搅拌机，出料容量为0.25 m³，则每搅拌一次的装料数量为多少？

解：

水泥：310×0.25＝77.5(kg)(取一袋半水泥，即75 kg)

砂子：815.3×75/310＝197.325(kg)

石子：1 602.7×75/310＝387.75(kg)

水：161.9×75/310＝39.2(kg)

(二)混凝土搅拌

混凝土搅拌，是将水、水泥和粗、细集料进行均匀拌和及混合的过程。同时，通过搅拌还要使材料达到强化、塑化的作用。

混凝土搅拌机按搅拌原理分为自落式和强制式两类。自落式搅拌机多用于搅拌塑性混凝土和低流动性混凝土；强制式搅拌机多用于搅拌干硬性混凝土和轻集料混凝土，也可以搅拌低流动性混凝土。

1. 混凝土的搅拌时间

混凝土的搅拌时间与混凝土的搅拌质量密切相关。在一定范围内，随搅拌时间的延长，强度有所提高，但过长时间的搅拌既不经济，而且混凝土的和易性又将降低，影响混凝土的质量。加气混凝土还会因搅拌时间过长而使含气量下降。混凝土搅拌的最短时间可按表2-19采用。

表2-19　混凝土搅拌的最短时间　　　　　　　　　　　　　　　　　　　s

混凝土坍落度/mm	搅拌机机型	搅拌机容量/L		
		<250	250～500	>500
≤40	强制式	60	90	120
>40，且<100	强制式	60	60	90
≥100	强制式	60		

注：1. 混凝土搅拌时间是指从全部材料装入搅拌筒中起，到开始卸料时止的时间段。
　　2. 当掺有外剂与矿物掺合料时，搅拌时间应适当延长。
　　3. 采用自落式搅拌时，搅拌时间宜延长30 s。
　　4. 当采用其他形式的搅拌设备时，搅拌的最短时间也可按设备说明书的规定或经试验确定。

2. 投料顺序

施工中常用投料顺序有一次投料法、二次投料法和水泥裹砂石法。

(1)一次投料法。一次投料法是在上料斗中先装石子，再加水泥和砂，然后一次投入到搅拌筒中进行搅拌。

(2)二次投料法。二次投料法是先向搅拌机内投入水和水泥(和砂)，待其搅拌1 min后再投入石子和砂继续搅拌至规定时间。这种投料方法能改善混凝土性能，提高混凝土的强度，与一次投料法相比，二次投料法可使混凝土强度提高10%～15%，节约水泥15%～20%。

(3)水泥裹砂石法。使用水泥裹砂石法拌制的混凝土称为造壳混凝土(简称SEC混凝土)。它是先将全部砂、石子和部分水倒入搅拌机拌和，使集料湿润，搅拌时间以45～75 s为宜，称之为造壳搅拌；再倒入全部水泥搅拌20 s，加入拌合水和外加剂进行第二次搅拌，60 s左右完成，这种搅拌工艺称为水泥裹砂法。

3. 进料容量

进料容量是将搅拌前各种材料的体积累积起来的容量，又称干料容量。进料容量为出料容量的1.4～1.8倍(通常取1.5倍)，如任意超载(超载10%)，就会使材料在搅拌筒内没有充分的空间进行拌和，影响混凝土的和易性；反之，装料过少，又不能充分发挥搅拌机的效能。

二、混凝土的运输

(一)混凝土运输要求

混凝土运输中的全部时间不应超过混凝土的初凝时间;运输中应保持匀质性,不应产生分层离析现象,不应漏浆;运至浇筑地点应具有规定的坍落度,并保证混凝土在初凝前能有充分的时间进行浇筑;混凝土的运输应以最少的运转次数、最短的时间从搅拌地点运至浇筑地点,并保证混凝土浇筑的连续进行。

(二)运输工具的选择

混凝土运输分为地面水平运输、垂直运输和楼面水平运输三种。地面水平运输时,若采用预拌(商品)混凝土运输距离较远时,可用混凝土搅拌运输车。混凝土若来自工地搅拌站,则多用小型翻斗车,有时还用皮带运输机和窄轨翻斗车,近距离也可用双轮手推车。垂直运输可采用各种井架、龙门架和塔式起重机作为垂直运输工具。对于浇筑量大、浇筑速度比较稳定的大型设备基础和高层建筑,宜采用混凝土泵,也可采用自升式塔式起重机或爬升式塔式起重机运输。

1. 混凝土搅拌运输车

混凝土搅拌运输车(图 2-24)为长距离运输混凝土的有效工具,它有一搅拌筒斜放在汽车底盘上。在混凝土搅拌站装入混凝土后,由于搅拌筒内有两条螺旋状叶片,在运输过程中,搅拌筒可进行慢速转动与拌和,以防止混凝土离析,运至浇筑地点后,搅拌筒反转即可迅速卸出混凝土。搅拌筒的容量一般为 $2\sim10\ m^3$。

图 2-24 混凝土搅拌运输车

2. 混凝土泵

混凝土泵是一种有效的混凝土运输和浇筑工具,它以泵为动力,沿管道输送混凝土,可以一次完成水平及垂直运输,将混凝土直接输送到浇筑地点,是一种高效的混凝土运输方法。道路工程、桥梁工程、地下工程、工业与民用建筑施工皆可应用,我国正大力推广,并已取得较好的效果。

(1)液压活塞式混凝土泵。液压活塞式混凝土泵主要由料斗、液压缸和活塞、混凝土缸、分配阀、Y形输送管、冲洗设备、液压系统和动力系统等组成(图 2-25)。活塞泵工作时,搅拌机卸出的或由混凝土搅拌运输车卸出的混凝土倒入料斗,阀门开启、撑出端竖直片阀阀门关闭,在液压作用下通过活塞杆带动混凝土活塞后移,料斗内的混凝土在重力和吸力作用下进入混凝土缸。然后,液压系统中压力油的进出反向,混凝土活塞向前推压,同时吸入端水平出阀阀门关闭，而撑出端竖直片阀阀门开启，混凝土缸中的混凝土拌合物就通过 Y 形输送管压入输送管。由于有两个缸体交替进料和出料，因而能连续稳定的排料。不同型号的混凝土泵，其排量不同，水平运距和垂直运距也不同，常用活塞泵混凝土排量为 30～90 m³/h，水平运距为 200～900 m，垂直运距为 50～300 m。目前我国已能一次垂直泵送达 400 m。若一次泵送困难则可用接力泵送。

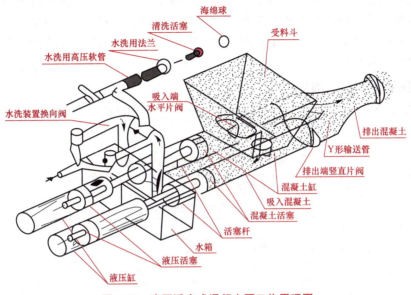

图 2-25　液压活塞式混凝土泵工作原理图

(2) 泵送混凝土对原材料的要求。碎石最大粒径与输送管内径之比不宜大于 1∶3；卵石不宜大于 1∶2.5；以天然砂为宜，砂率宜控制在 40%～50%，通过 0.315 mm 筛孔的砂不少于 15%；最少水泥用量为 300 kg/m³，坍落度宜为 80～180 mm，混凝土内宜掺入适量外加剂。泵送轻集料混凝土的原材料选用及配合比，应通过试验确定。

(3) 泵送混凝土施工中应注意的问题。输送管的布置宜短直，尽量减少弯管数，转弯宜缓，管段接头要严密，少用锥形管；混凝土的供料应保证混凝土泵能连续工作，不间断；正确选择集料级配，严格控制配合比；泵送前，为减少泵送阻力，应先用适量与混凝土内成分相同的水泥浆或水泥砂浆润滑输送管内壁；泵送过程中，泵的受料斗内应充满混凝土，防止吸入空气形成阻塞；防止停歇时间过长，若停歇时间超过 45 min，应立即用压力或其他方法冲洗管内残留的混凝土；泵送结束后，要及时清洗泵体和管道；用混凝土泵浇筑的建筑物，要加强养护，防止龟裂。

(三) 运输时间

混凝土应以最少的运转次数和最短的时间，从搅拌地点远至浇筑地点，并在初凝之前浇筑完毕。混凝土从搅拌机中卸出后到浇筑完毕的延续时间不宜超过表 2-20 的规定。

表 2-20　混凝土从搅拌机中卸出后到浇筑完毕的延续时间　　　　　　　　min

混凝土强度等级	气　温	
	<25 ℃	≥25 ℃
低于及等于 C30	120	90
高于 C30	90	60

三、混凝土的浇筑

(一)混凝土浇筑前的准备工作

混凝土浇筑前,应对模板、钢筋、支架和预埋件进行检查;检查模板的位置、标高、尺寸、强度和刚度是否符合要求,接缝是否严密,预埋件位置和数量是否符合图纸要求;检查钢筋的规格、数量、位置、接头和保护层厚度是否正确;清理模板上的垃圾和钢筋上的油污,浇水湿润木模板;填写隐蔽工程记录。

(二)混凝土浇筑的一般规定

(1)混凝土浇筑前不应发生离析或初凝现象,如已发生,须重新搅拌。混凝土运至现场后,其坍落度应满足表2-21的要求。

表2-21 混凝土浇筑时的坍落度

结构种类	坍落度/mm
基础或地面垫层、无配筋大体积结构(挡土墙、基础等)或配筋稀疏的结构	10~30
板、梁和大型及中型截面的柱子等	30~50
配筋密列的结构(薄壁、斗仓、筒仓、细柱等)	50~70
配筋特密的结构	70~90

注:1. 本表是用机械振捣混凝土时的坍落度,当采用人工捣实混凝土时,其值可适当增大。
2. 当需要配制大坍落度混凝土时,应掺用外加剂。
3. 曲面或斜面结构混凝土的坍落度应根据实际需要另行选定。
4. 轻集料混凝土的坍落度,宜比表中数值减少10~20 mm。

(2)混凝土自高处倾落时,其自由倾落高度不宜超过2 m,在竖向结构中浇筑混凝土的高度不得超过3 m,否则应设串筒、斜槽、溜管或振动溜管等,如图2-26所示。

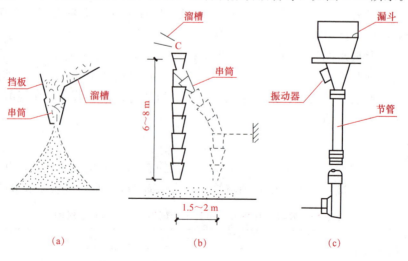

图 2-26 溜槽与串筒
(a)溜槽;(b)串筒;(c)振动串筒

(3)浇筑混凝土时应经常观察模板、支架、钢筋、预埋件和预留孔洞的情况,当发现有变形、移位时,应立即停止浇筑,并应在已浇筑混凝土凝结前修整完好。

(4)混凝土的浇筑应分段、分层连续进行,随浇随捣。混凝土浇筑层厚度应符合表2-22的规定。

表2-22 混凝土浇筑层厚度

项次	捣实混凝土的方法		浇筑层厚度/mm
1	插入式振捣		振捣器作用部分长度的1.25倍
2	表面振动		200
3	人工捣固	在基础、无筋混凝土或配筋稀疏的结构中	250
		在梁、墙板、柱结构中	200
		在配筋密列的结构中	150
4	轻集料混凝土	插入式振捣器	300
		表面振动(振动时须加荷)	200

(5)浇筑竖向结构混凝土前,底部应先填以50~100 mm厚与混凝土成分相同的水泥砂浆。

(三)施工缝的留设与处理

如果由于技术或施工组织上的原因,不能对混凝土结构一次连续浇筑完毕,而必须停歇较长的时间,其停歇时间已超过混凝土的初凝时间,致使混凝土已初凝;当继续浇混凝土时,形成了接缝,即为施工缝。

1. 施工缝的留设位置

施工缝一般宜留在结构受力(剪力)较小且便于施工的部位。柱子的施工缝宜留在基础与柱子交接处的水平面上,或梁的下面,或吊车梁牛腿的下面、吊车梁的上面、无梁楼盖柱帽的下面。高度大于1 m的钢筋混凝土梁的水平施工缝,应留在楼板底面下20~30 mm处,当板下有梁托时,留在梁托下部;单向平板的施工缝,可留在平行于短边的任何位置处;对于有主次梁的楼板结构,宜顺着次梁方向浇筑,施工缝应留在次梁跨度的中间1/3范围内。

2. 施工缝的处理

施工缝浇筑混凝土之前,应除去施工缝表面的水泥薄膜、松动石子和软弱的混凝土层,并加以充分湿润和冲洗干净,不得有积水。

浇筑时,施工缝处宜先铺水泥浆(水泥:水=1:0.4),或与混凝土成分相同的水泥砂浆一层,厚度为30~50 mm,以保证接缝的质量。浇筑过程中,施工缝应细致捣实,使其紧密结合。

(四)混凝土的浇筑方法

1. 钢筋混凝土框架结构的浇筑

浇筑多层框架按分层分段施工,水平方向以结构平面的伸缩缝分段,垂直方向按结构层次分层。在每层中先浇筑柱,在柱子浇捣完毕后,停歇1~1.5 h,使混凝土达到一定强度后,再浇筑梁、板。梁和板宜同时浇筑,有主次梁的楼板宜顺着次梁方向浇筑,单向板宜沿着板的长边方向浇筑；拱和高度大于1 m的梁等结构，可单独浇筑混凝土。

柱子浇筑宜在梁板模板安装后，钢筋未绑扎前进行，浇筑一排柱的顺序应从两端同时开始，向中间推进，以免因浇筑混凝土后由于模板吸水膨胀，断面增大而产生横向推力，最后使柱发生弯曲变形。

2. 大体积混凝土结构的浇筑

大体积混凝土结构多为工业建筑中的设备基础及高层建筑中厚大的桩基承台或基础底板等。混凝土浇筑面和浇筑量大，整体性要求高，不能留施工缝，浇筑后水泥的水化热量大且聚集在构件内部，形成较大的内外温差，易造成混凝土表面产生收缩裂缝。

(1) 大体积混凝土结构的浇筑方案，一般分为全面分层、分段分层和斜面分层三种，如图2-27所示。

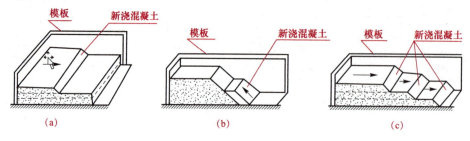

图 2-27　大体积混凝土浇筑方案
(a) 全面分层；(b) 分段分层；(c) 斜面分层

①全面分层：即在第一层浇筑完毕后，再回头浇筑第二层，如此逐层浇筑，直至完工为止。

②分段分层：混凝土从底层开始浇筑，进行2～3 m后再回头浇第二层，同样依次浇筑各层。

③斜面分层：要求斜坡坡度不大于1/3，适用于结构长度大大超过厚度3倍的情况。

(2) 大体积混凝土浇筑的注意事项。大体积混凝土内部温度与表面温度的差值、混凝土外表面与环境温度差值不应超过25 ℃；要尽量降低混凝土入模温度；混凝土浇筑完后应在12 h内覆盖保湿保温；防水混凝土养护期至少14 d；大体积混凝土必须进行二次抹面工作，以减少表面收缩裂缝。

(3) 大体积混凝土裂缝控制主要措施。优先选用低水化热水泥，并适当使用缓凝减水剂和微膨胀剂；在保障混凝土设计强度的前提下，适当降低水胶比，掺加适量粉煤灰以降低水泥用量；降低混凝土入模温度，控制混凝土内外温差。当大体积混凝土平面尺寸过大时，可以适当设置后浇缝，以减小外应力和温度应力，同时，也有利于散热，降低混凝土的内部温度；超长大体积混凝土也可采用跳仓法施工，将大面积混凝土平面划分成若干个区域，按照"分块规划、隔块施工、分层浇筑、整体成型"的原则施工，相邻两段间隔时间不少于7 d；在混凝土浇筑之后，做好混凝土的保温保湿养护，缓慢降温，减低温度应力，夏季避免暴晒，注意保湿，冬期应覆盖保温，以免发生急剧的温度梯度变化。

(4) 大体积温度控制主要措施。大体积混凝土温度应变的测试，在混凝土浇筑后，每昼夜不应少于4次；入模温度的测量，每台班不少于2次。

大体积混凝土浇筑体内温度监测点可按下列方式布置：监测点的布置范围应以所选混凝土浇筑体平面图对称轴线的半条轴线为测试区，在测试区内监测点按平面分层布置；在测试区内，监测点的位置与数量可根据混凝土浇筑体内温度场分布情况及温控的要求确定；在每条测试轴线上，监测点位宜不少于 4 处，应根据结构的几何尺寸布置；沿混凝土浇筑体厚度方向，必须布置外面、底面和中间温度测点，其余测点宜按测点间距不大于 600 mm 布置。

3. 混凝土的振捣

混凝土的振捣方式分为人工振捣和机械振捣两种。人工振捣是利用捣锤或插钎等工具的冲击力来使混凝土密实成型，其效率低、效果差；机械振捣是将振动器的振动力传给混凝土，使之发生强迫振动而密实成型，其效率高、质量好。

混凝土振动机械按其工作方式分为内部振动器、外部振动器、表面振动器和振动台等，如图 2-28 所示。

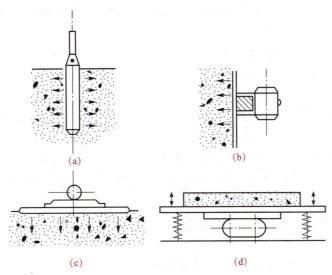

图 2-28 振动机械示意
(a)内部振动器；(b)外部振动器；(c)表面振动器；(d)振动台

(1)内部振动器又称插入式振动器，适用于振捣梁、柱、墙等构件和大体积混凝土。

(2)插入式振动器的振捣方法有两种：一是垂直振捣，即振动棒与混凝土表面垂直；二是斜向振捣，即振动棒与混凝土表面成 40°～45°。振捣器的操作要做到快插慢拔，插点要均匀，逐点移动，顺序进行，不得遗漏，达到均匀振实。振动棒的移动，可采用行列式或交错式。混凝土分层浇筑时，应将振动棒上下来回抽动 50～100 mm；移动间距不宜大于振捣器作用半径的 1.5 倍，与模板的距离不应大于其作用半径的 0.5 倍，振动棒深入下层混凝土中 50 mm 左右。每一振捣点的振捣时间一般为 20～30 s。使用振动器时，不允许将其支撑在结构钢筋上或碰撞钢筋，不宜紧靠模板振捣。

(3)表面振动器又称平板振动器，适用于振捣楼板、空心板、地面和薄壳等薄壁结构。

(4)振动台一般在预制厂用于振实干硬性混凝土和轻集料混凝土。

(5)外部振动器又称附着式振动器，适用于振捣断面较小或钢筋较密的柱子、梁、板等构件。

4. 混凝土的养护

为保证已浇筑好的混凝土在规定龄期内达到设计要求的强度和耐久性，防止产生收缩和裂缝，必须认真做好养护工作。常用的混凝土的养护方法是自然养护法(同条件养护)。自然养护又可分为覆盖浇水养护和塑料薄膜养护两种。

(1)覆盖浇水养护。覆盖浇水养护是指在平均气温高于 5 ℃的自然条件,用适当的材料(如草帘、芦席、麻袋、锯末等)对混凝土表面加以覆盖并浇水,使混凝土在一定的时间内保持适当温度和湿度条件。覆盖浇水养护应符合下列规定:

①混凝土浇筑完成后,应在 12 h 内进行覆盖浇水养护。干硬性混凝土应立即进行养护。

②混凝土的浇水养护时间,对采用硅酸盐水泥、普通硅酸盐水泥或矿渣硅酸盐水泥拌制的混凝土,不得少于 7 d;对掺用缓凝型外加剂、矿物掺合料或有抗渗性要求的混凝土,不得少于 14 d。

③当日平均气温低于 5 ℃时,不得浇水;在平均气温高于 5 ℃的自然条件,用适当的材料对混凝土表面加以覆盖并经常洒水,保持混凝土处于湿润状态。

④大面积结构如地坪、楼板、屋面等可采用蓄水养护。贮水池一类工程可于拆除内模混凝土达到一定强度后注水养护。

⑤混凝土必须养护至其强度达到 1.2 N/mm^2 以上,方可在上面行人和架设支架、安装模板,但不得冲击混凝土。

(2)薄膜布养护。在有条件的情况下,可采用不透水、不透气的薄膜布(如塑料薄膜布)养护。薄膜布养护不必浇水,操作方便,能重复使用,能提高混凝土的早期强度,加速模具的周转。

(3)薄膜养生液养护。混凝土的表面不便浇水或使用塑料薄膜布养护时,可采用涂刷薄膜养生液。薄膜养生液养护方法一般适用于表面积大的混凝土施工和缺水地区。

四、混凝土的质量控制与缺陷防治

(一)混凝土在拌制和浇筑过程中的质量检查

混凝土质量检查包括施工过程中的质量检查和养护后的质量检查。

(1)施工过程中的质量检查,即在混凝土制备和浇筑过程中对原材料的质量、配合比、坍落度等的检查,每一工作班至少检查两次,如遇特殊情况还应及时进行抽查。混凝土的搅拌时间应随时检查。原材料称量的允许偏差,应符合表 2-18 的规定。

(2)混凝土养护后的质量检查,主要是指混凝土的立方体抗压强度检查。混凝土的抗压强度应以标准立方体试件(边长为 150 mm),在标准条件下(温度为 20 ℃±3 ℃和相对湿度 90%以上的湿润环境)养护 28 d 后测得的具有 95%保证率的抗压强度。

(3)现浇结构和混凝土设备基础拆模后的尺寸偏差应符合表 2-23 和表 2-24 的规定。按楼层、结构缝或施工段划分检验批。在同一检验批内,对梁、柱和独立基础,应抽查构件数量的 10%,且不少于 3 件;对墙和板,应按有代表性的自然间抽查 10%,且不少于 3 间;对大空间结构,墙可按相邻轴线间高度 5 m 左右划分检查面,板可按纵、横轴线划分检查面,抽查 10%,且均不少于 3 面;对电梯井应全数检查;对设备基础应全数检查。

表 2-23 现浇混凝土结构位置的尺寸允许偏差和检验方法

项目		允许偏差/mm	检验方法
轴线位置	整体基础	15	经纬仪及尺量
	独立基础	10	经纬仪及尺量
	墙、柱、梁	8	尺量

续表

项目			允许偏差/mm	检验方法
垂直度	层高	≤6 m	10	经纬仪或吊线、尺量
		>6 m	12	经纬仪或吊线、尺量
	全高(H)≤300 m		H/30 000+20	经纬仪、尺量
	全高(H)>300 m		H/10 000 且≤80	经纬仪、尺量
标高	层高		±10	水准仪或拉线、尺量
	全高		±30	水准仪或拉线、尺量
截面尺寸	基础		+15,-10	尺量
	柱、梁、板、墙		+10,-5	尺量
	楼梯相邻踏步高差		6	尺量
电梯井	中心位置		10	尺量
	长、宽尺寸		+25,0	尺量
表面平整度			8	2 m 靠尺和塞尺量测
预埋件中心位置	预埋板		10	尺量
	预埋螺栓		5	尺量
	预埋管		5	尺量
	其他		10	尺量
预留洞、孔中心线位置			15	尺量

注：1. 检查轴线、中心线位置时，应沿纵、横两个方向测量，并取其中偏差的较大值。
2. H 为全高，单位为 mm。

表 2-24　现浇设备基础位置和尺寸允许偏差和检验方法

项　　目		允许偏差/mm	检验方法
坐标位置		20	经纬仪及尺量
不同平面的标高		0,-20	水准仪或拉线、尺量
平面外形尺寸		±20	尺量
凸台上平面外形尺寸		0,-20	尺量
凹槽尺寸		+20,0	尺量
平面水平度	每米	5	水平尺、塞尺量测
	全长	10	水平尺、塞尺量测
垂直度	每米	5	经纬仪或吊线、尺量
	全高	10	经纬仪或吊线、尺量
预埋地脚螺栓	中心位置	2	尺量
	顶标高	+20,0	水准仪或拉线、尺量
	中心距	±2	尺量
	垂直度	5	吊线、尺量
预埋地脚螺栓孔	中心线位置	10	尺量
	截面尺寸	+20,0	尺量
	深度	+20,0	尺量
	垂直度	$h/100$ 且≤10	吊线、尺量

续表

项　　目		允许偏差/mm	检验方法
预埋活动地脚螺栓锚板	中心线位置	5	尺量
	标高	+20，0	水准仪或拉线、尺量
	带槽锚板平整度	5	直尺、塞尺量测
	带螺纹孔锚板平整度	2	直尺、塞尺量测

注：1. 检查坐标、中心线位置时，应沿纵、横两个方向测量，并取其中偏差的较大值。
　　2. h 为预埋地脚螺栓孔孔深，单位为 mm。

(二)混凝土质量缺陷

混凝土质量缺陷主要有蜂窝、麻面、露筋、孔洞、裂缝、强度不足等，见表 2-25。

表 2-25　现浇混凝土结构外观质量缺陷

名称	现象	严重缺陷	一般缺陷
露筋	构件内钢筋未被混凝土包裹而外露	纵向受力钢筋有露筋	其他钢筋有少量露筋
蜂窝	混凝土表面缺少水泥浆而形成石子外露	构件主要受力部位有蜂窝	其他部位有少量蜂窝
孔洞	混凝土中孔穴深度和长度均超过保护层厚度	构件主要受力部位有孔洞	其他部位有少量孔洞
夹渣	混凝土中夹有杂物且深度超过保护层厚度	构件主要受力部位有夹渣	其他部位有少量夹渣
疏松	混凝土中局部不密实	构件主要受力部位有疏松	其他部位有少量疏松
裂缝	缝隙从混凝土表面延伸至混凝土内部	构件主要受力部位有影响结构性能或使用功能的裂缝	其他部位有少量不影响结构性能或使用功能的裂缝
连接部位缺陷	构件连接处混凝土缺陷及连接钢筋、连接铁件松动	连接部位有影响结构传力性能的缺陷	连接部位有基本不影响结构传力性能的缺陷
外形缺陷	缺棱掉角、棱角不直、翘曲不平、飞边凸肋等	清水混凝土构件内有影响使用功能或装饰效果的外形缺陷	其他混凝土构件有不影响使用功能的外形缺陷
外表缺陷	构件表面麻面、掉皮、起砂、沾污等	具有重要装饰效果的清水混凝土构件有外表缺陷	其他混凝土构件有不影响使用功能的外表缺陷

(1)蜂窝是混凝土表面无水泥砂浆，露出石子的深度大于 5 mm，但小于保护层厚度的蜂窝状缺陷。它主要是由于混凝土配合比不准确(浆少石多)，或搅拌不匀、浇筑方法不当、振捣不合理，造成砂浆与石子分离；模板严重漏浆等原因而产生的。

(2)麻面是结构构件表面呈现无数的小凹点，而尚无钢筋暴露的现象。它是由于模板内表面粗糙、未清理干净、润湿不足；模板拼缝不严密而漏浆；混凝土振捣不密实，气泡未排出以及养护不良所致。

(3)露筋是浇筑时垫块位移，甚至漏放，钢筋紧贴模板，或者因混凝土保护层处漏振或振捣不密实而造成的。

(4)孔洞是混凝土结构内存在空隙。其主要是由砂浆严重分离,石子成堆,砂与水泥分离而造成的。另外,有泥块等杂物掺入也会形成孔洞。

(5)裂缝有温度裂缝、干缩裂缝和外力引起的裂缝三种。其产生的原因主要是结构和构件下的地基产生不均匀沉降;模板、支撑没有固定牢固;拆模时混凝土受到剧烈振动;环境或混凝土表面与内部温差过大;混凝土养护不良及其中水分蒸发过快等。

(6)混凝土强度不足,主要原因是原材料不符合规定的技术要求,混凝土配合比不准、搅拌不匀、振捣不密实及养护不良等。

(三)混凝土质量缺陷的防治与处理

1. 表面抹浆修补

对数量不多的小蜂窝、麻面、露筋、露石的混凝土表面,主要是保护钢筋和混凝土不受侵蚀,可用钢丝刷或加压水洗刷基层,再用 1:2～1:2.5 水泥砂浆抹面修整。当表面裂缝较细,数量不多时,可将裂缝用水冲洗并用水泥浆抹补;对宽度和深度较大的裂缝,应将裂缝附近的混凝土表面凿毛或沿裂缝方向凿成深为 15～20 mm、宽为 100～200 mm 的 V 形凹槽,扫净并洒水润湿,先刷水泥浆一层,然后用 1:2～1:2.5 的水泥砂浆涂抹 2～3 层,总厚度控制在 10～20 mm 左右,并压实抹光。

2. 细石混凝土填补

当蜂窝比较严重或露筋较深时,应除掉不密实的混凝土,用清水洗净并充分湿润后,再用比原强度等级高一级的细石混凝土填补并仔细捣实。对于孔洞,将孔洞处不密实的混凝土和凸出的石子剔除,并将洞边凿成斜面,以避免死角,然后用水冲洗或用钢丝刷刷净,充分润湿 72 h 后,浇筑比原混凝土强度等级高一级的细石混凝土。细石混凝土的水胶比宜在 0.5 以内,并掺入水泥用量 1/10 000 的铝粉(膨胀剂),用小振捣棒分层捣实,然后进行养护。

3. 水泥灌浆与化学灌浆

对于宽度大于 0.5 mm 的裂缝,宜采用水泥灌浆;对于宽度小于 0.5 mm 的裂缝,宜采用化学灌浆。修补时先用钢丝刷清除混凝土表面的灰尘、浮渣及散层,使裂缝处保持干净,然后把裂缝用环氧砂浆密封表面,做出一个密闭空腔,有控制地留置注浆口及排口,借助压缩空气把浆液压入缝隙,使之充满整个裂缝。作为防渗堵漏用的注浆材料,常用的有丙凝(能压注入 0.01 mm 以上的裂缝)和聚氨酯(能压注入 0.015 mm 以上的裂缝)等。

典型工作任务四　钢筋混凝土工程质量验收与安全技术

一、钢筋混凝土结构工程质量验收

(一)概述

1. 混凝土结构工程分类

按照《混凝土结构工程施工质量验收规范》(GB 50204—2015)的规定,混凝土结构是指以混凝土为主制成的结构,包括素混凝土结构、钢筋混凝土结构和预应力混凝土结构等。

混凝土结构子分部工程根据结构的施工方法可分为现浇混凝土结构子分部工程和装配式混凝土结构子分部工程两类；根据结构的分类，还可分为钢筋混凝土结构子分部工程和预应力混凝土结构子分部工程等。

混凝土结构子分部工程可划分为模板、钢筋、预应力、混凝土、现浇结构和装配式结构等分项工程。各分项工程可根据与施工方式相一致且便于控制施工质量的原则，按工作班、楼层、结构缝或施工段划分为若干检验批。

混凝土结构施工现场应有相应的施工技术标准、健全的质量管理体系、施工质量控制和质量检验制度。混凝土结构施工项目应有施工组织设计和施工技术方案，并经审查批准。

对混凝土结构子分部工程的质量验收，应在钢筋、预应力、混凝土、现浇结构或装配式结构等相关分项工程验收合格的基础上，进行质量控制资料检查及观感质量验收，并应对涉及结构安全的材料、试件、施工工艺和结构的重要部位进行见证检测或实体检验。

分项工程质量验收应在所含检验批验收合格的基础上，进行质量验收记录检查。

2. 检验批的质量验收内容

(1)实物检查，按下列方式进行：

①对原材料、构配件和器具等产品的进场复验，应按进场的批次和产品的抽样检验方案执行。

②对混凝土强度、预制构件结构性能等，应按国家现行有关标准和《混凝土结构工程施工质量验收规范》(GB 50204—2015)规定的抽样检验方案执行。

③对《混凝土结构工程施工质量验收规范》(GB 50204—2015)中采用计数检验的项目，应按抽查总点数的合格点率进行检查。

(2)资料检查。资料检查包括原材料、构配件和器具等的产品合格证(中文质量合格证明文件、规格、型号及性能检测报告等)及进场复验报告、施工过程中重要工序的自检和交接检记录、抽样检验报告、见证检测报告、隐蔽工程验收记录等。

(3)检验批合格质量应符合下列规定：

①主控项目的质量经抽样检验合格。

②一般项目的质量经抽样检验合格；当采用计数检验时，除有专门要求外，一般项目的合格点率应达到80%及以上，且不得有严重缺陷。

③具有完整的施工操作依据和质量验收记录。对验收合格的检验批，宜作出合格标志。

④检验批、分项工程、混凝土结构子分部工程的质量验收可按《混凝土结构工程施工质量验收规范》(GB 50204—2015)附录A记录，质量验收程序和组织应符合现行国家标准《建筑工程施工质量验收统一标准》(GB 50300—2013)的规定。

建筑工程施工质量中不符合规定要求的检验项或检验点，按其程度可分为严重缺陷和一般缺陷。严重缺陷是指对结构构件的受力性能或安装使用性能有决定性影响的缺陷。一般缺陷是指对结构构件的受力性能或安装使用性能无决定性影响的缺陷。

(二)模板分项工程

模板及其支架应根据工程结构形式、荷载大小、地基土类别、施工设备和材料供应等条件进行设计。模板及其支架应具有足够的承载能力、刚度和稳定性，能可靠地承受浇筑混凝土的重量、侧压力以及施工荷载；在浇筑混凝土之前，应对模板工程进行验收。模板安装和浇筑混凝土时，应对模板及其支架进行观察和维护。发生异常情况时，应按施工技术方案及时进行处理；模板及其支架拆除的顺序及安全措施应按施工技术方案执行。

1. 模板安装

(1)安装现浇结构的上层模板及其支架时，下层楼板应具有承受上层荷载的承载能力，或加设支架；上、下层支架的立柱应对准，并铺设垫板。

(2)在涂刷模板隔离剂时，不得沾污钢筋和混凝土接槎处。

(3)模板安装应满足下列要求：

①模板的接缝不应漏浆；在浇筑混凝土前，木模板应浇水湿润，但模板内不应有积水；模板与混凝土的接触面应清理干净并涂刷隔离剂，但不得采用影响结构性能或妨碍装饰工程施工的隔离剂；浇筑混凝土前，模板内的杂物应清理干净；对清水混凝土工程及装饰混凝土工程，应使用能达到设计效果的模板。

②用作模板的地坪、胎模等应平整光洁，不得产生影响构件质量的下沉、裂缝、起砂或起鼓。

③对跨度不小于4 m的现浇钢筋混凝土梁、板，其模板应按设计要求起拱；当设计无具体要求时，起拱高度宜为跨度的1/1 000～3/1 000。

在同一检验批内，对梁，跨度大于18 m时应全数检查，跨度不大于18 m时应抽查构件数量的10%，且不少于3件；对板，应按有代表性的自然间抽查10%，且不少于3间；对大空间结构，板可按纵、横轴线划分检查面，抽查10%，且不少于3面。

④现浇结构模板安装的偏差应符合表2-16的规定。

在同一检验批内，对梁、柱和独立基础，应抽查构件数量的10%，且不少于3件；对墙和板，应按有代表性的自然间抽查10%，且不少于3间；对大空间结构，墙可按相邻轴线间高度5 m左右划分检查面，板可按纵、横轴线划分检查面，抽查10%，且均不少于3面。

2. 模板拆除

(1)底模及其支架拆除时的混凝土强度应符合设计要求。侧模拆除时的混凝土强度应能保证其表面及棱角不受损伤。

(2)对后张法预应力混凝土结构构件，侧模宜在预应力张拉前拆除；底模支架的拆除应按施工技术方案执行，当无具体要求时，不应在结构构件建立预应力前拆除。

(3)模板拆除时，不应对楼层形成冲击荷载。拆除的模板和支架宜分散堆放并及时清运。

(三)钢筋分项工程

当钢筋的品种、级别或规格需作变更时，应办理设计变更文件。

1. 一般规定

在浇筑混凝土之前，应进行钢筋隐蔽工程验收，其内容包括：纵向受力钢筋的牌号、规格、数量、位置；钢筋的连接方式、接头位置、接头质量、接头面积百分率、搭接长度、锚固方式及锚固长度；箍筋、横向钢筋的牌号、规格、数量、间距、位置，箍筋弯钩的弯折角度及平直段长度；预埋件的规格、数量和位置；钢筋、成型钢筋进场检验。当满足下列条件之一时，其检验批容量可扩大一倍：获得认证的钢筋、成型钢筋；同一厂家、同一牌号、同一规格的钢筋，连续三批均一次检验合格；同一厂家、同一类型、同一钢筋来源的成型钢筋，连续三批均一次检验合格。

2. 材料质量检查

钢筋进场时,应按现行国家标准《钢筋混凝土用钢 第 2 部分:热轧带肋钢筋》(GB 1499.2—2007)等的规定抽取试件作力学性能检验,其质量必须符合有关标准的规定。

成型钢筋进场时,应抽取试件作屈服强度、抗拉强度、伸长率和重量偏差检验,检验结果应符合国家现行相关标准的规定。对由热轧钢筋制成的成型钢筋,当有施工单位或监理单位的代表驻厂监督生产过程,并提供原材钢筋力学性能第三方检验报告时,可仅进行重量偏差检验。

对按一、二、三级抗震等级设计的框架和斜撑构件(含梯段)中的纵向受力普通钢筋应采用 HRB335E、HRB400E、HRB500E、HRBF335E、HRBF400E 或 HRBF500E 钢筋,其强度和最大力下总伸长率的实测值应符合下列规定:

(1)抗拉强度实测值与屈服强度实测值的比值不应小于 1.25;
(2)屈服强度实测值与屈服强度标准值的比值不应大于 1.30;
(3)最大力下总伸长率不应小于 9%。

当发现钢筋脆断、焊接性能不良或力学性能显著不正常等现象时,应对该批钢筋进行化学成分检验或其他专项检验。

3. 钢筋连接质量检查

(1)当受力钢筋采用机械连接接头或焊接接头时,设置在同一构件内的接头宜相互错开。

(2)纵向受力钢筋机械连接接头及焊接接头连接区段的长度为 $35d$(d 为纵向受力钢筋的较大直径)且不小于 500 mm,凡接头中点位于该连接区段长度内的接头均属于同一连接区段。同一连接区段内,纵向受力钢筋机械连接及焊接的接头面积百分率,为该区段内有接头的纵向受力钢筋截面面积与全部纵向受力钢筋截面面积的比值。

(3)同一连接区段内,纵向受力钢筋的接头面积百分率应符合设计要求;当设计无具体要求时,应符合下列规定:

①在受拉区不宜超过 50%;
②接头不宜设置在有抗震要求的框架梁端、柱端的箍筋加密区;当无法避开时,对机械连接接头,不应超过 50%;
③直接承受动力荷载的结构构件中,不宜采用焊接接头;当采用机械连接接头时,不应大于 50%。

在同一检验批内,对梁、柱和独立基础,应抽查构件数量的 10%,且不少于 3 件;对墙和板,应按有代表性的自然间抽查 10%,且不少于 3 间;对大空间结构,墙可按相邻轴线间高度 5 m 左右划分检查面,板可按纵、横轴线划分检查面,抽查 10%,且均不少于 3 面。

(4)同一构件中相邻钢筋的绑扎搭接接头应相互错开。绑扎搭接接头中钢筋的横向净距不应小于钢筋直径,且不应小于 25 mm。

①纵向受力钢筋绑扎搭接接头连接区段的长度为 1.3 倍的搭接长度,凡搭接接头中点位于该连接区段长度内的搭接接头均属于同一连接区段。同一连接区段内,纵向受拉搭接钢筋接头面积百分率(该区段内有搭接接头的纵向受力钢筋截面面积与全部纵向受力钢筋截面面积的比值)应符合设计要求;当设计无具体要求时,应符合下列规定:对梁、板类及墙类构件,不宜超过 25%;对柱类构件,不宜超过 50%;当工程中确有必要增大接头面积百

分率时,对梁类构件,不应大于50%;对其他构件,可根据实际情况放宽。

②纵向受力钢筋绑扎搭接接头的最小搭接长度应符合《混凝土结构工程施工质量验收规范》(GB 50204—2015)附录B的规定。

在同一检验批内,对梁、柱和独立基础,应抽查构件数量的10%,且不少于3件;对墙和板,应按有代表性的自然间抽查10%,且不少于3间;对大空间结构,墙可按相邻轴线间高度5 m左右划分检查面,板可按纵、横轴线划分检查面,抽查10%,且均不少于3面。

(5)在梁、柱类构件的纵向受力钢筋搭接长度范围内,应按设计要求配置箍筋。当设计无具体要求时,应符合下列规定:

①箍筋直径不应小于搭接钢筋较大直径的0.25倍;
②受拉搭接区段的箍筋间距不应大于搭接钢筋较小直径的5倍,且不应大于100 mm;
③受压搭接区段的箍筋间距不应大于搭接钢筋较小直径的10倍,且不应大于200 mm;
④当柱中纵向受力钢筋直径大于25 mm时,应在搭接接头两个端面外100 mm范围内各设置两个箍筋,其间距宜为50 mm。

在同一检验批内,应抽查构件数量的10%,且不应少于3件。

4. 钢筋安装质量检查

钢筋安装位置的偏差,应符合表2-9的规定。

在同一检验批内,对梁、柱和独立基础,应抽查构件数量的10%,且不少于3件;对墙和板,应按有代表性的自然间抽查10%,且不少于3间;对大空间结构,墙可按相邻轴线间高度5 m左右划分检查面,板可按纵、横轴线划分检查面,抽查10%,且均不少于3面。

(四)混凝土分项工程

混凝土分项工程验收前,应对涉及混凝土结构安全的重要部位进行结构实体检验,结构实体检验应在监理工程师(建设单位项目专业技术负责人)见证下,由施工项目技术负责人组织实施,承担结构实体检验的试验室应具有相应的资质。

结构实体检验的内容应包括混凝土强度、钢筋保护层厚度以及工程合同约定的项目,必要时可检验其他项目。对混凝土强度的检验,应以在混凝土浇筑地点制备,并与结构实体同条件养护的试件强度为依据,混凝土强度检验用同条件养护试件的留置、养护和强度代表值应符合《混凝土结构工程施工质量验收规范》(GB 50204—2015)的相关规定,对混凝土强度的检验也可根据合同的约定,采用非破损或局部破损的检测方法,按国家现行有关标准的规定进行。

水泥进场时,应对其品种、代号、强度等级、包装或散装仓号、出厂日期等进行检查,并应对水泥的强度、安定性和凝结时间进行检验,检验结果应符合现行国家标准《通用硅酸盐水泥》(GB 175—2007)的相关规定。

当在使用中对水泥质量有怀疑或水泥出厂超过三个月(快硬硅酸盐水泥超过一个月)时,应进行复验,并按复验结果使用。钢筋混凝土结构、预应力混凝土结构中,严禁使用含氯化物的水泥。预应力混凝土结构中,严禁使用含氯化物的外加剂。

结构混凝土的强度等级必须符合设计要求。

用于检查结构构件混凝土强度的试件,应在混凝土的浇筑地点随机抽取。取样与试件留置应符合下列规定：

(1)每拌制 100 盘且不超过 100 m³ 的同配合比的混凝土，取样不得少于一次；

(2)每工作班拌制的同一配合比的混凝土不足 100 盘时，取样不得少于一次；

(3)当一次连续浇筑超过 1 000 m³ 时，同一配合比的混凝土每 200 m³ 取样不得少于一次；

(4)每一楼层、同一配合比的混凝土，取样不得少于一次；

(5)每次取样应至少留置一组标准养护试件，同条件养护试件的留置组数应根据实际需要确定。

(五)现浇结构分项工程

(1)外观质量。现浇结构的外观质量不应有严重缺陷，对已经出现的严重缺陷，应由施工单位提出技术处理方案，并经监理单位认可后进行处理；对裂缝、连接部位出现的严重缺陷及其他影响结构安全的严重缺陷，技术处理方案还应经设计单位认可。对经处理的部位应重新验收。现浇结构的外观质量不应有一般缺陷，对已经出现的一般缺陷，应由施工单位按技术处理方案进行处理。对经处理的部位应重新验收。

(2)尺寸偏差。现浇结构不应有影响结构性能和使用功能的尺寸偏差。混凝土设备基础不应有影响结构性能和设备安装的尺寸偏差。现浇混凝土结构的尺寸允许偏差和检验方法见表 2-23。

对超过尺寸允许偏差且影响结构性能和安装、使用功能的部位，应由施工单位提出技术处理方案，并经监理、设计单位认可后进行处理，对经处理的部位，应重新检查验收。

检查时按楼层、结构缝或施工段划分检验批。在同一检验批内，对梁、柱和独立基础，应抽查构件数量的 10%，且不少于 3 件；对墙和板，应按有代表性的自然间抽查 10%，且不少于 3 间；对大空间结构，墙可按相邻轴线间高度 5 m 左右划分检查面，板可按纵、横轴线划分检查面，抽查 10%，且均不少于 3 面；对电梯井，应全数检查。对设备基础，应全数检查。

浇灌混凝土应密实；安装悬臂板时，应加设支撑；板上预埋件不得凸出板面等。

二、钢筋混凝土结构施工安全技术

(一)模板工程安全技术措施

在现场安装模板时，所用工具应装在工具包内；当上下交叉作业时，应戴安全帽。垂直运输模板或其他材料时，应有统一指挥，统一信号。拆模时应有专人负责安全监督，或设立警戒标志。高空作业人员应经过体格检查，不合格者不得进行高空作业。高空作业应穿防滑鞋，系好安全带。模板在安全系统未钉牢固之前，不得上下；未安装好的梁底板或挑檐等模板的安装与拆除，必须有可靠的技术措施，确保安全。非拆模人员不准在拆模区域内通行。模板上有预留洞者，应在安装后将洞口盖好，混凝土板上的预留洞，应在模板拆除后即将洞口盖好；在拆除楼板模板时，要注意防止整块模板掉落伤人；装拆模板时，作业人员要站立在安全地点进行操作，防止上下在同一垂直面工作。拆除后的模板应将朝天钉向下，并及时运至指定的堆放地点，然后拔除钉子，分类堆放整齐。

(二)钢筋工程安全技术措施

钢筋加工机械设备安装必须坚实稳固；外作业应设置机棚；加工较长的钢筋时，应有专人帮扶；作业后，应堆放好成品、清理场地、切断电源、锁好电闸。

钢筋焊接操作时焊机必须接地，对焊接导线及焊钳接导处，都应有可靠的绝缘；大量焊接时，焊接变压器不得超负荷，变压器升温不得超过60 ℃；点焊、对焊时，必须开放冷却水，焊机出水温度不得超过40 ℃，排水量应符合要求；对焊机闪光区，必须设置镀锌薄钢板隔挡；室内电弧焊时，应有排气装置，焊工操作地点相互间应设挡板。

焊接或扎结竖向放置的钢筋骨架时，不得站在已绑扎或焊接好的箍筋上工作。搬运钢筋的工人须带帆布垫角、围裙及手套；除锈工人应戴口罩及风镜；电焊工应戴防护镜并穿工作服。300~500 mm的钢筋短头禁止用机器切割。在有电线通过的地方安装钢筋时，必须特别小心谨慎，勿使钢筋碰触电线。

在高空绑扎和安装钢筋时，须注意不要将钢筋集中堆放在模板或脚手架的某一部分，以保安全；特别是悬臂构件，还要检查支撑是否牢固。在脚手架上不要随便放置工具、箍筋或短钢筋，避免放置不稳滑下伤人。

(三) 混凝土施工安全技术措施

在进行混凝土施工前，应仔细检查脚手架、工作台和马道是否绑扎牢固，如有空头板应及时搭好，脚手架应设保护栏杆。浇筑无板框架的梁、柱混凝土时，应搭设脚手架，并应附设防护栏杆，不得站在模板上操作；浇捣圈梁、挑檐、阳台、雨篷混凝土时，外脚手架上应加设护身栏杆；浇筑离地2 m以上框架、过梁、雨篷和小平台时，应设操作平台，不得直接站在模板或支撑件上操作。

浇筑地下工程的混凝土前，应检查土边坡有无裂缝、坍塌等现象，地下工程深度超过3 m时，应设混凝土溜槽。

泵送设备放置应离基坑边缘保持一定距离；在布料杆动作范围内无障碍物，无高压线；滑放混凝土时，应上下配合；振动机移动时，不能硬拉电线，更不能在钢筋和其他锐利物上拖拉，防止割破、拉断电线而造成触电伤亡事故。

用草帘或草袋覆盖混凝土时，构件表面的孔洞部位应有封堵措施并设明显标志，以防操作人员跌落或受伤。

采用井字架和拔杆运输时，应设专人指挥；井字架上卸料人员不能将头或脚伸入井字架内，起吊时禁止在拔杆下站人。振动器操作人员必须穿胶鞋；振动器必须设专门防护性接地导线，避免火线漏电发生危险，如发生故障应立即切断电源修理。夜间施工时应设足够的照明；深坑和潮湿地点施工时，应使用36 V以下低压安全照明。

项目小结

本项目包括钢筋工程施工、模板工程施工、混凝土工程施工和现浇钢筋混凝土工程施工质量验收与安全技术四个典型工作任务。

本项目重点是模板的安装与拆除的方法及要求，现浇钢筋混凝土工程施工工艺及质量控制方法，混凝土施工配料及配合比换算，各构件混凝土施工要点。难点是钢筋的下料计算，大体积混凝土施工、施工缝的留设与处理。

思考题

1. 试述模板的作用和要求。
2. 基础、柱、梁、楼板结构的模板构造及安装要求有哪些？
3. 跨度在 4 m 及 4 m 以上的梁模板为什么要起拱？有什么具体要求？
4. 试述定型组合钢模板的组成及各自的作用。
5. 何时需进行模板设计？模板及支架设计时应考虑哪些荷载？
6. 拆模的顺序是什么？应注意哪些事项？
7. 试述钢筋闪光对焊的常用工艺及适用范围。
8. 试述钢筋电弧焊的接头形式及适用范围。
9. 如何计算钢筋的下料长度？如何编制钢筋配料单？
10. 试述钢筋代换的原则及方法。
11. 钢筋的加工有哪些内容？钢筋绑扎接头的最小搭接长度和搭接位置是怎样规定的？
12. 如何根据砂、石的含水率换算施工配合比？
13. 搅拌时间对混凝土质量有何影响？
14. 搅拌混凝土的投料顺序有几种？对混凝土的质量有何影响？
15. 混凝土在运输过程中可能产生哪些问题？怎样防止？
16. 混凝土浇筑时应注意哪些问题？如何防止离析？
17. 混凝土浇筑前对模板钢筋应作哪些检查？
18. 什么是施工缝？留设位置如何？如何处理？
19. 多层钢筋混凝土框架结构施工顺序、施工过程及柱、梁、板的浇筑方法是什么？
20. 大体积混凝土施工有哪些特点？如何确定浇筑方案？
21. 试述插入式振动器的施工要点。
22. 试述混凝土自然养护的方法与要求。
23. 混凝土质量检查的内容有哪些？如何确定混凝土强度是否合格？
24. 常见混凝土的质量缺陷有哪些？分析其产生原因。如何防治与处理？
25. 已知某混凝土试验室配合比为 1∶2.56∶5.5，水胶比为 0.64，每 1 m^3 混凝土的水泥用量为 251.4 kg；测得砂子含水率为 4%，石子含水率为 2%。试求：

(1) 该混凝土的施工配合比；

(2) 若用 JZ250 型搅拌机，出料容量为 0.25 m^3，则每拌制一盘混凝土，各种材料的需用量为多少？

【参考文献】

[1] 中华人民共和国住房和城乡建设部. 混凝土结构设计规范(2015年版): GB 50010—2010[S]. 北京: 中国建筑工业出版社, 2011.

[2] 中华人民共和国住房和城乡建设部. 建筑施工模板安全技术规范: JGJ 162—2008[S]. 北京: 中国建筑工业出版社, 2008.

[3] 任继良, 张福成, 田林. 建筑施工技术[M]. 3版. 北京: 清华大学出版社, 2002.

[4] 余胜光, 郭晓霞. 建筑施工技术[M]. 2版. 武汉: 武汉理工大学出版社, 2004.

[5] 徐伟, 苏宏阳, 金福安. 土木工程施工手册[M]. 北京: 中国计划出版社, 2002.

[6] 石海均, 马哲. 土木工程施工技术[M]. 北京: 北京大学出版社, 2009.

[7] 朱永祥, 钟汉华, 等. 建筑施工技术[M]. 北京: 北京大学出版社, 2008.

项目三　砖砌体工程施工

> **知识目标**
> 1. 熟悉砖砌体工程材料及主要机具、作业条件；
> 2. 掌握砖砌体的工艺流程，熟悉施工要点；
> 3. 掌握砖砌体工程施工质量验收规范主控项目、一般项目与质量控制资料的基本内容；
> 4. 了解砖砌体季节性施工要点；
> 5. 熟悉砖砌体工程安全技术交底的基本要点。

> **能力目标**
> 1. 能组织和管理砖砌体施工；
> 2. 能进行砖砌体施工质量验收。

砖砌筑工程施工技术是传统施工工艺的一种。砖砌体工程施工和其他分项工程相比较，具有显著的优缺点。优点主要表现为就地取材，耐火性、稳定性较好，节约水泥和钢材，施工不需要模板和重型设备；缺点主要表现为自重大，劳动强度高，生产效率低，难以适用现代建筑工程的发展要求。因此，改进砖砌体工程施工工艺、改良墙体材料是目前改革的重点。

典型工作任务一　砖砌体结构工程施工准备

一、材料准备

在砌筑工程施工过程中，首先进行的工作是砌筑材料进场检验，除检查其合格证、产品质量检验报告和外观质量外，还应进行抽样复检，检验合格后方可使用。

砌体材料主要由块体和砂浆组成。

（一）砖

砌筑工程中所用的砖主要有烧结普通砖、烧结多孔砖、烧结空心砖、蒸压灰砂空心砖等，相关技术参数见表 3-1。

表 3-1　常用砖技术参数

名称	主规格	强度等级
烧结普通砖	240 mm×115 mm×53 mm	MU30、MU25、MU20、MU15、MU10
烧结多孔砖	P型：240 mm×115 mm×90 mm M型：190 mm×190 mm×90 mm	MU30、MU25、MU20、MU15、MU10
烧结空心砖	KM1型：190 mm×190 mm×90 mm KP1型：240 mm×115 mm×90 mm KP2型：390 mm×190 mm×190 mm	MU2.0、MU3.0、MU5.0
蒸压灰砂空心砖	NF型：240 mm×115 mm×53 mm 1.5NF型：240 mm×115 mm×90 mm 2NF型：240 mm×115 mm×115 mm 3NF型：240 mm×115 mm×175 mm	MU25、MU20、MU15、MU10、MU7.5

《砌体结构工程施工质量验收规范》(GB 50203—2011)规定："砌体砌筑时，混凝土多孔砖、混凝土实心砖、蒸压灰砂砖、蒸压粉煤灰砖等块体的产品龄期不应小于 28 d"。

砌筑砖砌体时，砖应提前 1~2 d 浇水湿润，含水率宜为 10%~15%。

(二)砂浆

在砌筑工程施工过程中，砂浆主要是填充砖之间的空隙，并将其粘结成一整体，使上层块材的荷载能均匀地向下传递。

砂浆根据组成材料不同，可分为水泥砂浆、石灰砂浆、混合砂浆及其他加入外加剂的砂浆，其强度等级主要分为 M20、M15、M10、M7.5、M5、M2.5 六个等级。

砂浆种类选择及其等级的确定应根据设计要求而定。一般水泥砂浆主要用于潮湿环境和强度要求较高的砌体。石灰砂浆主要用于砌筑干燥环境中以及强度要求不高的砌体。混合砂浆主要用于地面以上强度要求较高的砌体。

1. 原材料要求

砌体结构工程所用的材料应有产品的合格证书、产品性能形式检测报告，质量应符合国家现行有关标准的要求。块体、水泥、钢筋、外加剂还应有材料主要性能的进场复验报告，并应符合设计要求。严禁使用国家明令淘汰的材料。

(1)水泥。水泥进场时应对其品种、等级、包装或散装仓号、出厂日期进行检查，并应对其强度、安定性进行复验，其质量必须符合现行国家标准的有关规定。

当在使用中对水泥质量有怀疑或水泥出厂超过三个月(快硬硅酸盐水泥超过一个月)时，应复查试验，并按其复验结果使用。

不同品种的水泥，不得混合使用。

抽检数量：按同一生产厂家、同品种、同等级、同批号连续进场的水泥，袋装水泥不超过 200 t 为一批，散装水泥不超过 500 t 为一批，每批抽样不少于一次。

检验方法：检查产品合格证、出厂检验报告和进场复验报告。

(2)砂。砂浆用砂宜采用过筛中砂，并应满足下列要求：

①不应混有草根、树叶、树枝、塑料、煤块、炉渣等杂物。

②砂中含泥量、泥块含量、石粉含量、云母、轻物质、有机物、硫化物、硫酸盐及氯

盐含量(配筋砌体砌筑用砂)等应符合现行行业标准的有关规定。其中,砂浆用砂的含泥量应满足下列要求:对水泥砂浆和强度等级不小于 M5 的水泥混合砂浆,不应超过 5%;对强度等级小于 M5 的水泥混合砂浆,不应超过 10%;在施工现场要求将砂堆放在地形较高的地方,以免泥水进入影响使用。

③人工砂、山砂及特细砂,应经试配能满足砌筑砂浆技术条件要求。

(3)掺合料。拌制水泥混合砂浆的粉煤灰、建筑生石灰、建筑生石灰粉及石灰膏应符合下列规定:

①粉煤灰、建筑生石灰、建筑生石灰粉的品质指标应符合现行行业标准的有关规定;

②建筑生石灰、建筑生石灰粉熟化为石灰膏,其熟化时间分别不得少于 7 d 和 2 d;沉淀池中储存的石灰膏,应防止干燥、冻结和污染,严禁使用脱水硬化的石灰膏;建筑生石灰粉、消石灰粉不得代替石灰膏配制水泥石灰砂浆;

③石灰膏的用量,应按稠度 120 mm±5 mm 计量,现场施工中石灰膏不同稠度的换算系数见表 3-2。

表 3-2 石灰膏不同稠度的换算系数

稠度/mm	120	110	100	90	80	70	60	50	40	30
换算系数	1.00	0.99	0.97	0.95	0.93	0.92	0.90	0.88	0.87	0.86

(4)水。拌制砂浆用水的水质,应符合现行行业标准的有关规定。

(5)外加剂。在砂浆中掺入的砌筑砂浆增塑剂、早强剂、缓凝剂、防冻剂、防水剂等砂浆外加剂,其品种和用量应经有资质的检测单位检验及试配确定。所用外加剂的技术性能应符合国家现行有关标准的质量要求。

配制砌筑砂浆时,各组分材料应采用质量计量,水泥及各种外加剂配料的允许偏差为±2%;砂、粉煤灰、石灰膏等配料的允许偏差为±5%。

2. 技术条件

砌筑砂浆水泥砂浆拌合物的密度不宜小于 1 900 kg/m³;水泥混合砂浆拌合物的密度不宜小于 1 800 kg/m³。

砌筑砂浆的稠度见表 3-3。

表 3-3 砌筑砂浆的稠度

砌体种类	砂浆稠度/mm
烧结普通砖砌体 蒸压粉煤灰砖砌体	70~90
混凝土实心砖、混凝土多孔砖砌体 普通混凝土小型空心砌块砌体 蒸压灰砂砖砌体	50~70
烧结多孔砖、空心砖砌体 轻集料小型空心砌块砌体 蒸压加气混凝土砌块砌体	60~80
石砌体	30~50

3. 制备

(1)配合比确定。按计算或查表所得配合比进行试拌时，应测定砂浆拌合物的稠度和分层度，当不能满足要求时，应调整材料用量，直到符合要求为止。然后，确定为试配时的砂浆基准配合比。

试配时至少应采用三个不同的配合比，其中一个为基准配合比，其他配合比的水泥用量应按基准配合比分别增加及减少10%。在保证稠度、分层度合格的条件下，可将用水量或掺加料用量作相应调整。

对三个不同的配合比进行调整后，应按现行行业标准的规定成型试件，测定砂浆强度；并选定符合试配强度要求且水泥用量最少的配合比作为砂浆配合比。

(2)拌制。砌筑砂浆应采用砂浆搅拌机进行拌制。砂浆搅拌机可选用活门卸料式、倾翻卸料式或立式，其出料容量常用 $0.2\ m^3$ 和 $0.3\ m^3$。砂浆搅拌机的型号有 HJ-200、HJ1-200A、HJ1-200B、HJ-325 等，主要技术数据包括容量、搅拌叶片转速、搅拌时间、外形尺寸、重量等。

砌筑砂浆应采用机械搅拌，搅拌时间自投料完算起应符合下列规定：

①水泥砂浆和水泥混合砂浆不得少于 120 s；
②水泥粉煤灰砂浆和掺用外加剂的砂浆不得少于 180 s；
③掺增塑剂的砂浆，其搅拌方式、搅拌时间应符合现行行业标准的有关规定；
④干混砂浆及加气混凝土砌块专用砂浆宜按掺用外加剂的砂浆确定搅拌时间或按产品说明书采用。

拌制水泥砂浆，应先将砂与水泥干拌均匀，再加水拌和均匀。

拌制水泥混合砂浆，应先将砂与水泥干拌均匀，再加掺加料(石灰膏、黏土膏)与水拌和均匀。

拌制水泥粉煤灰砂浆，应先将水泥、粉煤灰、砂干拌均匀，再加水拌和均匀。

掺用外加剂时，应先将外加剂按规定浓度溶于水中，在拌合水投入时投入外加剂溶液，外加剂不得直接投入拌制的砂浆中。

4. 使用

砂浆拌成后和使用时，均应盛入贮灰器中。如砂浆出现泌水现象，应在砌筑前再次拌和。

现场拌制的砂浆应随拌随用，拌制的砂浆应 3 h 内使用完毕；当施工期间最高气温超过 30 ℃时，应在 2 h 内使用完毕。预拌砂浆及蒸压加气混凝土砌块专用砌筑砂浆的使用时间，应按照厂方提供的说明书确定。

5. 强度检验

(1)试块检验。在砌筑工程施工的过程中，需对砂浆试块强度进行检验。

①抽检数量。每一检验批且不超过 $250\ m^3$ 砌体的各类、各强度等级的普通砌筑砂浆，每台搅拌机应至少抽检一次。验收批的预拌砂浆、蒸压加气混凝土砌块专用砂浆，抽检可为 3 组。

砌筑砂浆的验收批，同一类型、强度等级的砂浆试块应不少于 3 组；对于建筑结构的安全等级为一级或设计使用年限为 50 年及以上的房屋，同一验收批砂浆试块的数量不得少于 3 组。

②检验方法。在砂浆搅拌机出料口或在湿拌砂浆的储存容器出料口随机取样制作砂浆试块(现场拌制的砂浆,同盘砂浆只应制作一组试块),试块标养 28 d 后做强度试验。预拌砂浆中的湿拌砂浆稠度应在进场时取样检验。

③合格标准。

a. 同一验收批砂浆试块强度平均值应大于或等于设计强度等级值的 1.10 倍;

b. 同一验收批砂浆试块抗压强度的最小一组平均值应大于或等于设计强度等级值的 85%。

(2)实体检测。实体检测是指由有检测资质的检测单位采用标准的检验方法,在工程实体上进行原位检测或抽取试样在试验室进行检验的活动。

当施工中或验收时出现下列情况,可采用现场检验方法对砂浆或砌体强度进行实体检测,并判定其强度:

①砂浆试块缺乏代表性或试块数量不足;

②对砂浆试块的试验结果有怀疑或有争议;

③砂浆试块的试验结果,不能满足设计要求;

④发生工程事故,需要进一步分析事故原因。

6. 作业条件

(1)基础砌砖前基槽或基础垫层施工均已完成,并办理好工程隐蔽验收手续。

(2)首层砖墙、柱砌筑前,地基、基础工程均已完成并办理好工程隐蔽验收手续。

(3)砖砌烟囱砌筑前基础工程已完成,并办理好工程隐蔽验收手续。

(4)首层砖墙、柱砌筑前,应完成室外回填土及室内地面垫层,安装好所有沟、井盖板,并按设计要求及标高完成水泥砂浆防潮层。

(5)砖烟囱砌筑前,应完成基础外围四周的回填土施工。

(6)砌体砌筑前,应做好砂浆配合比技术交底及配料的计量准备工作。

(7)普通砖、空心砖等在砌筑前 1~2 天应浇水湿润,湿润后普通砖、空心砖含水率宜为 10%~15%;灰砂砖、粉煤灰砖含水率宜为 5%~8%。不宜采用即时浇水淋砖,即时使用的方式。各种砌体均严禁干砖砌筑。

(8)砌体施工应弹好建筑物的主要控制轴线及砌体的砌筑控制边线,经有关专职质量检验员进行技术复核,检查合格后方可开始砌体施工。基础砌砖应弹出基础轴线和边线、水平标高;首层砖墙、柱砌筑应弹出墙、柱边线、轴线、门窗洞口平面位置线;砖烟囱砌筑应根据烟囱的底部尺寸,以烟囱中心为圆心,在基础顶面画出筒身外圆及内衬内圆和烟囱的中心线。

(9)楼层砖墙、柱砌筑前,外脚手架必须按施工安全要求搭设完成,并经检查验收符合安全及使用要求。

(10)砌体施工应设置皮数杆,并根据设计要求、砖块规格和灰缝厚度在皮数杆上标明皮数及竖向构造的变化部位。

(11)根据皮数杆最下面一层砖的标高,可用拉线或水准仪进行抄平检查,如砌筑第一皮砖的水平灰缝厚度超过 20 mm 时,应先用细石混凝土找平,严禁在砌筑砂浆中掺填碎砖或用砂浆找平,更不允许采用两侧砌砖、中间填心找平的方法。

(12)小型砌块砌筑前 2 d,应将预砌小型砌块墙与原结构相接处浇水湿润,确保砌体粘结。

二、工具准备

砌筑施工使用的工具视地区、习惯、施工部位、质量要求及本身特点不同有所差异。常用工具可分为砌筑工具和检测工具两类。

(一)砌筑工具

(1)瓦刀：又称泥刀、砖刀。其分为片刀和条刀两种(图3-1)。

图3-1 瓦刀
(a)片刀；(b)条刀

①片刀：叶片较宽，重量较大。我国北方打砖及发碹用。
②条刀：叶片较窄，重量较小。条刀是我国南方砌筑各种砖墙的主要工具。

(2)斗车：轮轴小于900 mm，容量约为 $0.12 \ m^3$。其用于运输砂浆和其他散装材料(图3-2)。

(3)砖笼：采用塔式起重机施工时，用来吊运砖块的工具(图3-3)。

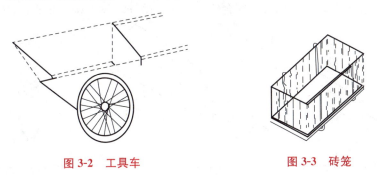

图3-2 工具车　　　　图3-3 砖笼

(4)料斗：采用塔式起重机施工时，用来吊运砂浆的工具，料斗按工作时的状态又分为立式料斗和卧式料斗(图3-4)。

(5)灰斗：又称灰盆，用1~2 mm厚的黑铁皮或塑料制成[图3-5(a)]，用于存放砂浆。

(6)灰桶：又称泥桶，分铁制、橡胶和塑料制三种。灰桶供短距离传递砂浆及临时储存砂浆用[图3-5(b)]。

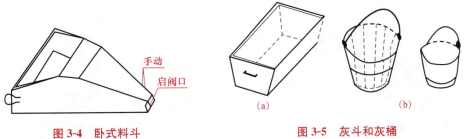

图3-4 卧式料斗　　　　图3-5 灰斗和灰桶
(a)灰斗；(b)灰桶

(二)检测工具

(1)钢卷尺:有 2、3、5、30、50(m)等规格。用于量测轴线、墙体和其他构件尺寸(图 3-6)。

(2)靠尺:长度为 2~4 m,由平直的铝合金或木材制成。用于检查墙体、构件的平整度(图 3-7)。

(3)托线板:又称靠尺板。用铝合金或木材制成,长度为 1.2~1.5 m。用于检查墙面垂直度和平整度(图 3-8)。

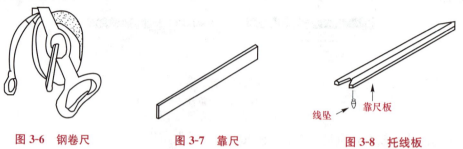

图 3-6 钢卷尺　　　　　图 3-7 靠尺　　　　　图 3-8 托线板

(4)水平尺:用铁或铝合金制作,中间镶嵌玻璃水准管。其用于检测砌体水平偏差(图 3-9)。

(5)塞尺:与靠尺或托线板配合使用,用于测定墙、柱平整度的数值偏差。塞尺上每一格表示 1 mm(图 3-10)。

(6)线坠:又称垂球,与托线板配合使用,用于吊挂墙体、构件垂直度(图 3-11)。

图 3-9 水平尺　　　　　图 3-10 塞尺　　　　　图 3-11 线坠

(7)百格网:用钢丝编制锡焊而成,也可在有机玻璃上画格而成。其用于检测墙体水平灰缝砂浆饱满度(图 3-12)。

(8)方尺:用铝合金或木材制成的直角尺,边长为 200 mm。分阴角和阳角尺两种,铝合金方尺将阴角尺与阳角尺合为一体,使用更为方便。其用于检测墙体转角及柱的方正度(图 3-13)。

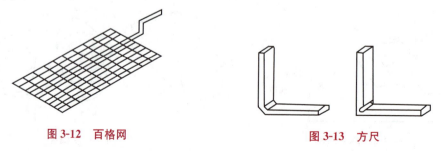

图 3-12 百格网　　　　　图 3-13 方尺

(9)皮数杆:用于控制墙体砌筑时的竖向尺寸,分基础皮数杆和墙身皮数杆两种。

墙身皮数杆一般用5 cm×7 cm的木枋制作,长度为3.2~3.6 m。上面画有砖的层数、灰缝厚度,门窗、过梁、圈梁、楼板的安装高度以及楼层的高度(图3-14)。

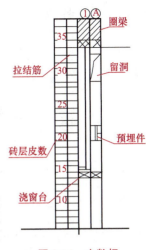

图3-14 皮数杆

三、施工机械准备

常用的施工机械有砂浆搅拌机、垂直运输设施等。

(一)选择施工机械的影响因素及要求

在单位工程施工中,施工机械的选择主要应根据工程建筑结构特点、工程量大小、工期长短、资源供应条件、现场施工条件、施工单位的技术装备水平和管理水平等因素综合考虑。

(1)符合施工组织总设计的要求。如本工程是整个建设项目中的一个项目,在选择施工机械时应兼顾其他项目的需要,并符合施工组织总设计中的相关要求。

(2)工程建筑结构特点及工程量大小。在单位工程施工中,施工机械的选择应从单位工程施工全局出发,着重考虑影响整个工程施工的主要分部分项的工程建筑结构特点及工程量大小,由此来选择施工机械。

(3)应满足工程进度的要求。砌体结构施工选择施工机械时,必须考虑工程进度要求。

(4)应符合施工机械化的要求。单位工程施工,原则上应尽可能提高施工机械化的程度。这是建筑施工发展的需要,也是提高工程质量、降低工程成本、提高劳动生产率、加快工程进度的需要。选择施工机械时,还要充分发挥机械设备的效率,减轻繁重的体力劳动。

(5)应符合先进、合理、可行、经济的要求。选择施工方法和施工机械,除要求先进、合理之外,还要考虑对施工单位可行、经济。必要时,要进行分析比较,从施工技术水平和实际情况出发,选择先进、合理、可行、经济的施工方法和施工机械。

(二)砂浆搅拌机

砂浆搅拌机是砌筑工程中的常用机械,用来制备砌筑砂浆。常用规格有 0.2 m^3 和 0.325 m^3 两种,台班产量为 $18\sim26 \text{ m}^3$。按生产状态,可分为周期作用和连续作用两种基本类型;按安装方式,可分为固定式和移动式两种;按出料方式,有倾翻出料式和活门出料式两类。目前常用的砂浆搅拌机有倾翻出料式(HJ-206型、HJ-200B型)和活门出料式(HJ-325型)两种。

砂浆搅拌机是由动力装置带动搅拌筒内的叶片翻动砂浆而进行工作的。一般由操作人员在进料口通过计量加料,经搅拌 $1\sim2$ min 后成为使用的砂浆。

砂浆搅拌机应根据工程工期要求及工程量的大小,选择砂浆搅拌机的类型、型号和数量。如工期要求紧、工程量大的工程,应选生产效率高的搅拌机或多台搅拌机同时作业;反之,则可选择生产效率低的搅拌机。

(三)塔式起重机

塔式起重机(图3-15),是一种塔身直立、起重臂旋转的起重机。其具有适用范围广、回转半径大、起升高度高、操作简便等特点，广泛应用于多层和高层工业与民用建筑施工中。

图 3-15　塔式起重机

1. 分类

塔式起重机按其行走机构、变幅方式、塔身结构回转方式和起重能力，分为多种类型。

（1）按有无行走机构，可分为行走式塔式起重机和自升式塔式起重机。

①行走式塔式起重机常用的有轨道行走式、轮胎行走式、汽车行走式和履带行走式。优点是能靠近工作地点，安装方便，机动性强，造价低；缺点是由于塔身结构没有附墙支撑，起升高度受到一定的限制，同时占用施工场地大，路基工作量多由于塔式起重机行走，使用的高度也受到了一定的限制，只能用于层数较少的高层建筑施工。

②自升式塔式起重机根据装设位置的不同，又分为附着自升式和内爬式两种。

a. 附着自升式塔式起重机优点是能随建筑物升高而升高，安装很方便，根据施工需要，起重高度可达到 100 m 以上，适用于高层建筑，建筑结构仅承受由起重机传来的水平载荷，附着方便，在地面所占的空间位置与场地较小。缺点是需要增设附墙支撑，对建筑结构作用有一定的水平力；地面装拆时排场大，塔身固定，臂幅使用范围受到一定的限制且结构用钢多。

b. 内爬式起重机是一种安装在建筑物内部（电梯井、楼梯间）的结构上，借助托架和提升系统进行爬升的起重机，一般每隔 2～3 层爬升一次。这种起重机的优点是机身体积小，重量轻，安装方便，不占用建筑物外围空间，不需要装设基础，结构用钢少；缺点是顶升较烦琐，需要一套辅助设备用于起重机的拆卸，会增加建筑物的造价且全部自重及载荷均由建筑物承受，起重量受到一定限制。

（2）按变幅方式，可分为起重臂（动臂）变幅式塔式起重机和小车变幅式塔式起重机。

①起重臂（动臂）变幅式塔式起重机，起重臂与塔身铰接，变幅时调整起重臂的仰角，变幅机构有电动和手动两种。其优点是能充分发挥起重臂的有效高度，机构简单；缺点是最小幅度被限制在最大幅度的30％左右，不能完全靠近塔身，变幅时负荷随起重臂一起升降，不能带负荷变幅。

②小车变幅式塔式起重机是靠水平起重臂轨道上安装的小车行走实现变幅的，其优点是变幅范围大，载重小车可驶近塔身，操作方便，并能带负荷变幅；缺点是起重臂受力情况复杂，对结构要求高。

(3)按塔身结构回转方式,可分为塔身回转式塔式起重机和塔顶回转式塔式起重机。

①塔身回转式塔式起重机的回转支承、平衡重等主要机构均设置在下端,其优点是塔身与起重臂同时旋转,回转机构在塔身的下部,便于维修,操作室位置较高,便于施工观察,重心低,稳定性好;缺点是对回转支承要求较高,回转机构较复杂。

②塔顶回转式塔式起重机的回转支承、平衡重等主要机构均设置在上端,其优点是由于塔身不回转,所以结构简单、安装方便;缺点是起重机重心较高,塔身下部要加配重,使整机总重量增加,操作室位置低,不利于高层建筑施工。

(4)按起重能力,可分为轻型塔式起重机、中型塔式起重机和重型塔式起重机。

轻型塔式起重机起重能力为5～30 kN。

中型塔式起重机起重能力为30～150 kN。

重型塔式起重机起重能力为150～400 kN。

2. 基本性能参数

塔式起重机的技术性能是用各种参数表示的,是起重机设计的依据,也是起重机安全技术要求的重要依据。其基本参数有起重力矩、起重量、起重高度、工作幅度,其中起重力矩确定为衡量塔式起重机起重能力的主要参数,下面分别进行简述。

(1)起重力矩是起重量与相应幅度的乘积,单位为kN·m,常以各点幅度的平均力矩作为塔机的额定力矩。

(2)起重量Q是吊钩能吊起的重量,其中包括吊索、吊具及容器的重量,单位为kN,起重量因幅度的改变而改变。因塔式起重机的起重量随着幅度的增加而相应递减,将不同的幅度和相应的起重量连接起来绘制而成的起重机工作性能曲线图,是操作人员进行操作的依据。

(3)起重高度H是指吊钩到停机地面的垂直距离,单位为m。对小车变幅式塔式起重机,其最大起升高度是不可变的;对于起重臂变幅式塔式起重机,其起升高度随不同幅度而变化,最小幅度时起升高度可比塔尖高几十米,因此起重臂变幅式的塔式起重机在起升高度上有优势。

(4)起重半径R是指塔式起重机回转轴吊钩中心的水平距离,单位为m。对于起重臂变幅式的,其起重臂与水平的夹角为13°～65°,因此变幅范围较小,而小车变幅的起重臂始终是水平的,变幅的范围较大,因此小车变幅的起重机在工作幅度上有优势。

(四)井架

在建筑施工中,施工用料的垂直运输除了用起重机械直接吊运外,一般工地上多采用井架来解决。井架是因架体的外形结构而得名,除用型钢或钢管加工的定型井架外,还有用脚手架材料搭设而成的井架。井架起重能力一般为3 t,提升高度一般在60 m以内,在采取措施后也可搭设得更高。其特点是稳定性好,运输量大,可以搭设较大的高度,是施工中最常用、最简便的垂直运输设施(图3-16)。

图3-16 井架

井架多为单孔井架,但也可构成两孔或多孔井架。在井架内设置吊盘,两孔或多孔井架可分别设吊盘或料斗,以满足同时运输多种材料的需要。井架上还可设小型拔杆,供吊运长度较大的构件,其起重量为 0.5~1.5 t,工作幅度可达 10 m。为保证井架的稳定性,必须每隔一定的高度设置缆风绳或附墙拉结。

(五)施工电梯

施工电梯又叫作施工升降机,是建筑中经常使用的载人载货施工机械,它的吊笼装在井架外侧,沿齿条式轨道升降,附着在外墙或其他建筑物结构上,由于其独特的箱体结构,使其乘坐起来既舒适又安全。施工电梯可载重货物 1.0~1.2 t,也可容纳 12~15 人,其高度随着建筑物主体结构施工而接高,可达 100 m。它特别适用于高层建筑,也可用于高大建筑、多层厂房和一般楼房施工中的垂直运输。在工地上,通常是配合塔式起重机使用(图 3-17)。

(六)垂直运输设备的选择

垂直运输设备应根据工程建筑结构特点、工程量大小、工期长短、资源供应条件、现场施工条件、施工单位的技术装备等因素,选择垂直运输设备的类型、型号和数量。

图 3-17 施工电梯

单位工程施工中,如建筑工程无重、大吊装构件,且工程量小,工期要求不太紧时,则可选择吊装能力小、生产率低的井架、龙门架作为砌体结构施工的垂直运输设备。如建筑工程高度大,有重、大的吊装构件且工程量大、工期要求紧时,则可选择吊装能力大、覆盖面和供应面大、生产率高的塔式起重机作为砌体结构施工的垂直运输设备,使建筑工程的全部作业面处于垂直运输设施的覆盖面和供应面的范围之内,可提高劳动生产率,缩短工期,降低工人的劳动强度。

塔式起重机较井架、龙门架的运行费用高,在选择时应结合工程实际情况做多个方案进行经济、技术比较。

(七)安装、使用安全要求

(1)垂直运输设备装拆必须事先编制书面方案,经上一级技术负责人审批后方能实施。

(2)垂直运输设备必须安装在可靠的基础和轨道上,基础应具有足够的承载力和稳定性并设有良好的排水设施。

(3)进行装拆作业的单位必须具有相应的资质。装拆作业应有专人负责,操作人员必须佩戴安全带。

(4)严格按照设备的安装程序和规定进行设备的安装和接高工作。初次使用的设备以及较复杂的条件下,应制定详细的安装措施并按措施的规定安装。

(5)装拆作业过程中必须由专人进行现场监护,作业时应设置警戒区域,挂牌示警,监护人员不得离岗,安全监理应加强巡视检查。

(6)安装时,应按要求及时进行临时固定或者安装附墙杆进行加固且必须牢靠。附墙支撑必须采用刚性支撑,不得将附墙支撑件连接在脚手架上。

(7)雨天、雾天、五级风以上的天气,不得进行安装与拆卸。

(8)首次试制加工的垂直运输机械需经过严格的荷载和安全装置性能试验,确保达到设计及安全要求后才能投入使用。

(9) 设备安装完毕后,应全面检查安装的质量是否符合要求,并及时解决存在的问题。随后进行空载和负载试运行,判断试运行情况是否正常,吊索、吊具、吊盘、安全保险以及刹车装置等是否可靠,都无问题时才能交付使用。安装结束后,在自检的基础上,报请上级有关部门进行检测,合格后方能挂牌使用。

(10) 设备应由专门的人员操纵和管理,操作人员必须熟悉设备的性能、构造、保养和维修知识,并经专门安全技术培训,考核合格后,持证上岗,严禁酒后作业。

(11) 严禁违章作业和超载使用。操作过程中设备出现故障或运转不正常时应立即停止使用,并及时予以解决。

(12) 夜间操作应有足够照明。

(13) 作业区域内的高压线一般应拆除或改线,不能拆除时,应与其保持安全作业距离。

(14) 六级以上大风和雨雪天气应停止吊装作业,并做好安全防护措施。

(15) 高空作业必须将工具放在工具包里,不准随意乱放,禁止向下抛扔物件。

(16) 操作人员必须按规定的起重性能作业,禁止开限位超负荷吊物及起吊不明重量的物件。

(17) 起吊重物应绑扎牢固,保证平稳,对可能晃动的重物应拴拉绳。

(18) 作业时,重物下方不准有人员停留或通过,严禁用塔式起重机和井架吊运人员。

典型工作任务二　砖砌体工程施工

一、组砌形式

砖墙的砌筑形式主要有一顺一丁、三顺一丁、梅花丁、两平一侧、全顺和全丁六种(图3-18)。

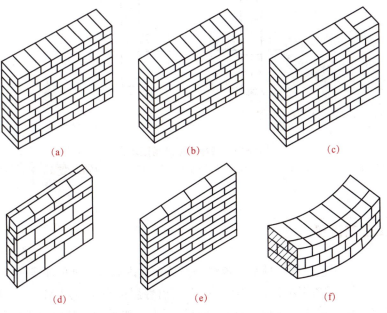

图3-18　砖墙砌筑形式

(a)一顺一丁;(b)三顺一丁;(c)梅花丁;(d)两平一侧;(e)全顺;(f)全丁

(1)一顺一丁。一顺一丁砌法是一皮全部顺砖与一皮全部丁砖相互间隔砌成,上下皮间的竖缝相互错开 1/4 砖长。

(2)三顺一丁。三顺一丁砌法是三皮全部顺砖与一皮全部丁砖间隔砌成,上下皮顺砖与丁砖间竖缝错开 1/4 砖长,上下皮顺砖间竖缝错开 1/2 砖长。

(3)梅花丁。梅花丁砌法是每皮丁砖与顺砖相隔,上皮丁砖坐中于下皮顺砖,上下皮间竖缝相互错开 1/4 砖长。

(4)全顺。全顺是每皮都用顺砖砌筑,上下皮竖缝相互错开 1/2 砖长,这种砌法仅适用于砌筑半砖墙。

(5)两平一侧。两平一侧是两皮砖平砌与一皮砖侧砌的一种方法。这种砌法主要用于砌筑 180 mm 厚的外墙和内墙。

(6)全丁。全丁是全部用丁砖砌筑,这种砌法仅适用于圆弧形砌体(如水池、烟筒、水塔)。

为了使砖墙的转角处各皮间竖缝相互错开,必须在外角处砌七分头砖(3/4 砖长)。当采用一顺一丁组砌时,七分头的顺面方向依次砌顺砖,丁面方向依次砌丁砖[图 3-19(a)]。

砖墙的丁字接头处,应分皮相互砌通,内角相交处竖缝应错开 1/4 砖长并在横墙端头处加砌七分头砖[图 3-19(b)]。

砖墙的十字接头处,应分皮相互砌通,交角处的竖缝应相互错开 1/4 砖长[图 3-19(c)]。

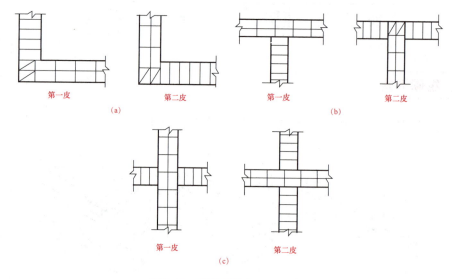

图 3-19 砖墙交接处组砌示意

(a)一砖墙转角(一顺一丁);(b)一砖墙丁字交接处(一顺一丁);(c)一砖墙十字交接处(一顺一丁)

二、施工工艺流程

砖砌体工程施工工艺流程:抄平→放线→摆砖→立皮数杆→盘角挂线→砌砖→勾缝。

(1)抄平。砌墙前应在基础防潮层或楼面上定出各层标高,并用 M7.5 水泥砂浆或 C10 细石混凝土找平,使各段砖墙底部标高符合设计要求。找平时,应使上下两层外墙之间不致出现明显的接缝。

(2)放线。放线的作用是确定各段墙体砌筑的位置。根据轴线桩或龙门板上轴线位置，在做好的基础顶面，弹出墙身中线及边线，同时弹出门洞口的位置。二层以上墙的轴线可以用经纬仪或垂球将轴线引上，并弹出各墙的轴线、边线、门窗洞口位置线(图3-20)。

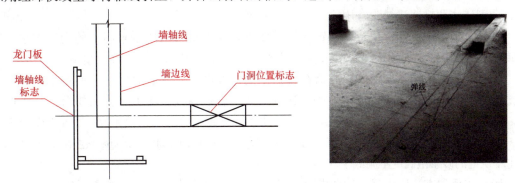

图3-20 放线示意

(3)摆砖。摆砖是指在放线的基面上按选定的组砌方式用干砖试摆。目的是为了校对所放出的墨线在门窗洞口、附墙垛等处是否符合砖的模数，以尽可能减少砍砖并使砌体灰缝均匀，组砌得当。山墙、檐墙一般采用"山丁檐跑"，即在房屋外纵墙(檐墙)方向摆顺砖，在外横墙(山墙)方向摆丁砖，摆砖由一个大角摆到另一个大角，砖与砖留10 mm缝隙。

(4)立皮数杆。皮数杆是指在其上画有每皮砖和砖缝厚度以及门窗洞口、过梁、楼板、梁底、预埋件等标高位置的一种木制标杆(图3-21)。它是砌筑时控制砌体竖向尺寸的标志。皮数杆一般立于房屋的四大角、内外墙交接处、楼梯间以及洞口多的地方，在没有转角的通长墙体上大约每隔10~15 m立一根。皮数杆上的±0.000要与房屋的±0.000相吻合。

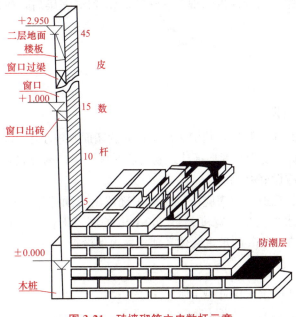

图3-21 砖墙砌筑立皮数杆示意

(5)盘角挂线。墙角是控制墙面横平竖直的主要依据，所以，一般砌筑时应先砌墙角，墙角砖层高度必须与皮数杆相符合，做到"三皮一吊，五皮一靠"。墙角必须双向垂直。

墙角砌好后，即可挂小线，作为砌筑中间墙体的依据。为保证砌体垂直平整，砌筑时必须挂线，一般240 mm厚墙可单面挂线，370 mm厚墙及以上的墙则应双面挂线。

(6)砌砖。砖砌体的砌筑方法有"三一"砌砖法、挤浆法、刮浆法和满口灰法。其中，"三一"砌砖法和挤浆法最为常用。

"三一"砌砖法，即一块砖、一铲灰、一揉压并随手将挤出的砂浆刮去的砌筑方法。实心砖砌体宜采用"三一"砌砖法。其优点是灰缝容易饱满，粘结性好，墙面整洁。

挤浆法即用灰勺、大铲或铺灰器在墙顶上铺一段砂浆，然后双手拿砖或单手拿砖，用砖挤入砂浆中一定厚度之后把砖放平，达到下齐边、上齐线、横平竖直的要求。其优点是可以连续挤砌几块砖，减少烦琐的动作；平推平挤可使灰缝饱满、效率高，保证砌筑质量。

砖砌体的水平灰缝厚度和竖向灰缝厚度一般为10 mm，但不小于8 mm，也不大于12 mm。其水平灰缝的砂浆饱满度不应低于80%。

砖砌体组砌方法应正确，内外搭砌，上、下错缝。清水墙、窗间墙无通缝；混水墙中不得有长度大于300 mm的通缝，长度200～300 mm的通缝每间不超过3处且不得位于同一面墙体上。砖柱不得采用包心砌法。

竖向灰缝不应出现瞎缝、透明缝和假缝。瞎缝是指砌体中相邻块体间无砌筑砂浆，又彼此接触的水平缝或竖向缝；假缝是指为掩盖砌体灰缝内在质量缺陷，砌筑砌体时仅在靠近砌体表面处抹有砂浆，而内部无砂浆的竖向灰缝。

(7)勾缝。勾缝是砌体工程的最后一道工序，具有保护墙面和增加墙面美观的作用。内墙面或混水墙可采用砌筑砂浆随砌随勾缝，称为原浆勾缝。清水墙应采用1∶1.5～1∶2水泥砂浆勾缝，称为加浆勾缝。

墙面勾缝应横平竖直，深浅一致，搭接平整。砖墙勾缝通常有凹缝、凸缝、斜缝和平缝，宜采用凹缝或平缝，凹缝深度一般为4～5 mm。勾缝完毕后，应进行墙面、柱面和落地灰的清理。

三、技术要点

(一)洞口、管道留设

在墙上留置的临时施工洞口，其侧边离交接处的墙面不应小于500 mm，洞口净宽度不应超过1 m。抗震设防烈度为9度地区建筑物的临时施工洞口的位置，应会同设计单位研究决定。临时施工洞口应做好补砌。

设计要求的洞口、管道、沟槽应于砌筑时正确留出或预埋。未经设计同意，不得打凿墙体和在墙体上开凿水平沟槽。宽度超过300 mm的洞口上部，应设置钢筋混凝土过梁。不应在截面长边小于500 mm的承重墙体、独立柱内埋设管线。

(二)脚手眼

不得在下列墙体或部位中设置脚手眼：

(1)120 mm厚墙、料石清水墙和独立柱；

(2)过梁上与过梁成60°角的三角形范围内及过梁净跨度1/2的高度范围内；

(3)宽度小于1 m的窗间墙；

(4)砌体门窗洞口两侧200 mm(石砌体为300 mm)和转角处450 mm(石砌体为600 mm)

的范围内；

(5) 梁或梁垫下及其左右 500 mm 的范围内；

(6) 设计不允许设置脚手架的部位。

施工脚眼补砌时，灰缝应填满砂浆，不得用干砖填塞。外墙脚手眼需用混凝土填补密实，防止该部位出现渗漏。

(三) 防止墙体出现不均匀沉降

若房屋相邻高差较大时，应先建高层部分；分段施工时，砌体相邻施工段的高差，不得超过一个楼层，也不得大于 4 m，柱和墙上严禁施加大的集中荷载（如架设起重机），以减少灰缝变形而导致砌体沉降。

正常施工条件下，砖砌体、小砌块砌体每日砌筑高度宜控制在 1.5 m 或一步脚手架高度内。砖墙工作段的分段位置，宜设在变形缝、构造柱或门窗洞口处。

(四) 留槎

砖砌体的转角处和交接处应同时砌筑，严禁无可靠措施的内外墙分砌施工。在抗震设防烈度为 8 度及 8 度以上地区，对不能同时砌筑而又必须留置的临时间断处应砌成斜槎，斜槎水平投影长度不小于高度的 2/3（图 3-22）。砖砌体接槎时，必须将接槎处的表面清理干净，浇水湿润并应填筑砂浆，保持灰缝平直。

非抗震设防及抗震设防烈度为 6 度、7 度地区的临时间断处，当不能留斜槎时，除转角处外可留直槎，但直槎必须做成凸槎且应加设拉结钢筋，拉结钢筋应符合下列规定：

(1) 每 120 mm 墙厚放置 1ϕ6 拉结钢筋（120 mm 厚墙应放置 2ϕ6 拉结钢筋）；

(2) 间距沿墙高不应超过 500 mm，且竖向间距偏差不应超过 100 mm；

(3) 埋入长度从留槎处算起每边均不应小于 500 mm，对抗震设防烈度 6、7 度的地区，不应小于 1 m；

(4) 末端应有 90°弯钩（图 3-23）。

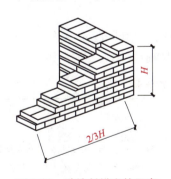

图 3-22 砖墙斜槎砌筑示意

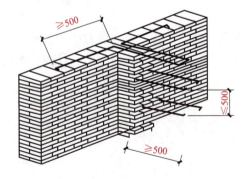

图 3-23 砖墙直槎砌筑示意

(五) 构造柱

为提高砌体结构的抗震性能，规范要求应在房屋的砌体内适宜部位设置钢筋混凝土柱并与圈梁连接，共同加强建筑物的稳定性。这种钢筋混凝土柱通常被称为构造柱。

1. 构造要求

钢筋混凝土构造柱的截面尺寸不宜小于 240 mm×240 mm，其厚度不应小于墙厚，边柱、角柱的截面宽度宜适当加大。

构造柱内竖向受力钢筋，对于中柱不宜少于4ϕ12；对于边柱、角柱，不宜少于4ϕ14。构造柱的竖向受力钢筋的直径也不宜大于16 mm。其箍筋，一般部位宜采用ϕ6，间距200 mm，楼层上下500 mm范围内宜采用ϕ6，间距100 mm。构造柱的竖向受力钢筋应在基础梁和楼层圈梁中锚固，并应符合受拉钢筋的锚固要求。构造柱的混凝土强度等级不宜低于C20。

砖墙与构造柱的连接处应砌成马牙槎，每一个马牙槎的高度不宜超过300 mm，沿墙高每隔500 mm设2ϕ6水平钢筋和ϕ4分布短筋。平面内点焊组成的拉结网片或ϕ4点焊钢筋网片，每边伸入墙内不宜小于1 m。抗震设防烈度为6、7度时底部1/3楼层，上述拉结钢筋网片应沿墙体水平通长设置(图3-24)。构造柱与圈梁连接处，构造柱的纵筋应在圈梁纵筋内侧穿过，保证构造柱纵筋上下贯通。

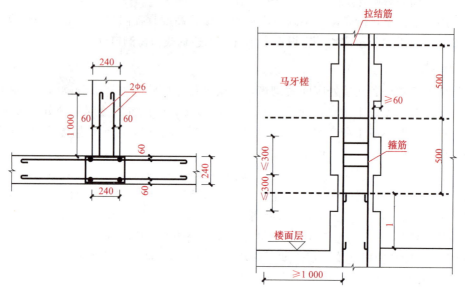

图3-24　砖墙与构造柱连接

在纵横墙交接处、墙端部和较大洞口的洞边设置构造柱，其间距不宜大于4 m。各层洞口宜设置在对应位置，并宜上下对齐。多层砖砌体房屋构造柱设置要求见表3-4。

表3-4　多层砖砌体房屋构造柱设置要求

房屋层数				设置部位	
6度	7度	8度	9度		
4、5	3、4	2、3		楼、电梯间四角，楼梯斜梯段上下端对应的墙体处；	隔12 m或单元横墙与外纵墙交接处；楼梯间对应的另一侧内横墙与外纵墙交接处
6	5	4	2	外墙四角和对应转角；错层部位横墙与外纵墙交接处；大房间内外墙交接处；较大洞口两侧	隔开间横墙(轴线)与外纵墙交接处；山墙与内纵墙交接处
7	≥6	≥5	≥3		内墙(轴线)与外墙交接处；内横墙的局部较小墙垛处；内纵墙与横墙(轴线)交接处

注：较大洞口，内墙是指不小于2.1 m的洞口；外墙在内外墙交接处已设置构造柱时应允许适当放宽，但洞侧墙体应加强。

2. 施工要点

构造柱施工程序：绑扎钢筋→砌砖墙(图 3-25)→支模板(图 3-26)→浇混凝土→拆模。

图 3-25　构造柱砌砖墙

图 3-26　构造柱模板

构造柱的模板可用木模板或组合钢模板。在每层砖墙及其马牙槎砌好后，应立即支设模板，模板必须与所在墙的两侧严密贴紧，支撑牢靠，防止模板缝漏浆。构造柱的底部（圈梁面上）应留出 2 皮砖高的孔洞，以便清除模板内的杂物，清除后封闭。

构造柱浇灌混凝土前，必须将马牙槎部位和模板浇水湿润，将模板内的落地灰、砖渣等杂物清理干净，并在结合面处注入适量与构造柱混凝土相同的去石水泥砂浆。构造柱的混凝土坍落度宜为 50～70 mm，石子粒径不宜大于 20 mm。混凝土随拌随用，拌和好的混凝土应在 1.5 h 内浇灌完。构造柱的混凝土浇灌可以分段进行，每段高度不宜大于 2.0 m。在施工条件较好并能确保混凝土浇灌密实时，也可每层一次浇灌。捣实构造柱混凝土时宜用插入式混凝土振动器，应分层振捣，振动棒随振随拔，每次振捣层的厚度不应超过振捣棒长度的 1.25 倍。振捣棒应避免直接碰触砖墙，严禁通过砖墙传振。

典型工作任务三　砖砌体工程季节性施工

一、冬期施工

《砌体结构工程施工质量验收规范》（GB 50203—2011）规定：当室外日平均气温连续 5 d 稳定低于 5 ℃时，砌体工程应采取冬期施工措施。冬期施工期限以外，当日最低气温低于 0 ℃时，也应采取冬期施工措施。气温可根据当地的气象预报或历年气象资料估计。

（一）一般规定

砖砌体冬期施工所用材料应符合下列规定：
(1)在砌筑前，砖石材料应清除冰霜；

(2)砂浆宜采用普通硅酸盐水泥拌制；

(3)石灰膏应防止受冻，如遭受冻结，应等融化后方可使用；

(4)拌制砂浆所用的砂，不得含有冰块和直径大于10 mm的冻结块；

(5)拌制砂浆时，水温不得超过80 ℃，砂的温度不得超过40 ℃。

(二)施工要求

(1)冬期施工不得使用无水泥拌制的砂浆；砂浆拌制应在暖棚内进行，拌制砂浆温度不低于5 ℃，搅拌时间适当延长；

(2)在0 ℃条件下，砌筑砌体工程时，可不浇水湿润，但必须适当增大砂浆的黏度；

(3)抗震设计烈度为9度的建筑物，普通砖和空心砖无法浇水湿润时，无特殊措施，不得砌筑；

(4)应按"三一"砌砖法操作，组砌方式优先采用一顺一丁法；

(5)砌体工程冬期施工应以采用掺盐砂浆法为主，对绝缘、装饰等方面有特殊要求的工程，应采用冻结法或其他施工方法；

(6)当地基为不冻胀土时，可在冻结的地基上砌筑基础；当地基为冻胀土时，必须在未冻的地基上砌筑基础；在施工时和回填土前，均应防止地基遭受冻结；

(7)冬期施工中，每日砌筑后应在砌体表面覆盖草袋等保温材料。

(三)冬期施工方法

砌体工程的冬期施工方法有掺盐砂浆法、冻结法和外加剂法。

1. 掺盐砂浆法

掺入盐类的水泥砂浆、水泥混合砂浆或微沫砂浆称为掺盐砂浆。采用这种砂浆砌筑的方法称为掺盐砂浆法。

掺盐砂浆法具有施工简便、施工费用低、货源易于解决等优点，所以在我国砌体工程冬期施工中普遍采用掺盐砂浆法。

掺盐砂浆法的原理主要是在砌筑砂浆内掺入一定数量的抗冻化学剂，来降低水溶液的冰点，以保证砂浆中有液态水存在，使水化反应在一定负温下不间断进行，使砂浆在负温下强度能够继续、缓慢增长。同时，由于降低了砂浆中水的冰点，砌体的表面不会立即结冰而形成冰膜，故砂浆和砌体能较好地粘结。

掺盐砂浆中的抗冻化学剂，主要有氯化钠和氯化钙、亚硝酸钠、硫酸钠等，以氯化钠应用最广。但氯盐会使砌体析盐、吸湿而降低保温性能，并对钢铁有腐蚀作用，所以常限制用量和使用范围。下列工程严禁采用掺盐砂浆法施工：

(1)对装饰有特殊要求的建筑物；

(2)使用时相对湿度大于60%的建筑物；

(3)接近高压电路的建筑物(如变电站)；

(4)热工要求高的建筑物；

(5)配筋砌体(指配有受力钢筋)；

(6)处于地下水水位变化范围以内，以及在水下未设防水保护层的结构。

对于配筋砌体，为了防止钢筋锈蚀，应采用亚硝酸钠或硫酸钠等复合外加剂；钢筋也可以涂防锈漆2~3道，以防止锈蚀。

掺盐砂浆法的砂浆使用温度不应低于5 ℃。当日最低气温等于或低于−15 ℃时，对砌筑承重砌体的砂浆强度等级应比常温施工时提高一级；当日最低气温等于或低于-20 ℃时，砌筑工程不宜施工；拌和砂浆前要对原材料进行加热，应优先加热水；当满足不了温度时，再进行砂的加热。拌制时投料顺序是：水和砂先拌，然后再投放水泥，以免较高温度的水与水泥直接接触而产生"假凝"现象。掺盐砂浆中掺入微沫剂时，盐溶液和微沫剂在砂浆拌和过程中先后加入。砂浆应采用机械进行拌和，搅拌的时间应比常温季节增加一倍。拌和后的砂浆应注意保温。

2. 冻结法

冻结法是指采用不掺化学外加剂的普通水泥砂浆或水泥混合砂浆进行砌筑的一种冬期施工方法。

冻结法的原理是砂浆内不掺任何抗冻化学剂，允许砂浆在铺砌完毕后就受冻。受冻的砂浆可获得较大的冻结强度，而且冻结的强度随气温的降低而增高。但当气温升高而砌体解冻时，砂浆强度仍然等于冻结前的强度。当气温转入正温后，水泥水化作用又重新进行，砂浆强度可继续增长。

冻结法允许砂浆砌筑后遭受冻结，且在解冻后其强度仍可继续增长。所以适用于对保温、绝缘、装饰等有特殊要求的工程和受力配筋砌体以及不受地震区条件限制的其他工程。

冻结法施工的砂浆，经冻结、融化和硬化三个阶段后，砂浆强度、砂浆与砖石砌体间的粘结力都有不同程度的降低。砌体在融化阶段，由于砂浆强度接近于0，将会增加砌体的变形和沉降。

冻结法施工注意事项如下：

(1) 对材料的要求。冻结法的砂浆使用温度不应低于10 ℃，当日最低气温高于或者等于-25 ℃时，对砌筑承重砌体的砂浆强度等级应按常温施工时提高一级；当日最低气温低于-25 ℃时，则应提高两级。

(2) 砌体解冻时，增加了砌体的变形和沉降，对空斗墙、毛石墙、承受侧压力的砌体、在解冻期间可能受到振动或动力荷载的砌体结构不宜采用冻结法施工。

(3) 采用冻结法施工，应会同设计单位制定在施工过程中和解冻期内必要的加固措施。

(4) 为了保证砌体在解冻时的正常沉降、稳定和安全，应遵守下列规定：冻结法宜采用分段施工，每日砌筑高度及临时间断处的高度差均不得大于1.2 m。

砌体水平灰缝不宜大于10 mm；跨度大于0.7 m的过梁，应采用预制过梁；门窗框上部应留3～5 mm的空隙，作为化冻后预留沉降量。

(5) 砌体的解冻。用冻结法砌筑的砌体，应经常对砌体进行观测和检查，如发现裂缝、不均匀下沉等情况，应分析原因并立即采取加固措施。另外，还必须观测砌体沉降的大小、方向和均匀性以及砌体灰缝内砂浆的硬化情况。观测一般需15 d左右。

3. 其他冬期施工方法

暖棚法是利用廉价的保温材料搭设简易结构的保温棚，将砌筑的现场封闭起来，使砌体在正温条件下砌筑和养护。在棚内装热风设备或生炉火，温度不得低于5 ℃，养护时间不少于3 d，主要应用于地下室墙、挡土墙、局部性事故修复的砌体工程。

蓄热法用于气温在-5 ℃～10 ℃不太寒冷的地区，或初春季节的砌体工程。利用对水、砂材料的加热，使拌合砂浆在正温度下砌筑，并立即覆盖保温材料，使砌体在正温条件下达到砌体强度的20%。

二、雨期施工

(一)雨期施工准备

(1)降水量大的地区在雨期到来之际,施工现场、道路及设施必须做好有组织的排水;临时排水设施尽量与永久性排水设施结合;修筑的临时排水沟网要依据自然地势确定排水方向,排水坡度一般不应小于3‰,横截面尺寸依据当地气象资料、历年最大降水量、施工期内的最大流量确定,做到排水通畅、雨停水干。要防止地面水流入基础和地下室内。

(2)施工现场临时设施、库房要做好防雨排水的准备;水泥、保温材料、铝合金构件、玻璃及装饰材料的保管堆放,要注意防潮、防雨和避免水的浸泡。

(3)现场的临时道路必要时要加固、加高路基,路面在雨期加铺炉渣、砂砾或其他防滑材料。

(4)准备足够的防水、防汛材料(如草袋、油毡、雨布等)和器材工具等,组织防雨、防汛抢险队伍,统一指挥,以防应急事件。

(二)施工要求

(1)雨期施工中,砌筑工程不准使用过湿的砖,以免砂浆流淌和砖块滑移造成墙体倒塌,每日砌筑的高度应控制在1 m以内。

(2)砌筑施工过程中,若遇雨应立即停止施工并在砖墙顶面铺设一层干砖,以防雨水冲走灰缝的砂浆。雨后,受冲刷的新砌墙体应翻砌上面的两皮砖。

(3)稳定性较差的窗间墙、山尖墙,砌筑到一定高度应在砌体顶部加水平支撑,以防阵风袭击,维护墙体整体性。

(4)雨水浸泡会引起脚手架底座下陷而倾斜,雨后施工要经常检查,发现问题及时处理、加固。

典型工作任务四　砖砌体工程施工质量验收

一、砖墙砌筑的质量要求

砖墙在砌筑时应掌握正确的操作方法,做到横平竖直、砂浆饱满、错缝搭接、接槎可靠,以保证墙体有足够的强度与稳定性。

(一)横平竖直

砌体的灰缝应横平竖直,上下对齐,厚薄均匀。水平灰缝厚度宜为10 mm,不应小于8 mm,也不应大于12 mm。否则,在垂直荷载作用下上下两层将产生剪力,使砂浆与砌块分离从而引起砌体破坏;砌体必须满足垂直度要求,否则在垂直荷载作用下将产生附加弯矩而降低砌体承载力。

砌体的竖向灰缝应垂直对齐,对不齐而错位,称为游丁走缝,会影响墙体外观质量。

要做到横平竖直,首先应将基础找平,在砌筑时必须立设皮数杆、挂线砌筑,并随时用线坠和靠尺或者用 2 m 托线板检查墙体垂直度，做到"三皮一吊、五皮一靠"，发现问题应及时纠正。

(二)砂浆饱满

为保证砖块均匀受力和使块体紧密结合，要求水平灰缝砂浆饱满、厚薄均匀。水平灰缝太厚，在受力时砌体的压缩变形增大，还可能使砌体产生滑移，这对墙体结构很不利。如灰缝过薄，则不能保证砂浆的饱满度，对墙体的粘结力削弱，影响整体性。砂浆的饱满程度以砂浆饱满度表示，用百格网检查。检查时，每检验批抽查不少于 5 处，每处掀 3 块取平均值；要求水平灰缝饱满度达到 80%以上，竖向灰缝饱满度达到 60%以上。同样，竖向灰缝也应控制厚度，保证粘结，不得出现透明缝、瞎缝和假缝，以避免透风漏雨，影响保温性能。

(三)错缝搭接

为保证墙体的整体性和传力效果，砖块的排列方式应遵循内外搭接、上下错缝的原则。砖块的错缝搭接长度不应小于 1/4 砖长，避免出现垂直通缝(上下两皮砖搭接长度小于 25 mm 皆称为通缝)，确保砌筑质量，以加强砌体的整体性。为此，应采用适宜的组砌方式。

(四)接槎可靠

整个房屋的纵横墙应相互连接牢固，以增加房屋的强度和稳定性。砖砌体的转角处和交接处应同时砌筑，严禁无可靠措施的内外墙分砌施工。对不能同时砌筑而又必须留置的临时间断处应砌成斜槎，斜槎水平投影长度不应小于高度的 2/3。非抗震设防和抗震设防烈度为 6、7 度地区的临时间断处，当不能留斜槎时，除转角外可留直槎，但直槎必须做成凸槎。留直槎处应加设拉结筋，拉结钢筋的数量为每 120 mm 墙厚留 1φ6 的拉结钢筋(120 mm 厚墙放置 2φ6 拉结钢筋)，间距沿墙高不应超过 500 mm，埋入长度从留槎处算起每边均不应小于 500 mm；对抗震设防烈度为 6、7 度的地区，不应小于 1 mm；末端应有 90°弯钩(图 3-27)。

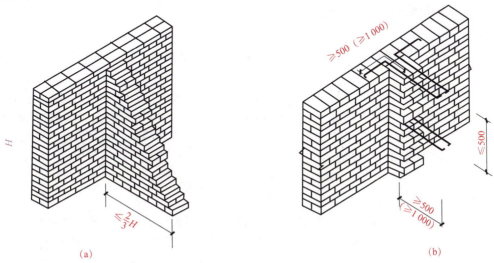

图 3-27 接槎
(a)斜槎砌筑；(b)直槎砌筑

接槎即先砌砌体与后砌砌体之间的结合。接槎方式的合理与否，对砌体的质量和建筑物整体性影响极大。因留槎处的灰浆不易饱满，故应少留槎。斜槎和直砖砌体接槎时，必须将接槎处的表面清理干净，浇水润湿并应填实砂浆，保持灰缝平直，使接槎处的前后砌体粘结牢固。

二、砖砌体工程施工质量验收

根据国家现行标准《砌体结构工程施工质量验收规范》(GB 50203—2011)，砌体结构工程检验批的划分应同时符合下列规定：

(1)所用材料类型及同类型材料的强度等级相同；

(2)不超过 250 m^3 砌体；

(3)主体结构砌体一个楼层(基础砌体可按一个楼层计)；填充墙砌体量少时可多个楼层合并。

分项工程的验收应在检验批验收合格的基础上进行。检验批的确定可根据施工段划分。

砌体结构工程检验批验收时，其主控项目应全部符合《砌体结构工程施工质量验收规范》(GB 50203—2011)的规定；一般项目应有 80% 及以上的抽检处符合《砌体结构工程施工质量验收规范》(GB 50203—2011)的规定；有允许偏差的项目，最大超差值为允许偏差值的 1.5 倍。

1. 主控项目

(1)砖和砂浆的强度等级必须符合设计要求。

抽检数量：每一生产厂家，烧结普通砖、混凝土实心砖每 15 万块，烧结多孔砖、混凝土多孔砖、蒸压灰砂砖及蒸压粉煤灰砖每 10 万块各为一验收批，不足上述数量时按 1 批计，抽检数量为 1 组。砂浆试块的抽检数量执行《砌体结构工程施工质量验收规范》(GB 50203—2011)第 4.0.12 条的有关规定。

检验方法：查砖和砂浆试块试验报告。

(2)砌体灰缝砂浆应密实饱满，砖墙水平灰缝的砂浆饱满度不得低于 80%；砖柱水平灰缝和竖向灰缝饱满度不得低于 90%。

抽检数量：每检验批抽查不应少于 5 处。

检验方法：用百格网检查砖底面与砂浆的粘结痕迹面积。每处检测 3 块砖，取其平均值。

(3)砖砌体的转角处和交接处应同时砌筑，严禁无可靠措施的内外墙分砌施工。在抗震设防烈度为 8 度及 8 度以上的地区，对不能同时砌筑而又必须留置的临时间断处应砌成斜槎，普通砖砌体斜槎水平投影长度不应小于高度的 2/3。多孔砖砌体的斜槎长高比不应小于 1/2。斜槎高度不得超过一步脚手架的高度。

抽检数量：每检验批抽查不应少于 5 处。

检验方法：观察检查。

(4)非抗震设防及抗震设防烈度为 6、7 度地区的临时间断处，当不能留斜槎时，除转角处外可留直槎，但直槎必须做成凸槎且应加设拉结钢筋，拉结钢筋应符合下列规定：

①每 120 mm 墙厚放置 1ϕ6 拉结钢筋(120 mm 厚墙应放置 2ϕ6 拉结钢筋)；

②间距沿墙高不应超过 500 mm 且竖向间距偏差不应超过 100 mm；

③埋入长度从留槎处算起每边均不应小于 500 mm，对抗震设防烈度 6、7 度的地区，不应小于 1 m；

④末端应有 90°弯钩。

抽检数量：每检验批抽查不应少于5处。

检验方法：观察和尺量检查。

2. 一般项目

(1)砖砌体组砌方法应正确，内外搭砌，上、下错缝。清水墙、窗间墙无通缝；混水墙中不得有长度大于300 mm的通缝，长度200～300 mm的通缝每间不超过3处，且不得位于同一面墙体上。砖柱不得采用包心砌法。

抽检数量：每检验批抽查不应少于5处。

检验方法：观察检查。砌体组砌方法抽检每处应为3～5 m。

(2)砖砌体的灰缝应横平竖直，厚薄均匀。水平灰缝厚度及竖向灰缝宽度宜为10 mm，但不应小于8 mm，也不应大于12 mm。

抽检数量：每检验批抽查不应少于5处。

检验方法：水平灰缝厚度用尺量10皮砖砌体高度折算。竖向灰缝宽度用尺量2 m砌体长度折算。

(3)砖砌体尺寸、位置的允许偏差及检验应符合表3-5的规定。

表3-5 砖砌体尺寸、位置的允许偏差及检验

项次	项目			允许偏差/mm	检验方法	抽检数量
1	轴线位移			10	用经纬仪和尺或用其他测量仪器检查	承重墙、柱全数检查
2	基础、墙、柱顶面标高			±15	用水准仪和尺检查	不应小于5处
3	墙面垂直度	每层		5	用2 m托线板检查	不应小于5处
		全高	≤10 m	>10	用经纬仪、吊线和尺或其他测量仪器检查	外墙全部阳角
			10 m	20		
4	表面平整度	清水墙、柱		5	用2 m靠尺和楔形塞尺检查	不应小于5处
		混水墙、柱		8		
5	水平灰缝平直度	清水墙		7	拉5 m线和尺检查	不应小于5处
		混水墙		10		
6	门窗洞口高、宽(后塞口)			±10	用尺检查	不应小于5处
7	外墙上下窗口偏移			20	以底层窗口为准，用经纬仪或吊线检查	不应小于5处
8	清水墙游丁走缝			20	以每层第一皮砖为准，用吊线和尺检查	不应小于5处

三、构造柱的质量验收

构造柱与墙体的连接处应砌成马牙槎，马牙槎应先退后进，预留的拉结钢筋应位置准

确，施工中不得任意弯折。

抽检数量：每验收批抽 20% 构造柱，且不少于 3 处。

检验方法：观察检查。

合格标准：钢筋竖向位移不应超过 100 mm，每一马牙槎沿高度方向尺寸不应超过 300 mm，钢筋竖向位移和马牙槎尺寸的偏差每一构造柱不应超过 2 处。

构造柱位置及垂直度的允许偏差应符合表 3-6 的规定。

表 3-6 构造柱位置及垂直度的允许偏差

项次	项目			允许偏差/mm	检验方法
1	柱中心线位置			10	用经纬仪和尺检查或用其他测量仪器检查
2	柱层间错位			8	用经纬仪和尺检查或用其他测量仪器检查
3	柱垂直度	每层		10	用 2 m 托线板检查
		全高	≤10 m	15	用经纬仪、吊线和尺检查，或用其他测量仪器检查
			>10 m	20	

项目小结

本项目包括砖砌体工程施工准备、砖砌体工程施工、砖砌体工程季节性施工和砖砌体工程施工质量验收四个典型工作任务。

本项目重点是砖砌体的工艺流程、施工要点，砖砌体工程施工质量验收规范主控项目、一般项目与质量控制资料的基本内容。

砌体工程施工质量
验收规范(1)

砌体工程施工质量
验收规范(2)

思考题

1. 砖砌体结构工程施工常用块材有哪些？
2. 砖砌体结构工程施工常用的砂浆有哪些种类？适用范围是什么？
3. 砌筑砂浆的试块是如何留置和评定的？

4. 砌筑中墙体的组砌方法有哪些？接槎有哪些要求？
5. 砖砌体结构的施工工艺流程与砌筑要点是什么？
6. 构造柱施工要点是什么？
7. 砖砌体工程季节性施工包括哪些内容？
8. 根据《砌体结构工程施工质量验收规范》(GB 50203—2011)，砌体结构的施工如何划分验收批？砖砌体的主控项目与一般项目有哪些技术要求？

【参考文献】

[1] 姚谨英. 建筑施工技术[M]. 2版. 北京：中国建筑工业出版社，2003.

[2] 丁天庭. 建筑结构[M]. 北京：高等教育出版社，2003.

[3] 陶红林. 建筑结构[M]. 北京：化学工业出版社，2008.

[4] 中华人民共和国住房和城乡建设部. 砌体结构设计规范：GB 50003—2011[S]. 北京：中国建筑工业出版社，2012.

[5] 苑振芳. 砌体结构设计手册[M]. 4版. 北京：中国建筑工业出版社，2013.

[6] 施岚青. 一、二级注册结构工程师专业考试应试指南[M]. 北京：中国建筑工业出版社，2015.

[7] 中华人民共和国住房和城乡建设部. 砌体结构工程施工质量验收规范：GB 50203—2011[S]. 北京：中国建筑工业出版社，2012.

[8] 中华人民共和国住房和城乡建设部. JGJ 59—2011建筑施工安全检查标准[S]. 北京：中国建筑工业出版社，2012.

项目四　填充墙砌体工程施工

> **知识目标**
> 1. 熟悉混凝土小型空心砌块填充墙砌体的构造要求;
> 2. 掌握混凝土小型空心砌块施工主要工序,熟悉施工要点;
> 3. 掌握蒸压加气混凝土砌块填充墙砌体施工工艺流程及技术要点;
> 4. 掌握填充墙工程施工质量验收规范主控项目、一般项目与质量控制资料的基本内容。

> **能力目标**
> 1. 能组织和管理混凝土小型空心砌块填充墙砌体施工;
> 2. 能组织和管理蒸压加气混凝土砌块填充墙砌体施工;
> 3. 能进行填充墙施工质量验收。

填充墙主要是指在框架及框-剪结构或钢结构中,用于围护或分隔区间的墙体。填充墙除自重外不承受其他荷载,因此施工时不得改变框架结构的传力路线。框架填充砌体要求具有一定的强度和轻质、隔声、隔热等性能。

典型工作任务一　混凝土小型空心砌块填充墙砌体工程施工

一、构造要求

(一)一般构造要求

混凝土小型空心砌块砌体所用的材料,除满足强度计算要求外,还应符合下列要求:
(1)对室内地面以下的砌体,应采用普通混凝土小砌块和不低于 M5 的水泥砂浆。
(2)5 层及 5 层以上民用建筑的底层墙体,应采用不低于 MU5 的混凝土小砌块和 M5 的砌筑砂浆。
(3)在墙体的下列部位,应用 C20 混凝土灌实砌块的孔洞:
①底层室内地面以下或防潮层以下的砌体;
②无圈梁的楼板支承面下的一皮砌块;

③没有设置混凝土垫块的屋架、梁等构件支承面下,高度不应小于600 mm,长度不应小于600 mm的砌体;

④挑梁支承面下,距墙中心线每边不应小于300 mm,高度不应小于600 mm的砌体。

(4)砌块墙与后砌隔墙交接处,应沿墙高每隔400 mm在水平灰缝内设置不少于2φ4、横筋间距不大于200 mm的焊接钢筋网片,钢筋网片伸入后砌隔墙内不应小于600 mm,如图4-1所示。

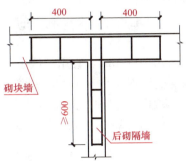

图4-1　砌块墙与后砌隔墙交接处钢筋网片

(二)夹心墙

混凝土砌块夹心墙由内叶墙、外叶墙及其间拉结件组成(图4-2)。内、外叶墙间设保温层。

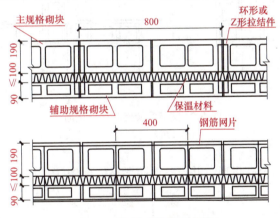

图4-2　混凝土砌块夹心墙

内叶墙采用主规格混凝土小型空心砌块,外叶墙采用辅助规格(390 mm×90 mm×190 mm)混凝土小型空心砌块。拉结件采用环形拉结件、Z形拉结件或钢筋网片。砌块强度等级不应低于MU10。

当采用环形拉结件时,钢筋直径不应小于4 mm;当采用Z形拉结件时,钢筋直径不应小于6 mm。拉结件应沿竖向梅花形布置,拉结件的水平和竖向最大间距分别不宜大于800 mm和600 mm;对有振动或有抗震设防要求时,其水平和竖向最大间距分别不宜大于800 mm和400 mm。

当采用钢筋网片作拉结件,网片横向钢筋的直径不应小于4 mm,其间距不应大于400 mm;网片的竖向间距不宜大于600 mm,对有振动或有抗震设防要求时,不宜大于400 mm。

拉结件在叶墙上的搁置长度,不应小于叶墙厚度的 2/3 并不应小于 60 mm。

(三)芯柱

芯柱是指在小砌块墙体的孔洞内浇灌混凝土形成的柱,分为素混凝土芯柱和钢筋混凝土芯柱。

墙体的下列部位宜设置芯柱:
(1)在外墙转角、楼梯间四角的纵横墙交接处的三个孔洞,宜设置素混凝土芯柱;
(2)5 层及 5 层以上的房屋,应在上述部位设置钢筋混凝土芯柱。

芯柱的构造要求如下:
(1)芯柱截面不宜小于 120 mm×120 mm,宜用不低于 C20 的细石混凝土浇灌;
(2)钢筋混凝土芯柱每孔内插竖筋不应小于 1ϕ10(抗震设防地区不应小于 1ϕ12),底部应伸入室内地面下 500 mm 或与基础圈梁锚固,顶部与屋盖圈梁锚固;
(3)在钢筋混凝土芯柱处,沿墙高每隔 600 mm 应设 ϕ4 钢筋网片拉结,每边伸入墙体不小于 600 mm(图 4-3);

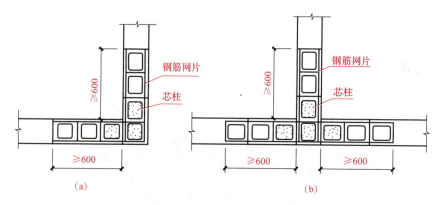

图 4-3 钢筋混凝土芯柱处拉筋
(a)转角处;(b)交接处

(4)芯柱应沿房屋的全高贯通,并与各层圈梁整体现浇(图 4-4)。

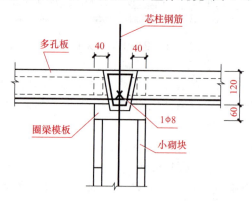

图 4-4 芯柱贯穿楼板的构造

在抗震设防的建筑物中,应按芯柱位置要求设置钢筋混凝土芯柱;对医院、教学楼等横墙较少的房屋,应根据房屋增加一层的层数,设置芯柱要求见表 4-1。

表 4-1 抗震设防区混凝土小型空心砌块房屋芯柱设置要求

房屋层数			设置部位	设置数量
6度	7度	8度		
4	3	2	外墙转角、楼梯间四角、大房间内外墙交接处	外墙转角灌实3个孔；内外墙交接处灌实4个孔
5	4	3		
6	5	4	外墙转角、楼梯间四角、大房间内外墙交接处，山墙与内纵墙交接处，隔开间横墙（轴线）与外纵墙交接处	
7	6	5	外墙转角，楼梯间四角，各内墙（轴线）与外墙交接处；8度时，内纵墙与横墙（轴线）交接处和洞口两侧	外墙转角灌实5个孔；内外墙交接处灌实4个孔；内墙交接处灌实4～5个孔；洞口两侧各灌实1个孔

二、施工前的准备工作

混凝土小型空心砌块填充墙砌体块体主规格为高度大于 115 mm 而又小于 380 mm 的砌块，包括普通混凝土小型空心砌块、轻集料混凝土小型空心砌块等。相关技术参数见表 4-2。

表 4-2 常用砌块技术参数

名称	主规格	强度等级
普通混凝土小型空心砌块	390 mm×190 mm×190 mm	MU20、MU15、MU10、MU7.5、MU5.0
轻集料混凝土小型空心砌块	390 mm×190 mm×190 mm	MU5.0、MU7.5、MU10.0

施工采用的小砌块的产品龄期不应小于 28 d。砌筑小砌块时，应清除表面污物，剔除外观质量不合格的小砌块。承重墙体使用的小砌块应完整、无缺损、无裂缝。砌筑小砌块砌体，宜选用专用小砌块砌筑砂浆。

砌筑普通混凝土小型空心砌块砌体时，不需要对小砌块浇水湿润，如遇天气干燥炎热，宜在砌筑前对其喷水湿润；对轻集料混凝土小砌块，应提前浇水湿润，块体的相对含水率宜为 40%～50%。雨天及小砌块表面有浮水时，不得施工。

三、施工主要工序

混凝土小型空心砌块施工的主要工序为：铺灰→砌块吊装就位→校正→灌缝→镶砖。

（1）铺灰。砌块墙体所采用的砂浆，应具有较好的和易性；砂浆稠度宜为 50～80 mm；铺灰应均匀、平整，长度一般不超过 5 m，炎热天气及严寒季节应适当缩短。

（2）砌块吊装就位。砌块的吊装一般按施工段依次进行，其次序为先外后内、先远后近、先下后上，在相邻施工段之间留阶梯形斜槎。吊装砌块一般用摩擦式夹具，夹砌块时应避免偏心。砌块就位时，应使夹具中心尽可能与墙身中心线在同一垂直线上，对准位置徐徐下落于砂浆层上，待砌块安放稳定后方可松开夹具。

（3）校正。砌块吊装就位后，用垂球或托线板检查砌块的垂直度，用拉准线的方法检查砌块的水平度。校正时可用人力轻微推动砌块或用撬杠轻轻撬动砌块。

(4)灌缝。采用砂浆灌竖缝，两侧用夹板夹住砌块，超过 30 mm 宽的竖缝采用不低于 C20 的细石混凝土灌缝，收水后进行嵌缝，即原浆勾缝。此后，一般不应再撬动砌块，以防破坏砂浆的粘结力。

(5)镶砖。砌块排列尽量不镶砖或少镶砖。必须镶砖时，应用整砖平砌且尽量分散，镶砌砖的强度不应小于砌块的强度等级。

砌筑空心砌块前，在地面或楼面上先砌三皮实心砖(厚度不小于 200 mm)，空心砖墙砌至梁或板底最后一皮时，选用顶砖镶砌。

四、技术要点

1. 砌块排列

砌块施工前，应根据施工图纸的平面、立面尺寸，先绘出砌块排列图。在立面图上按比例绘出纵横墙，标出楼板、大梁、过梁、楼梯、孔洞等位置，在纵横墙上绘出水平灰缝线，然后以主规格为主、其他型号为辅，按墙体错缝搭砌的原则和竖缝大小进行排列。在墙体上大量使用的主要规格砌块，称为主规格砌块；与其他相搭配使用的砌块，称为副规格砌块。

砌块排列应遵守的技术要求是：上下皮砌块错缝搭接长度一般为砌块长度的 1/2（较短的砌块必须满足这个要求），或不得小于砌块皮高的 1/3，以保证砌块牢固搭接；外墙转角处及纵横墙交接处应用砌块相互搭接，如纵横墙不能互相搭接，则应每两皮设置一道钢筋网片。砌块中水平灰缝厚度应为 10～20 mm，当水平灰缝有配筋或柔性拉结条时，其灰缝厚度应为 20～25 mm。竖缝的宽度为 11～20 mm，当竖缝宽度大于 30 mm 时，应用强度等级不低于 C20 的细石混凝土填实；当竖缝宽度大于或等于 150 mm 或楼层高不是砌块加灰缝的整数倍时，都要用普通砖镶砌。需要镶砖时，尽量对称、分散布置(图 4-5)。

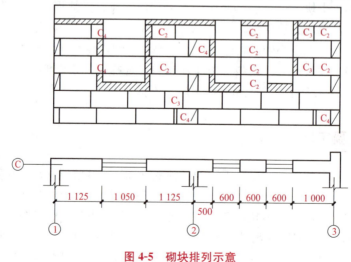

图 4-5 砌块排列示意

2. 立皮数杆

在房屋四角或楼梯间转角处设立皮数杆，皮数杆间距不得超过 15 m。皮数杆上应画出各皮小砌块的高度及灰缝厚度。在皮数杆上相对小砌块上边线之间拉准线，小砌块依准线砌筑。

3. 转角、T形交接处

小砌块砌筑应从转角或定位处开始，内外墙同时砌筑，纵横墙交错搭接。外墙转角处应使小砌块隔皮露端面；T形交接处应使横墙小砌块隔皮露端面，纵墙在交接处改砌两块辅助规格小砌块（尺寸为 290 mm×190 mm×190 mm，一头开口），所有露端面均用水泥砂浆抹平（图 4-6）。

小砌块墙体应孔对孔、肋对肋错缝搭砌。单排孔小砌块的搭接长度应为块体长度的 1/2；多排孔小砌块的搭接长度可适当调整，但不宜小于砌块长度的 1/3，且不应小于 90 mm。墙体的个别部位不能满足上述要求时，应在灰缝中设置拉结钢筋或钢筋网片，钢筋网片每端均应超过该垂直灰缝，其长度不得小于 300 mm，竖向通缝仍不得超过两皮小砌块，如图 4-7 所示。

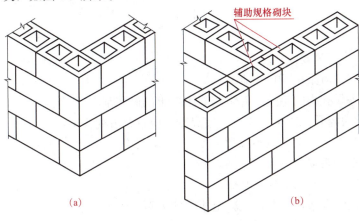
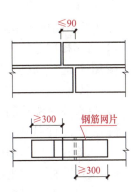

图 4-6　小砌块墙转角处及 T 形交接处砌法
(a)转角处；(b)交接处

图 4-7　水平灰缝中拉结筋

4. 灰缝

小砌块砌体的灰缝应横平竖直，全部灰缝均应铺填砂浆；轻集料混凝土小型空心砌块砌体水平灰缝和竖向灰缝砂浆饱满度不应小于 80%。砌筑中不得出现瞎缝、透明缝。轻集料混凝土小型空心砌块砌体的灰缝应为 8～12 mm。当缺少辅助规格小砌块时，砌体通缝不应超过两皮砌块。轻集料混凝土小型空心砌块搭砌长度不应小于 90 mm。

5. 留槎

墙体转角处和纵横墙交接处应同时砌筑。临时间断处应砌成斜槎，斜槎水平投影长度不应小于斜槎高度。施工洞口可预留直槎，但在洞口砌筑和补砌时，应在直槎上下搭砌的小砌块孔洞内用强度等级不低于 C20（或 Cb20）的混凝土灌实。

6. 脚手眼

小砌块砌体内不宜设脚手眼，如必须设置时，可用辅助规格 190 mm×190 mm×190 mm 小砌块侧砌，利用其孔洞作脚手眼，砌体完工后用 C15 混凝土填实。规范规定，不得在下列墙体或部位设置脚手眼：

(1)过梁上与过梁成 60°角的三角形范围内及过梁净跨度 1/2 的高度范围内；

(2)宽度小于1 m的窗间墙;

(3)门窗洞口两侧砌体200 mm范围内;转角处450 mm范围内;

(4)梁或梁垫下及其左右500 mm范围内;

(5)设计不允许设置脚手眼的部位;

(6)轻质墙体;

(7)夹心复合墙外叶墙。

7. 砌筑高度

小砌块砌体相邻工作段的高度差不得大于一个楼层高度或4 m。

常温条件下,普通混凝土小砌块的日砌筑高度应控制在1.8 m内;轻集料混凝土小砌块的日砌筑高度应控制在2.4 m内。

对砌体表面的平整度和垂直度,灰缝的厚度和砂浆饱满度应随时检查,校正偏差。在砌完每一楼层后,应校核砌体的轴线尺寸和标高,允许范围内的轴线尺寸及标高的偏差,可在楼板面上予以校正。

8. 芯柱

芯柱处小砌块墙体砌筑应符合下列规定:

(1)每一楼层芯柱处第一皮砌体应采用开口小砌块;

(2)砌筑时应随砌随清除小砌块孔内的毛边,并将灰缝中挤出的砂浆刮净。

芯柱混凝土宜选用专用小砌块灌孔混凝土。浇筑芯柱混凝土应符合下列规定:

(1)每次连续浇筑的高度宜为半个楼层,但不应大于1.8 m;

(2)浇筑芯柱混凝土时,砌筑砂浆强度应大于1 MPa;

(3)清除孔内掉落的砂浆等杂物,并用水冲淋孔壁;

(4)浇筑芯柱混凝土前,应先注入适量与芯柱混凝土相同的去石子砂浆;

(5)砌完一个楼层高度后,应连续浇灌芯柱混凝土。每浇灌400~500 mm高度捣实一次或边浇灌边捣实。在浇灌混凝土前,先注入适量水泥砂浆;严禁灌满一个楼层后再捣实,宜采用插入式混凝土振动器捣实;混凝土坍落度不应小于50 mm。砌筑砂浆强度达到1.0 MPa以上,方可浇灌芯柱混凝土。

典型工作任务二　蒸压加气混凝土砌块填充墙砌体施工

一、施工前的准备工作

蒸压加气混凝土砌块是以粉煤灰、石灰、水泥、石膏、矿渣等为主要原料,加入适量发气剂、调节剂、气泡稳定剂,经配料搅拌、浇筑、静停、切割和高压蒸养等工艺而制成的一种多孔混凝土制品。

烧结空心砖、蒸压加气混凝土砌块、轻集料混凝土小型空心砌块等的运输、装卸过程中,严禁抛掷和倾倒;进场后应按品种、规格堆放整齐,堆置高度不宜超过2 m。蒸压加气混凝土砌块在运输与堆放

填充墙砌体施工效果展示

中应防止雨淋。

采用薄灰砌筑法砌筑蒸压加气混凝土砌块砌体时，加气混凝土粘结砂浆的加水量应按照其产品说明书控制。薄灰砌法是指采用蒸压加气混凝土砌块粘结砂浆砌筑蒸压加气混凝土砌块墙体的施工方法，水平灰缝和竖向灰缝宽度为 2~4 mm。蒸压加气混凝土砌块采用薄层砂浆砌筑法有下列优点：

(1)不需要对蒸压加气混凝土砌块提前浇(喷)水湿润，不仅方便施工而且减少了砌块上墙含水率，有利于对墙体收缩裂缝的控制。

(2)对外墙，由于水平灰缝厚度和竖向灰缝宽度仅 2~4 mm，较采用一般砌筑砂浆 8~12 mm 大大减小，可减少灰缝处"热桥"的不利影响，提高节能效果。

(3)节省砌筑砂浆，并提高砌筑工效。

二、施工工艺流程及技术要点

(一)施工工艺流程

蒸压加气混凝土砌块施工工艺流程：检验墙体轴线及门窗洞口位置→楼面找平→立皮数杆→拉结筋→选砌块、摆砌块→摞底→砌墙→勾缝。

(二)技术要点

1. 砌块排列图

加气混凝土砌块砌筑前，应根据建筑物的平面、立面图绘制砌块排列图。在墙体转角处设置皮数杆。皮数杆应立于房屋四角及内外墙交接处，间距以 10~15 m 为宜，砌块应按皮数杆拉线砌筑。

砌筑前一天，应将预砌墙与原结构相接处，洒水湿润以保证砌体粘结。将砌筑墙部位的楼地面，剔除高出摞底面的凝结灰浆并清扫干净。砌筑前按实际尺寸和砌块规格尺寸进行排列摆块，不够整块可以锯裁成需要的规格，但不得小于砌块长度的1/3。最下一层砌块的灰缝大于 20 mm 时，应用细石混凝土找平铺砌。加气混凝土砌块的砌筑面上应适量洒水。

2. 施工顺序

填充墙施工最好从顶层向下层砌筑，防止因结构变形量向下传递而造成早期下层先砌筑的墙体产生裂缝。特别是空心砌块，此裂缝的发生往往是在工程主体完成3~5个月后，通过墙面抹灰在跨中产生竖向裂缝得以暴露。因而，质量问题的滞后性给后期处理带来困难。

如果工期太紧，填充墙施工必须由底层逐步向顶层进行时，则墙顶的连接处理需待全部砌体完成后，从上层向下层施工，此目的是给每一层结构一个完成变形的时间和空间。

3. 灰缝

填充墙的水平灰缝厚度和竖向灰缝宽度应正确。蒸压加气混凝土砌块砌体当采用水泥砂浆、水泥混合砂浆或蒸压加气混凝土砌块砌筑砂浆时，水平灰缝厚度及竖向灰缝宽度不应超过 15 mm；当蒸压加气混凝土砌块砌体采用蒸压加气混凝土砌块砌筑砂浆时，水平灰缝厚度和竖向灰缝宽度宜为 3~4 mm。蒸压加气混凝土砌块砌体水平灰缝和竖向灰缝砂浆饱满度不应小于80%。

4. 错缝

砌筑填充墙时应错缝搭砌，蒸压加气混凝土砌块搭砌长度不应小于砌块长度的1/3；如不能满足时，应在水平灰缝设置2ϕ6的拉结钢筋或ϕ4钢筋网片，拉结钢筋或钢筋网片的长度应不小于700 mm，如图4-8所示。

5. 转角处、T形交接处

加气混凝土砌块墙的转角处，应使纵横墙的砌块相互搭砌，隔皮砌块露端面。加气混凝土砌块墙的T形交接处，应使横墙砌块隔皮露端面，并坐中于纵墙砌块，如图4-9所示。

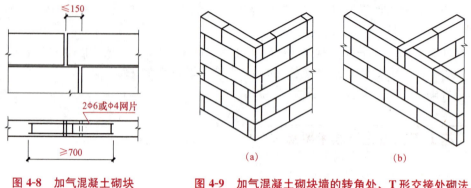

图4-8 加气混凝土砌块墙中拉结筋

图4-9 加气混凝土砌块墙的转角处、T形交接处砌法
(a)转角处；(b)T形交接处

6. 留槎

纵横墙应整体咬槎砌筑，外墙转角处和纵墙交接处应严格控制分批、咬槎、交错搭砌。临时间断应留置在门窗洞口处或砌成阶梯形斜槎，斜槎长度小于高度的2/3。如留斜槎有困难时，也可留直槎，但必须设置拉结网片或其他措施，以保证有效连接。接槎时应先清理基面，浇水湿润，然后铺浆接砌并做到灰缝饱满。因施工需要留置的临时洞口处，每隔50 cm应设置2ϕ6拉筋，拉筋两端分别伸入先砌筑墙体及后堵洞砌体各700 mm。

7. 拉结筋

为保证砌体与混凝土柱或剪力墙的连接，填充墙留置的拉结钢筋或网片的位置应与块体皮数相符合。拉结钢筋或网片应置于灰缝中，埋置长度应符合设计要求，竖向位置偏差不应超过一皮高度。填充墙拉结筋处的下皮小砌块宜采用半盲孔小砌块或用混凝土灌实孔洞的小砌块；薄灰砌筑法施工的蒸压加气混凝土砌块砌体，拉结筋应放置在砌块上表面设置的沟槽内。

一般采用构件上预埋铁件加焊拉结钢筋或化学植筋的方法。

预埋铁件加焊拉结钢筋的方法一般采用厚4 mm以上预埋铁件，宽略小于墙厚，高60 mm的钢板做成。在混凝土构件施工时，按设计要求的位置，准确固定在构件中，砌墙时按确定好的砌体水平灰缝高度位置准确焊好拉结钢筋。此种方法的缺点是混凝土浇筑施工时铁件移位或遗漏给下步施工带来麻烦，如遇到设计变更则需重新处理。

填充墙与承重墙、柱、梁的连接钢筋，当采用化学植筋的连接方式时，应进行实体检测。锚固钢筋拉拔试验的轴向受拉非破坏承载力检验值应为6.0 kN。抽检钢筋在检验值作用下应基材无裂缝、钢筋无滑移宏观裂损现象；持荷2 min期间荷载值降低不大于5%。

8. 现浇混凝土坎台

在厨房、卫生间、浴室等处采用轻集料混凝土小型空心砌块、蒸压加气混凝土砌块砌筑墙体时，墙底部宜现浇混凝土坎台等，其高度宜为150 mm。

9. 立砖斜砌

为保证墙体的整体性稳定性，填充墙顶部应采取相应的措施与结构挤紧。通常采用在墙顶加小木楔、砌筑实心砖或在梁底做预埋铁件等方式与填充墙连接。填充墙与承重主体结构间的空（缝）隙部位施工，应在填充墙砌筑 14 d 后进行，可采用立砖斜砌的方法进行施工，如图 4-10 所示。

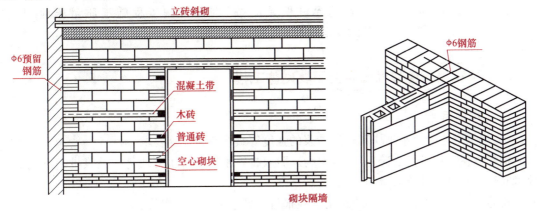

图 4-10 梁底采用实心辅助砌块立砖斜砌

典型工作任务三　填充墙砌体工程施工质量验收

一、混凝土小型空心砌块砌体工程

1. 主控项目

（1）小砌块和芯柱混凝土、砌筑砂浆的强度等级必须符合设计要求。

抽检数量：每一生产厂家，每 1 万块小砌块为一验收批，不足 1 万块按一批计，抽检数量为一组。用于多层以上建筑的基础和底层的小砌块抽检数量不应少于 2 组。砂浆试块的抽检数量应执行《砌体结构工程施工质量验收规范》（GB 50203—2011）第 4.0.12 条的有关规定。

检验方法：检查小砌块和芯柱混凝土、砌筑砂浆试块试验报告。

（2）砌体水平灰缝和竖向灰缝的砂浆饱满度，按净面积计算不得低于 90%。

抽检数量：每检验批抽查不应少于 5 处。

检验方法：用专用百格网检测小砌块与砂浆粘结痕迹，每处检测 3 块小砌块，取其平均值。

（3）墙体转角处和纵横墙交接处应同时砌筑。临时间断处应砌成斜槎，斜槎水平投影长度不应小于斜槎高度。施工洞口可预留直槎，但在洞口砌筑和补砌时，应在直槎上下搭砌的小砌块孔洞内用强度等级不低于 C20（或 Cb20）的混凝土灌实。

抽检数量：每检验批抽查不应少于 5 处。

检验方法：观察检查。

（4）小砌块砌体的芯柱在楼盖处应贯通，不得削弱芯柱截面尺寸；芯柱混凝土不得漏灌。

抽检数量：每检验批抽查不应少于 5 处。

检验方法：观察检查。

2. 一般项目

（1）砌体的水平灰缝厚度和竖向灰缝宽度宜为 10 mm，但不应大于 12 mm，也不应小于 8 mm。

抽检数量：每检验批抽查不应少于5处。

抽检方法：水平灰缝用尺量5皮小砌块的高度折算；竖向灰缝宽度用尺量2 m砌体长度折算。

(2)小砌块砌体尺寸、位置的允许偏差应按《砌体结构工程施工质量验收规范》(GB 50203—2011)第5.3.3条的规定执行。

二、填充墙蒸压加气混凝土砌块砌体工程

1. 主控项目

(1)烧结空心砖、小砌块和砌筑砂浆的强度等级应符合设计要求。

抽检数量：烧结空心砖每10万块为一验收批，小砌块每1万块为一验收批，不足上述数量时按一批计，抽检数量为一组。

检验方法：检查砖、小砌块进场复验报告和砂浆试块试验报告。

(2)填充墙砌体应与主体结构可靠连接，其连接构造应符合设计要求，未经设计同意，不得随意改变连接构造方法。每一填充墙与柱的拉结筋的位置超过一皮块体高度的数量不得多于一处。

抽检数量：每检验批抽查不应少于5处。

检验方法：观察检查。

(3)填充墙与承重墙、柱、梁的连接钢筋，当采用化学植筋的连接方式时，应进行实体检测。锚固钢筋拉拔试验的轴向受拉非破坏承载力检验值应为6.0 kN。抽检钢筋在检验值作用下，应基材无裂缝、钢筋无滑移宏观裂损现象；持荷2 min期间荷载值降低不大于5%。

抽检数量：按表4-3确定。

检验方法：原位试验检查。

表4-3 检验批抽检锚固钢筋样本最小容量

检验批的容量	样本最小容量	检验批的容量	样本最小容量
≤90	5	281～500	20
91～150	8	501～1 200	32
151～280	13	1 201～3 200	50

2. 一般项目

(1)填充墙砌体尺寸、位置的允许偏差及检验方法应符合表4-4的规定。

表4-4 填充墙砌体尺寸、位置的允许偏差及检验方法

序	项目		允许偏差/mm	检验方法
1	轴线位移		10	用尺检查
2	垂直度（每层）	≤3 m	5	用2 m托线板或吊线、尺检查
		>3 m	10	
3	表面平整度		8	用2 m靠尺和楔形尺检查
4	门窗洞口高、宽(后塞口)		±10	用尺检查
5	外墙上、下窗口偏移		20	用经纬仪或吊线检查

抽检数量：每检验批抽查不应少于5处。

(2) 填充墙砌体的砂浆饱满度及检验方法应符合表4-5的规定。

表4-5 填充墙砌体的砂浆饱满度及检验方法

砌体分类	灰缝	饱满度及要求	检验方法
空心砖砌体	水平	≥80%	采用百格网检查块体底面或侧面砂浆的粘结痕迹面积
	垂直	填满砂浆，不得有透明缝、瞎缝、假缝	
蒸压加气混凝土砌块、轻集料混凝土小型空心砌块砌体	水平	≥80%	
	垂直	≥80%	

抽检数量：每检验批抽查不应少于5处。

(3) 填充墙留置的拉结钢筋或网片的位置应与块体皮数相符合。拉结钢筋或网片应置于灰缝中，埋置长度应符合设计要求，竖向位置偏差不应超过一皮高度。

抽检数量：每检验批抽查不应少于5处。

检验方法：观察和用尺量检查。

(4) 砌筑填充墙时应错缝搭砌，蒸压加气混凝土砌块搭砌长度不应小于砌块长度的1/3；轻集料混凝土小型空心砌块搭砌长度不应小于90 mm；竖向通缝不应大于2皮。

抽检数量：每检验批抽检不应少于5处。

检查方法：观察检查。

(5) 填充墙的水平灰缝厚度和竖向灰缝宽度应正确。烧结空心砖、轻集料混凝土小型空心砌块砌体的灰缝应为8～12 mm。蒸压加气混凝土砌块砌体当采用水泥砂浆、水泥混合砂浆或蒸压加气混凝土砌块砌筑砂浆时，水平灰缝厚度及竖向灰缝宽度不应超过15 mm；当蒸压加气混凝土砌块砌体采用蒸压加气混凝土砌块粘结砂浆时，水平灰缝厚度和竖向灰缝宽度宜为3～4 mm。

抽检数量：每检验批抽查不应少于5处。

检查方法：水平灰缝厚度用尺量5皮小砌块的高度折算；竖向灰缝宽度用尺量2 m砌体长度折算。

项目小结

本项目包括混凝土小型空心砌块填充墙砌体工程施工、蒸压加气混凝土砌块填充墙砌体施工、填充墙砌体工程施工质量验收三个典型工作任务。

本项目重点是混凝土小型空心砌块填充墙砌体的构造要求、施工工序及要点，蒸压加气混凝土砌块填充墙砌体施工工艺流程及技术要点，填充墙工程施工质量验收规范主控项目、一般项目与质量控制资料的基本内容。

思考题

1. 什么是芯柱？构造要点有哪些？
2. 混凝土小型空心砌块施工的主要工序是什么？
3. 混凝土小型空心砌块施工的技术要点有哪些？
4. 蒸压加气混凝土砌块填充墙砌体施工的技术要点是什么？
5. 混凝土小型空心砌块、填充墙砌体质量验收的主控项目与一般项目分别是什么？

【参考文献】

[1] 姚谨英. 建筑施工技术[M]. 2版. 北京：中国建筑工业出版社，2003.
[2] 丁天庭. 建筑结构[M]. 北京：高等教育出版社，2003.
[3] 陶红林. 建筑结构[M]. 北京：化学工业出版社，2008.
[4] 房屋建筑工程管理与实务编委会. 房屋建筑工程管理与实务[M]. 北京：中国建筑工业出版社，2004.
[5] 苑振芳. 砌体结构设计手册[M]. 4版. 北京：中国建筑工业出版社，2013.
[6] 施岚青. 一、二级注册结构工程师专业考试应试指南[M]. 北京：中国建筑工业出版社，2015.
[7] 实用建筑结构设计手册编写组. 实用建筑结构设计手册[M]. 2版. 北京：中国机械工业出版社，2004.
[8] 中华人民共和国住房和城乡建设部. 建筑施工安全检查标准：JGJ 59—2011[S]. 北京：中国建筑工业出版社，2012.
[9] 中华人民共和国住房和城乡建设部. 砌体结构工程施工质量验收规范：GB 50203—2011[S]. 北京：中国建筑工业出版社，2012.
[10] 中华人民共和国住房和城乡建设部. 砌体结构设计规范：GB 50003—2011[S]. 北京：中国建筑工业出版社，2012.

项目五　装配式混凝土工程施工

> **知识目标**
> 1. 熟悉装配式混凝土构件吊装流程及技术要点；
> 2. 熟悉钢筋套筒灌浆技术连接；
> 3. 了解后浇混凝土施工方法。

> **能力目标**
> 1. 能组织装配式混凝土构件吊装施工；
> 2. 能进行钢筋套筒灌浆技术连接；
> 3. 能进行后浇混凝土施工。

装配式建筑是国际上建筑工业化最重要的生产方式之一，它具有提高建筑质量、缩短工期、节约能源、减少消耗、清洁生产等诸多优点，我国的建筑体系也借鉴国外经验采用装配整体式等方式，并取得了非常好的效果。目前，国内常用的装配式建筑的结构体系有以下几种：

（1）装配整体式混凝土剪力墙（全装配）结构体系。装配整体式混凝土剪力墙结构（全装配）的特点是尽可能多地采用预制构件。结构体系中的竖向承重构件剪力墙采用预制方式，水平结构构件采用叠合梁和叠合楼板形式。同时，内隔墙、楼梯、阳台板及外墙挂板或三明治夹芯保温外墙板等都采用预制混凝土构件。

（2）装配整体式混凝土框架（全装配）结构体系。装配整体式混凝土框架结构（全装配）的特点是尽可能多地采用预制构件。结构体系中的竖向承重构件柱采用预制方式，水平结构构件采用叠合梁和叠合楼板形式。同时，内隔墙、楼梯、阳台板及外墙挂板或三明治夹芯保温外墙板等都采用预制混凝土构件。

（3）现浇混凝土框架外挂预制混凝土墙板体系（内浇外挂式框架体系）。内浇外挂式框架体系中竖向承重构件框架柱采用现浇方式，水平结构构件采用叠合梁和叠合楼板形式。同时，内隔墙、楼梯、阳台板及外墙挂板或三明治夹芯保温外墙板等都可采用预制混凝土构件。

（4）现浇混凝土剪力墙外挂预制混凝土墙板体系（内浇外挂式剪力墙体系）。内浇外挂式剪力墙体系中竖向承重构件剪力墙采用现浇方式，水平结构构件采用叠合梁和叠合楼板形式。同时，内隔墙、楼梯、阳台板及外墙挂板或三明治夹芯保温外墙板等都可采用预制混凝土构件。预制混凝土外墙挂板设计为非结构构件，施工中利用其为围护墙体，以作为竖向现浇构件的外模板。

（5）内部钢结构框架、外挂混凝土墙板体系（内部钢结构外挂式框架体系）。内部钢结构外挂式框架体系是指采用热轧型钢、焊接型钢或格构式型钢作为受力构件，通过螺栓连接或焊接等方式进行连接形成结构骨架，楼（屋）盖采用钢筋混凝土叠合楼（屋）面板或压型钢板等作为底板，并现场浇筑混凝土形成的整体结构，简称钢结构。装配式建筑的主体结构依靠节点和拼缝将结构连接成整体，并同时满足使用阶段和施工阶段的承载力、稳固性、刚性、延性。连接构造要求采用钢筋的连接方式有灌浆套筒连接、搭接连接和焊接连接。配套构件如门窗、有水房间的整体性技术和安装装饰的一次性完成技术等，也属于该类建筑的技术特点。

典型工作任务一　装配式混凝土构件吊装

装配整体式框架结构是以预制柱（或现浇柱）、叠合板、叠合梁为主要预制构件，并通过叠合板的现浇以及节点部位的后浇混凝土而形成的混凝土结构，其承载力和变形需满足现行国家规范的应用要求（图5-1）。

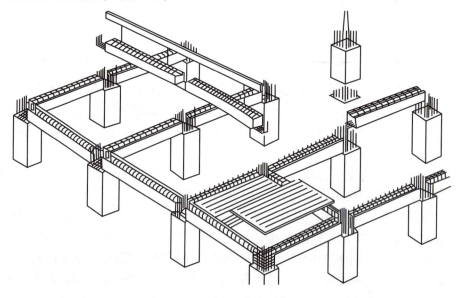

图5-1　装配整体式框架结构示意

装配整体式结构的基本构件主要包括柱、梁、剪力墙、楼（屋）面板、楼梯、阳台、空调板、女儿墙等，这些主要受力构件通常在工厂预制加工完成，待强度符合规定要求后进行现场装配施工。

一、预制混凝土柱施工

（一）吊装施工流程

预制框架柱进场、验收→按图放线→安装吊具→预制框架柱扶直→预制框架柱吊装→预留钢筋就位→水平调整、竖向校正→斜支撑固定→摘钩（图5-2）。

图 5-2 预制柱的吊装

(二)技术要点

(1)根据预制柱平面各轴的控制线和柱框线校核预埋套管位置的偏移情况,并做好记录。若预制柱有小距离的偏移,需借助协助就位设备进行调整。

(2)检查预制柱进场的尺寸、规格,混凝土的强度是否符合设计和规范要求,检查柱上预留套管及预留钢筋是否满足图纸要求,套管内是否有杂物;同时,做好记录并与现场预留套管的检查记录进行核对,无问题方可进行吊装。

(3)吊装前在柱四角放置金属垫块,以利于预制柱的垂直度校正,按照设计标高,结合柱子长度对偏差进行确认。用经纬仪控制垂直度,若有少许偏差用千斤顶等进行调整。

(4)柱初步就位时应将预制柱钢筋与下层预制柱的预留钢筋初步试对,无问题后准备进行固定。

二、预制混凝土梁施工

(一)吊装施工流程

预制梁进场、验收→按图放线(梁搁柱头边线)→设置梁底支撑→拉设安全绳→预制梁起吊→预制梁就位安放→微调控位→摘钩(图 5-3)。

图 5-3 预制梁吊装施工

(二)技术要点

(1)测出柱顶与梁底标高误差,柱上弹出梁边控制线。

(2)在构件上标明每个构件所属的吊装顺序和编号,便于吊装工人辨认。

(3)梁底支撑采用立杆支撑+可调顶托+100 mm×100 mm木方,预制梁的标高通过支撑体系的顶丝来调节。

(4)梁起吊时,用吊索钩住扁担梁的吊环,吊索应有足够的长度,以保证吊索和扁担梁之间的角度不小于60°。

(5)当梁初步就位后,两侧借助柱头上的梁定位线将梁精确校正,在调平同时将下部可调支撑上紧,这时方可松去吊钩。

(6)主梁吊装结束后,根据柱上已放出的梁边和梁端控制线,检查主梁上的次梁缺口位置是否正确;如不正确,需作相应处理后方可吊装次梁,梁在吊装过程中要按柱对称吊装。

(7)预制梁板柱接头连接。

①键槽混凝土浇筑前应将键槽内的杂物清理干净,并提前24 h浇水湿润。

②键槽钢筋绑扎时,为确保钢筋位置的准确,键槽预留U形开口箍,待梁柱钢筋绑扎完成,在键槽上安装∩形开口箍与原预留U形开口箍双面焊接5d(d为钢筋直径)。

三、预制混凝土剪力墙施工

装配整体式剪力墙结构由水平受力构件和竖向受力构件组成,构件采用工厂化生产(或现浇剪力墙),运至施工现场后经过装配及后浇叠合形成整体,其连接节点通过后浇混凝土结合,水平向钢筋通过机械连接和其他方式连接,竖向钢筋通过钢筋灌浆套筒连接或其他方式连接。预制混凝土剪力墙从受力性能角度,分为预制实心剪力墙和预制叠合剪力墙。

预制实心剪力墙(图5-4)是指将混凝土剪力墙在工厂预制成实心构件,并在现场通过预留钢筋与主体结构相连接。随着灌浆套筒在预制剪力墙中的使用,预制实心剪力墙的使用越来越广泛。

图5-4 预制实心剪力墙

预制叠合剪力墙是指一侧或两侧均为预制混凝土墙板,在另一侧或中间部位现浇混凝土从而形成共同受力的剪力墙结构。预制叠合剪力墙结构在德国有着广泛的运用。它具有制作简单、施工方便等诸多优势(图 5-5)。

图 5-5　预制叠合剪力墙

(一)吊装施工流程

预制剪力墙进场、验收→按图放线→安装吊具→预制剪力墙扶直→预制剪力墙吊装→预留钢筋插入就位→水平调整、竖向校正→斜支撑固定→摘钩。

(二)技术要点

(1)承重墙板吊装准备。由于吊装作业需要连续进行,所以吊装前的准备工作非常重要。首先,在吊装就位之前将所有柱、墙的位置在地面弹好墨线,根据后置埋件布置图,采用后钻孔法安装预制构件定位卡具,并进行复核检查;同时,对起重设备进行安全检查,并在空载状态下对吊臂角度、负载能力、吊绳等进行检查,对吊装困难的部件进行空载实际演练(必须进行),将倒链、斜撑杆、膨胀螺栓、扳手、2 m 靠尺、开孔电钻等工具准备齐全,操作人员对操作工具进行清点。检查预制构件预留灌浆套筒是否有缺陷、杂物和油污,保证灌浆套筒完好;提前架好经纬仪、激光水准仪并调平。填写施工准备情况登记表,施工现场负责人检查核对签字后方可开始吊装。

(2)起吊预制墙板。吊装时采用带倒链的扁担式吊装设备,加设缆风绳,其吊装示意图如图 5-6 所示。

图 5-6　预制实心墙板吊装图

(3)顺着吊装前所弹墨线缓缓下放墙板,吊装经过的区域下方设置警戒区,施工人员应撤离,由信号工指挥,就位时待构件下降至作业面 1 m 左右高度时施工人员方可靠近操作,以保证操作人员的安全。墙板下放好垫块,垫块保证墙板底标高的正确(注:也可提前在预制墙板上安装定位角码,顺着定位角码的位置安放墙板)。

(4)墙板底部若局部套筒未对准时,可使用倒链将墙板手动微调,重新对孔。底部没有灌浆套筒的外填充墙板直接顺着角码缓缓放下墙板。垫板造成的空隙可用坐浆方式填补。为防止坐浆料填充到外叶板之间,在苯板处补充 50 mm×20 mm 的保温板(或橡胶止水条)堵塞缝,如图 5-7 所示。

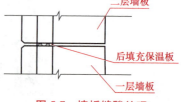

图 5-7 墙板缝隙处理

(5)垂直坐落在准确的位置后,使用激光水准仪复核水平是否偏差,无误差后,利用预制墙板上的预埋螺栓和地面后置膨胀螺栓(将膨胀螺栓在环氧树脂内蘸一下,立即打入地面)安装斜支撑杆,用检测尺检测预制墙体垂直度及复测墙顶标高后,利用斜撑杆调节好墙体的垂直度,方可松开吊钩(注:在调节斜撑杆时必须两名工人同时间、同方向进行操作),如图 5-8 所示。

图 5-8 支撑调节

(6)调节斜撑杆完毕后,再次校核墙体的水平位置和标高、垂直度,相邻墙体的平整度。检查工具有经纬仪、水准仪、靠尺、水平尺(或软管)、铅锤、拉线。

四、预制混凝土楼板施工

预制剪力墙安装

预制混凝土楼面板按照制造工艺不同,可分为预制混凝土叠合板、预制混凝土实心板、预制混凝土空心板、预制混凝土双T板等。预制混凝土叠合板最常见的主要有两种,一种是桁架钢筋混凝土叠合板(图 5-9),另一种是预制带肋底板混凝土叠合楼板(图 5-10)。

桁架钢筋混凝土叠合板属于半预制构件,下部为预制混凝土板,外露部分为桁架钢筋。预制混凝土叠合板的预制部分最小厚度为 60 mm,叠合楼板在工地安装到位后要进行二次浇筑,从而成为整体实心楼板。桁架钢筋的主要作用是将后浇筑的混凝土层与预制底板形成整体,并在制作和安装过程中提供刚度。伸出预制混凝土层的桁架钢筋和粗糙的混凝土表面,保证了叠合楼板预制部分与现浇部分能有效结合成整体。

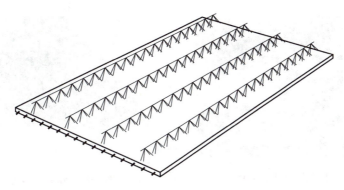

图 5-9　桁架钢筋混凝土叠合板

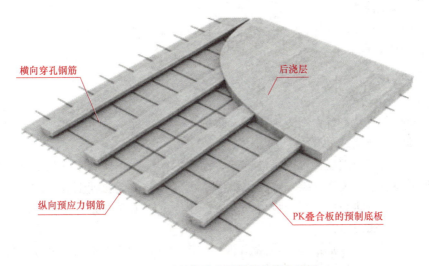

图 5-10　预制带肋底板混凝土叠合楼板

预制混凝土实心板(图 5-11)制作较为简单,预制混凝土实心板的连接设计也根据抗震构造等级的不同而有所不同。

图 5-11　预制混凝土实心板

预制混凝土空心板(图 5-12)和预制混凝土双 T 板(图 5-13)通常适用于较大跨度的多层建筑。预应力双 T 板跨度可达 20 m 以上,如用高强轻质混凝土则可达 30 m 以上。

图 5-12 预制混凝土空心板

图 5-13 预制混凝土双 T 板

(一)吊装施工流程

预制板进场、验收→放线(板搁梁边线)→搭设板底支撑→预制板吊装→预制板就位→预制板微调定位→摘钩。

(二)技术要点

(1)进场验收。

①进场验收主要检查资料及外观质量,防止在运输过程中发生损坏现象,验收应满足现行的施工及验收规范。

②预制板进入工地现场,堆放场地应夯实平整,并应防止地面不均匀下沉。预制带肋底板应按照不同型号、规格分类堆放。预制带肋底板应采用板肋朝上叠放的堆放方式,严禁倒置,各层预制带肋底板下部应设置垫木,垫木应上、下对齐,不得脱空。堆放层数不应大于 7 层,并有稳固措施。

(2)在每条吊装完成的梁或墙上测量并弹出相应预制板四周控制线,并在构件上标明每个构件所属的吊装顺序和编号,便于吊装工人辨认。

(3)在叠合板两端部位设置临时可调节支撑杆,预制楼板的支撑设置应符合以下要求:

①支撑架体应具有足够的承载能力、刚度和稳定性,应能可靠地承受混凝土构件的自重和施工过程中所产生的荷载及风荷载。

②确保支撑系统的间距及距离墙、柱、梁边的净距符合系统验算要求,上下层支撑应在同一直线上。板下支撑间距不大于 3.3 m(图 5-14)。

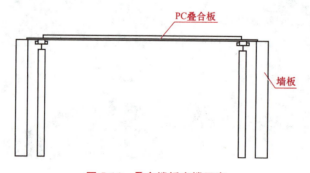
图 5-14 叠合楼板支撑示意

当支撑间距大于 3.3 m 且板面施工荷载较大时,跨中需在预制板中间加设支撑(图 5-15)。

(4)在可调节顶撑上架设木方,调节木方顶面至板底设计标高,开始吊装预制楼板

(图 5-16)，预制带肋底板的吊点位置应合理设置，起吊就位应垂直平稳，两点起吊或多点起吊时吊索与板水平面所成夹角不宜小于60°，不应小于45°。

图 5-15 叠合板跨中加设支撑示意　　　图 5-16 吊装叠合楼板

(5) 吊装应顺序连续进行，板吊至柱上方3～6 cm后，调整板位置使锚固筋与梁箍筋错开便于就位，板边线基本与控制线吻合。将预制楼板坐落在木方顶面，及时检查板底与预制叠合梁的接缝是否到位，预制楼板钢筋入墙长度是否符合要求，直至吊装完成(图 5-17)。

图 5-17 叠合板吊装顺序示意

安装预制带肋底板时，其搁置长度应满足设计要求。预制带肋底板与梁或墙间宜设置不大于20 mm的坐浆或垫片。实心平板侧边的拼缝构造形式可采用直平边、双齿边、斜平边、部分斜平边等。实心平板端部伸出的纵向受力钢筋即胡子筋，当胡子筋影响预制带肋底板铺板施工时，可在一端不预留胡子筋，并在不预留胡子筋一端的实心平板上方设置端部连接钢筋代替胡子筋，端部连接钢筋应沿板端交错布置，端部连接钢筋支座锚固长度不应小于$10d$，深入板内长度不应小于150 mm。

(6) 当一跨板吊装结束后，要根据板四周边线及板柱上弹出的标高控制线对板标高及位置进行精确调整，误差控制在2 mm。

五、预制混凝土楼梯施工

预制混凝土楼梯外观更加美观，避免在现场支模，节约工期。预制简支楼梯受力明确，安装后可做施工通道，解决垂直运输问题，保证了逃生通道的安全。

(一)吊装施工流程

预制楼梯进场、验收→放线→预制楼梯吊装→预制楼梯安装就位→预制楼梯微调定位→吊具拆除。

(二)技术要点

(1)楼梯间周边梁板叠合后,测量并弹出相应楼梯构件端部和侧边的控制线。

(2)调整索具铁链长度,使楼梯段休息平台处于水平位置,试吊预制楼梯板,检查吊点位置是否准确,吊索受力是否均匀等;试起吊高度不应超过1 m。

(3)楼梯吊至梁上方30~50 cm后,调整楼梯位置使上、下平台锚固筋与梁箍筋错开,板边线基本与控制线吻合(图5-18)。

预制楼梯施工

图5-18 楼梯吊装示意

(4)根据已放出的楼梯控制线,用就位协助设备等将构件根据控制线精确就位,先保证楼梯两侧准确就位,再使用水平尺和倒链调节楼梯水平。

(5)调节支撑板就位后调节支撑立杆,确保所有立杆全部受力。

六、预制混凝土外墙挂板施工

(一)吊装施工流程

预制墙板进场、验收→放线→安装固定件→安装预制挂板→缝隙处理→安装完毕。

(二)技术要点

1. 外墙挂板施工前准备

结构每层楼面轴线垂直控制点不应少于4个,楼层上的控制轴线应使用经纬仪由底层原始点直接向上引测;每个楼层应设置1个高程控制点;预制构件控制线应由轴线引出,每块预制构件应有纵、横控制线2条;预制外墙挂板安装前应在墙板内侧弹出竖向与水平线,安装时应与楼层上该墙板控制线相对应。当采用饰面砖外装饰时,饰面砖竖向、横向砖缝应引测、贯通到外墙内侧,来控制相邻板与板之间、层与层之间饰面砖砖缝对直;预制外墙板垂直度测量,4个角留设的测点为预制外墙板转换控制点,用靠尺以此4点在内侧进行垂直度校核和测量;应在预制外墙板顶部设置水平标高点,在上层预制外墙板吊装时,应先垫垫块或在构件上预埋标高控制调节件。

2. 外墙挂板的吊装

预制构件应按照施工方案吊装顺序预先编号,严格按照编号顺序起吊;吊装应采用慢起、稳升、缓放的操作方式,应系好缆风绳,控制构件转动;吊装过程中应保持稳定,不得偏斜、摇摆和扭转。预制外墙板的校核与偏差调整应按以下要求进行:

(1)预制外墙挂板侧面中线及板面垂直度的校核,应以中线为主调整。
(2)预制外墙板上下校正时,应以竖缝为主调整。
(3)墙板接缝应以满足外墙面平整为主,内墙面不平或翘曲时,可在内装饰或内保温层内调整。
(4)预制外墙板山墙阳角与相邻板的校正,以阳角为基准调整。
(5)预制外墙板拼缝平整的校核,应以楼地面水平线为准调整。

3. 外墙挂板底部固定、外侧封堵

外墙挂板底部坐浆材料的强度等级不应小于被连接的构件强度,坐浆层的厚度不应大于 20 mm,底部坐浆强度检验以每层为一检验批,每工作班组应制作一组且每层不应少于 3 组边长为 70.7 mm 的立方体试件,标准养护 28 d 后进行抗压强度试验。外墙挂板外侧为了防止坐浆料外漏,应在外侧保温板部位固定 50 mm×20 mm 的具备 A 级保温性能的材料进行封堵。预制构件吊装到位后应立即进行下部螺栓固定并做好防腐防锈处理。上部预留钢筋与叠合板钢筋或框架梁预埋件焊接。

4. 外墙挂板连接接缝施工

预制外墙挂板连接接缝采用防水密封胶施工时,应符合下列规定:
(1)预制外墙板连接接缝防水节点基层及空腔排水构造做法符合设计要求。
(2)预制外墙挂板外侧水平、竖直接缝的防水密封胶封堵前,侧壁应清理干净,保持干燥。嵌缝材料应与挂板牢固粘结,不得漏嵌和虚粘。
(3)外侧竖缝及水平缝防水密封胶的注胶宽度、厚度应符合设计要求,防水密封胶应在预制外墙挂板校核固定后嵌填,先安放填充材料,然后注胶。防水密封胶应均匀、顺直、饱满、密实,表面光滑、连续。
(4)外墙挂板"十"字拼缝处的防水密封胶注胶应连续完成。

七、预制内隔墙施工

(一)吊装施工流程

预制内隔墙板进场、验收→放线→安装固定件→安装预制内隔墙板→灌浆→粘贴网格布→勾缝→安装完毕。

(二)技术要点

1. 施工前准备

对照图纸在现场弹出轴线,并按排板设计标明每块板的位置,放线后需经技术员校核认可。

2. 内填充墙的吊装

(1)预制构件应按照施工方案吊装顺序预先编号,严格按照编号顺序起吊;吊装应采用

慢起、稳升、缓放的操作方式，应系好缆风绳，控制构件转动；吊装过程中应保持稳定，不得偏斜、摇摆和扭转。

（2）吊装前在底板测量、放线（也可提前在墙板上安装定位角码）。将安装位洒水阴湿，地面上、墙板下放好垫块，垫块保证墙板底标高的正确。垫板造成的空隙可用坐浆方式填补，坐浆的具体技术要求同外墙板的坐浆。

（3）起吊内墙板，沿着所弹墨线缓缓下放，直至坐浆密实，复测墙板水平位置是否偏差。确定无偏差后，利用预制墙板上的预埋螺栓和地面后置膨胀螺栓（将膨胀螺栓在环氧树脂内蘸一下，立即打入地面）安装斜支撑杆，复测墙板顶标高后方可松开吊钩。

（4）利用斜支撑杆调节墙板垂直度（注：在利用斜支撑杆调节墙体垂直度时必须两名工人同时间、同方向，分别调节两根斜支撑杆）；刮平并补齐底部缝隙的坐浆。复核墙体的水平位置和标高、垂直度，相邻墙体的平整度。

3. 内填充墙底部坐浆、墙体临时支撑

内填充墙底部坐浆材料的强度等级不应小于被连接构件的强度，坐浆层的厚度不应大于 20 mm，底部坐浆强度检验以每层为一检验批，每工作班组应制作一组且每层不应少于 3 组边长为 70.7 mm 的立方体试件，标准养护 28 d 后进行抗压强度试验。预制构件吊装到位后，应立即进行墙体的临时支撑工作，每个预制构件的临时支撑不宜少于两道，其支撑点距离板底的距离不宜小于构件高度的 2/3，且不应小于构件高度的 1/2。安装好斜支撑后，通过微调临时斜支撑，使预制构件的位置和垂直度满足规范要求，最后拆除吊钩，进行下一块墙板的吊装工作。

典型工作任务二　　钢筋套筒灌浆连接

钢筋灌浆套筒连接是在金属套筒内灌注水泥基浆料，将钢筋对接连接所形成的机械连接接头。

一、施工流程

清理接触面→铺设高强度垫块（或垫铁）→安放墙体→调整并固定墙体→墙体两侧密封→润湿注浆孔→拌制注浆料→进行注浆→进行个别补注→进行封堵→完成注浆。

二、技术要点

（1）清理墙体接触面。墙体下落前，应保持预制墙体与混凝土接触面无灰渣、油污和杂物。

（2）铺设高强度垫块。采用高强度垫块将预装墙体的标高找好，使预制墙体标高得到有效的控制。

（3）安放墙体。在安放墙体时应保证每个注浆孔通畅，预留孔洞满足设计要求，孔内无杂物。

（4）调整并固定墙体。墙体安放到位后采用专用支撑杆件进行调节，保证墙体垂直度、平整度在允许误差范围内。

(5)墙体两侧密封。根据现场情况,采用砂浆对两侧缝隙进行密封,确保注浆料不从缝隙中溢出,减少浪费。

(6)润湿注浆孔。注浆前应用水将注浆孔进行润湿,减少因混凝土吸水导致注浆强度达不到要求,且与灌浆孔连接不牢靠。

(7)拌制注浆料。搅拌完成后应静置3~5 min,待气泡排除后方可进行施工。要求注浆料流动度在200~300 mm内为合格。

(8)进行注浆。采用专用的注浆机进行注浆,该注浆机使用一定的压力,由墙体下部注浆孔进行注入,注浆料先流向墙体下部20 mm找平层。当找平层注浆注满后,注浆料由上部排气孔溢出,视为该孔注浆完成,并用泡沫塞子进行封堵。至该墙体所有上部注浆孔均溢出浆料后,视为该面墙体注浆完成。

(9)进行个别补注。当已完成注浆墙体0.5 h后,检查上部注浆孔是否有因注浆料的收缩、堵塞不及时、漏浆造成的个别孔洞不密实的情况。用手动注浆器对该孔进行补注。

(10)进行封堵。注浆完成后,通知监理进行检查,合格后进行注浆孔的封堵,封堵要求与原墙面平整,并及时清理墙面和地面上的余浆(图5-19)。

图5-19 注浆及封堵

(11)预制柱接头灌浆套筒连接。

①柱脚四周采用坐浆材料封边,形成密闭灌浆腔,保证在最大灌浆压力(约1 MPa)下密封有效。

②如所有连接接头的灌浆口都未被封堵,当灌浆口漏出浆液时,应立即用胶塞进行封堵牢固;如排浆孔事先封堵胶塞,摘除其上排浆孔的封堵胶塞,直至所有灌浆孔都流出浆液并已封堵后,等待排浆孔出浆。

③一个灌浆单元只能从一个灌浆口注入,不得同时从多个灌浆口注浆。

(12)预制剪力墙套筒灌浆连接。

①灌浆前应制定灌浆操作的专项质量保证措施。

②应按产品使用要求计量灌浆料和水的用量并搅拌均匀,灌浆料拌合物的流动度应满足现行国家相关标准和设计要求。

③将预制墙板底的灌浆连接腔用高强度水泥基坐浆材料进行密封(防止灌浆前异物进入腔内);墙板底部采用坐浆材料封边,形成密封灌浆腔,保证在最大灌浆压力(1 MPa)下密封有效。

④灌浆料拌合物应在制备后0.5 h内用完;灌浆作业应采取压浆法从下口灌注,用浆料从上口流出时应及时封闭;宜采用专用堵头封闭,封闭后灌浆料不应有任何外漏。

⑤灌浆施工时宜控制环境温度,并且必要时应对连接处采取保温加热措施。
⑥灌浆作业完成后12 h内,构件和灌浆连接接头不应受到振动或冲击。

三、质量保证措施

(1)灌浆料的品种和质量必须符合设计要求和有关标准的规定。每次搅拌应有专人进行搅拌。

(2)每次搅拌应记录用水量,严禁超过设计用量。

(3)注浆前应充分润湿注浆孔洞,防止因孔内混凝土吸水导致注浆料开裂情况发生。

(4)防止因注浆时间过长导致孔洞堵塞,若在注浆时造成孔洞堵塞,应从其他孔洞进行补注,直至该孔洞注浆饱满。

(5)灌浆完毕,立即用清水清洗注浆机、搅拌设备等。

(6)灌浆完成后24 h内禁止对墙体进行扰动。

(7)待注浆完成一天后应逐个对注浆孔进行检查,发现有个别未注满的情况应进行补注。

典型工作任务三　后浇混凝土施工

一、竖向构件

(一)现浇边缘构件节点钢筋绑扎

(1)调整预制墙板两侧的边缘构件钢筋,构件吊装就位。

(2)绑扎边缘构件纵筋范围里的箍筋,绑扎顺序是由下而上,然后将每个箍筋平面内的甩出筋、箍筋与主筋绑扎固定就位。由于两墙板间的距离较为狭窄,制作箍筋时将箍筋做成开口箍状,以便于箍筋绑扎(图5-20)。

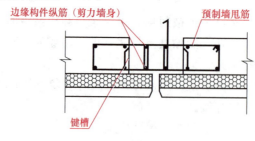

图5-20　箍筋绑扎示意

(3)将边缘构件纵筋以上范围内的箍筋套入相应的位置,并固定于预制墙板的甩出钢筋上。

(4)安放边缘构件纵筋并将其与插筋绑扎固定。

(5)将已经套接的边缘构件箍筋安放调整到位,然后将每个箍筋平面内的甩出筋、箍筋与主筋绑扎固定就位。绑扎节点钢筋前,先使用发泡胶将相邻外墙板间的竖缝封闭(图5-21)。

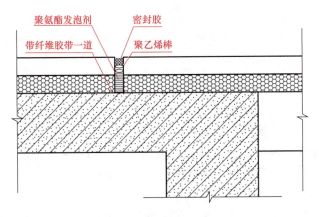

图 5-21 竖缝处理示意

外墙板内缝处理：在保温板处填塞发泡聚氨酯(待发泡聚氨酯溢出后，视为填塞密实)，内侧采用带纤维的胶带封闭。外墙板外缝处理(外墙板外缝可以在整体预制构件吊装完毕后再行处理)：先填塞聚乙烯棒，然后在外皮打建筑耐候胶(图 5-22)。

图 5-22 外墙板外缝密封处理

(二)支设竖向节点构件模板

支设边缘构件及后浇段模板，应充分利用预制内墙板间的缝隙及内墙板上预留的对拉螺栓孔使其充分拉模，以保证墙板边缘混凝土模板与后支钢模板(或木模板)连接紧固好，防止胀模。

支设模板时应注意以下几点：

(1)节点处模板应在混凝土浇筑时不产生明显变形漏浆，并不宜采用周转次数较多的模板。为防止漏浆污染预制墙板，模板接缝处需粘贴海绵条。

(2)采取可靠措施防止胀模。设计时按钢模考虑，施工时也可使用木模，但要保障施工质量。

二、水平构件

(一)钢筋绑扎

(1)键槽钢筋绑扎时，为确保 U 形钢筋位置的准确，在钢筋上口加 ϕ6 钢筋，卡在键槽当中作为键槽钢筋的分布筋。

（2）叠合梁板上部钢筋施工。所有钢筋交错点均绑扎牢固，同一水平直线上相邻绑扣呈八字形，朝向混凝土构件内部。

（二）浇筑楼板上部及竖向节点构件混凝土

绑扎叠合楼板负弯矩钢筋和板缝加强钢筋网片，预留预埋管线、埋件、套管、预留洞等。浇筑时，在露出的柱子插筋上做好混凝土顶标高标志，利用外圈叠合梁上的外侧预埋钢筋固定边模专用支架，调整边模顶标高至板顶设计标高，浇筑混凝土，利用边模顶面和柱插筋上的标高控制标志控制混凝土厚度和混凝土平整度。

当后浇叠合楼板混凝土强度符合现行国家及地方规范要求时，方可拆除叠合板下的临时支撑，以防止叠合梁发生侧倾或混凝土过早承受拉应力，使现浇节点出现裂缝。

典型工作任务四　装配式混凝土结构质量验收

一、预制构件进场验收质量控制要点

预制构件进场，使用方应重点检查结构性能检验、预制构件的粗糙面的质量及键槽的数量等是否符合设计要求，并按下述要求进行进场验收，检查供货方所提供的材料。预制构件的质量、标识应符合设计要求和现行国家相关标准规定。

（1）预制构件应在明显部位标明生产单位、构件编号、生产日期和质量验收标志。构件上的预埋件、插筋与预留孔洞的规格、位置和数量，应符合标准图或设计的要求。产品合格证、产品说明书等相关的质量证明文件齐全，与产品相符。预制构件外观质量判定方法应符合表 5-1 的规定。

表 5-1　预制构件外观质量判定方法

项目	现象	质量要求	判定方法
露筋	钢筋未被混凝土完全包裹而外露	受力主筋不应有，其他构造钢筋和箍筋允许少量	观察
蜂窝	混凝土表面石子外露	受力主筋部位和支撑点位置不应有，其他部位允许少量	观察
孔洞	混凝土中孔穴深度和长度超过保护层厚度	不应有	观察
夹渣	混凝土中夹有杂物且深度超过保护层厚度	禁止夹渣	观察
外形缺陷	内表面缺棱掉角、表面翘内表面缺棱掉角、表面翘曲、抹面凹凸不平，外表面面砖粘结不牢、位置偏差、面砖嵌缝没有达到横平竖直，转角面砖棱角不直、面砖表面翘曲不平	内表面缺陷基本不允许，要求达到预制构件允许偏差；外表面仅允许极少量缺陷，但禁止面砖粘结不牢、位置偏差、面砖翘曲不平不得超过允许值	观察

续表

项目	现象	质量要求	判定方法
外表缺陷	内表面麻面、起砂、掉皮、污染、外表面面砖污染、窗框保护纸破坏	允许少量污染不影响结构使用功能和结构尺寸的缺陷	观察
连接部位缺陷	连接处混凝土缺陷及连接钢筋拉结件松动	不应有	观察
破损	影响外观	影响结构性能的破损不应有,不影响结构性能和使用功能的破损不宜有	观察
裂缝	裂缝贯穿保护层到达构件内部	影响结构性能的裂缝不应有,不影响结构性能和使用功能的裂缝不宜有	观察

(2)预制构件的外观质量不应有严重缺陷,对已经出现的严重缺陷,应根据合同约定按技术处理方案进行处理并重新检查验收。

(3)预制构件不应有影响结构性能和安装、使用功能的尺寸偏差。对超过尺寸允许偏差且影响结构性能和安装、使用功能的部位,应根据合同约定按技术处理方案进行处理并重新检查验收。

(4)预制构件的外观质量不宜有一般缺陷。对已经出现的一般缺陷,应根据合同约定按技术处理方案进行处理并重新检查验收。

二、预制构件安装质量控制要点

多层装配整体式混凝土结构的预制剪力墙安装时,底部可采用坐浆处理,坐浆厚度不宜大于 20 mm,坐浆材料强度应大于所连接预制构件设计强度。

(1)墙板坐浆先将墙板下面的现浇板面清理干净,不得有混凝土残渣、油污、灰尘等,以防止构件注浆后产生隔离层影响结构性能,将安装部位洒水阴湿,地面上、墙板下放好垫块(垫块材质为高强度砂浆垫块或垫铁),垫块保证墙板底标高的正确。垫板造成的空隙可用坐浆方式填补。(注:坐浆料通常在 1 h 内初凝,所以吊装必须连续作业,相邻墙板的调整工作必须在坐浆料初凝前完成)

(2)坐浆料须满足以下技术要求:

①坐浆料坍落度不宜过高,一般使用灌浆料加适当的水搅拌而成,不宜调制过稀,必须保证坐浆完成后呈中间高、两端低的形状。

②坐浆料内粗集料最大粒径为 4~5 mm,且坐浆料必须具有微膨胀性。

③坐浆料的强度等级应比相应的预制墙板混凝土的设计强度提高一个等级。

预制构件的尺寸偏差按表 5-2 要求检验,并应符合规范的规定。

表 5-2 预制结构构件尺寸的允许偏差及检验方法

项 目		允许偏差/mm	检验方法
长度	板、梁、柱、桁架	<12 m	±5	尺量检查
		≥12 m,且<18 m	±10	
		≥18 m	±20	
	墙板		±4	

续表

项　目		允许偏差/mm	检验方法
宽度、高(厚)度	板、梁、柱、桁架截面尺寸	±5	钢尺量一端及中部，取其中偏差绝对值较大处
	墙板的高度、厚度	±3	
表面平整度	板、梁、柱、墙板内表面	5	2 m靠尺和塞尺检查
	墙板外表面	3	
侧向弯曲	板、梁、柱	$L/750$ 且≤20	拉线、钢尺量最大侧向弯曲处
	墙板、桁架	$L/1\,000$ 且≤20	
翘曲	板	$L/750$	调平尺在两端量测
	墙板	$L/1\,000$	
对角线差	板	10	钢尺量两个对角线
	墙板门窗口	5	
挠曲变形	梁、板、桁架设计起拱	±10	拉线、钢尺量最大弯曲处
	梁、板、桁架下垂	5	
预留孔	中心线位置	5	尺量检查
	孔尺寸	±5	
预留洞	中心线位置	10	尺量检查
	洞口尺寸、深度	±10	
门窗口	中心线位置	5	尺量检查
	宽度、高度	±3	
预埋件	预埋板中心线位置	5	尺量检查
	预埋板与混凝土面平面高差	0，−5	
	预埋螺栓中心线位置	2	
	预埋螺栓外露长度	+10，−5	
	预埋螺栓、预埋套筒中心线位置	2	
	预埋套筒、螺母与混凝土面平面高差	0，−5	
	线管、电盒、木砖、吊环与构件平面的中心线位置偏差	20	
	线管、电盒、木砖、吊环与构件表面混凝土高差	0，−10	
预留插筋	中心线位置	3	尺量检查
	外露长度尺寸、深度	+5，−5	
键槽	中心线位置	5	尺量检查
	长度、宽度、深度	±5	
	桁架钢筋高度	+5，0	尺量检查

注：1. L 为构件最长边的长度(mm)。
2. 检查中心线、螺栓和孔洞位置偏差时，应沿纵横两个方向量测并取其中偏差较大值。

(3)连接节点的防腐、防锈、防火和防水构造措施应满足设计要求。

(4)承受内力的接头和拼缝,当其混凝土强度未达到设计要求时,不得吊装上一层结构构件;当设计无具体要求时,应在混凝土强度不小于 10 MPa 或具有足够的支撑时,方可吊装上一层结构构件。已安装完毕的装配整体式混凝土结构,应在混凝土强度达到设计要求后,方可承受全部设计荷载。

(5)预制构件连接接缝处防水材料应符合设计要求,并具有合格证、厂家检测报告及进场复试报告。

预制构件安装尺寸的允许偏差及检验方法应符合表 5-3 的规定。

表 5-3 预制构件安装尺寸的允许偏差及检验方法

项目			允许偏差/mm	检验方法
构件中心线对轴线位置	基础		15	尺量检查
	竖向构件(柱、墙板、桁架)		10	
	水平构件(梁、板)		5	
构件标高	梁板底面或顶面		±5	水准仪或尺量检查
	柱墙板顶面		±3	
构件垂直度	柱、墙板	<5 m	5	经纬仪量测
		≥5 m 且<10 m	10	
		≥10 m	20	
构件倾斜度	梁、桁架		5	垂线、钢尺检查
相邻构件平整度	板端面		5	钢尺、塞尺量测
	梁、板下表面	抹灰	5	
		不抹灰	3	
	柱、墙板侧表面	外露	5	
		不外露	10	
构件搁置长度	梁、板		±10	尺量检查
支座、支垫中心位置	板、梁、柱、墙板、桁架		10	尺量检查
接缝宽度			±5	尺量检查

注:1. 装配整体式混凝土结构安装完毕后,按楼层、结构缝或施工段划分检验批。
2. 在同一检验批内,对梁、柱、应抽查构件数量的 10%,且不少于 3 件;对于墙和板,应按有代表性的自然间抽查 10%且不少于 3 间;对大空间结构,墙可按相邻轴线间高度 5 m 左右划分检查面,板可按纵、横轴线划分检查面,抽查 10%且均不少于 3 面。

三、钢筋工程质量控制要点

(1)装配整体式混凝土结构后浇混凝土内的连接钢筋应埋设准确,连接与锚固方式应符合设计和现行有关技术标准的规定。

(2)构件连接处的钢筋位置应符合设计要求。当设计无具体要求时,应保证主要受力构件和构件中主要受力方向的钢筋位置,并应符合下列规定:

①框架节点处,梁纵向受力钢筋宜置于柱纵向钢筋内侧;

②当主次梁底部标高相同时,次梁下部钢筋应放在主梁下部钢筋之上;
③剪力墙中水平分布钢筋宜置于竖向钢筋外侧,并在墙端弯折锚固。
(3)钢筋套筒灌浆连接及浆锚连接接头的预留钢筋应采用专用模具定位,并应符合下列规定:
①定位钢筋中心位置存在细微偏差时,宜采用钢套管方式作细微调整;
②定位钢筋中心位置存在严重偏差影响预制构件安装时,应按设计单位确认的技术方案处理;
③应采用可靠的固定措施控制连接钢筋的外露长度,以满足设计要求。

装配整体式混凝土结构中后浇混凝土中连接钢筋、预埋件安装位置的允许偏差及检验方法应符合表5-4的规定。

表5-4 连接钢筋、预埋件安装位置的允许偏差及检验方法

项目		允许偏差/mm	检验方法
连接钢筋	中心线位置	5	尺量检查
	长度	±10	
灌浆套筒连接钢筋	中心线位置	2	宜用专用定位模具整体检查
	长度	3.0	尺量检查
安装用预埋件	中心线位置	3	尺量检查
	水平偏差	3.0	尺量和塞尺检查
斜支撑预埋件	中心线位置	±10	尺量检查
普通预埋件	中心线位置	5	尺量检查
	水平偏差	3.0	尺量和塞尺检查

注:检查预埋中心线位置,应沿纵、横两个方向量测,并取其中较大值。

(4)钢筋采用焊接或机械连接时,接头质量应符合国家现行标准《钢筋焊接及验收规程》(JGJ 18—2012)、《钢筋机械连接技术规程》(JGJ 107—2016)的要求。采用埋件焊连接时应符合国家现行标准《钢筋焊接及验收规程》(JGJ 18—2012)的要求。钢筋套筒灌浆连接部分应符合设计要求及现行建筑工业行业标准《钢筋连接用灌浆套筒》(JG/T 398—2012)和《钢筋连接用套筒灌浆料》(JG/T 408—2013)的规定。钢筋采用弯钩或机械锚固措施时,钢筋锚固端的锚固长度应符合现行国家标准《混凝土结构设计规范(2015年版)》(GB 50010—2010)的有关规定。采用钢筋锚固板时,应符合现行行业标准《钢筋锚固板应用技术规程》(JGJ 256—2011)的有关规定。

四、混凝土工程质量控制要点

(一)隐蔽项目现场检查与验收

验收项目应包括下列内容:
(1)钢筋的牌号、规格、数量、位置、间距等;
(2)纵向受力钢筋的连接方式、接头位置、接头数量、接头面积百分率、搭接长度等;
(3)纵向受力钢筋的锚固方式及长度;
(4)箍筋、横向钢筋的牌号、规格、数量、位置、间距,箍筋弯钩的弯折角度及平直段长度;
(5)预埋件的规格、数量、位置;
(6)混凝土粗糙面的质量,键槽的规格、数量、位置;

(7) 预留管线、线盒等的规格、数量、位置及固定措施。

(二) 混凝土浇筑

叠合构件混凝土浇筑前，应清除叠合面上的杂物、浮浆及松散集料，表面干燥时应洒水湿润，洒水后不得留有积水。应检查并校正预留构件的外露钢筋。

叠合构件混凝土浇筑时，应采取由中间向两边的方式。叠合构件混凝土浇筑时，不应移动预埋件的位置，且不得污染预埋件外露连接部位。叠合构件上一层混凝土剪力墙的吊装施工，应在与剪力墙整浇的叠合构件后浇层达到足够强度后进行。

装配整体式混凝土结构中预制构件的连接处混凝土强度等级，不应低于所连接的各预制构件混凝土设计强度中的较大值。用于预制构件连接处的混凝土或砂浆，宜采用无收缩混凝土或砂浆，并宜采取提高混凝土或砂浆早期强度的措施；在浇筑过程中应振捣密实，并应符合有关标准和施工作业要求。

(三) 养护措施

混凝土浇筑完毕后，应在 12 h 以内对混凝土加以覆盖并养护；浇水次数应能保持混凝土处于湿润状态；采用塑料薄膜覆盖养护的混凝土，其敞露的全部表面应覆盖严密，并应保持塑料薄膜内有凝结水；叠合层及构件连接处后浇混凝土的养护应符合规范要求；混凝土强度达到 1.2 MPa 前，不得在其上踩踏或安装模板及支架。

项目小结

本项目包括装配式混凝土构件吊装、钢筋套筒灌浆技术连接、后浇混凝土施工及装配式混凝土结构质量控制四个典型工作任务。其中，装配式混凝土构件吊装包括预制混凝土柱、预制混凝土梁、预制混凝土剪力墙、预制混凝土楼板、预制混凝土楼梯、预制混凝土内隔墙等构件的吊装施工流程及技术要点。

本项目重点难点是装配式混凝土构件吊装流程及技术要点和钢筋套筒灌浆技术连接。

某项目装配式实验楼施工模拟

思考题

1. 预制混凝土柱吊装施工流程及技术要点是什么？
2. 预制混凝土梁吊装施工流程及技术要点是什么？
3. 预制混凝土剪力墙吊装施工流程及技术要点是什么？
4. 预制混凝土楼板吊装施工流程及技术要点是什么？
5. 预制混凝土楼梯吊装施工流程及技术要点是什么？
6. 预制混凝土内隔墙吊装施工流程及技术要点是什么？

7. 什么是钢筋套筒灌浆技术连接？钢筋套筒灌浆技术连接的施工流程及技术要点是什么？
8. 后浇混凝土施工流程及技术要点是什么？
9. 装配式混凝土结构质量控制分为哪几方面？

【参考文献】

[1] 山东省建筑科学研究院．装配整体式混凝土结构工程施工与质量验收规程：DB37/T 5019—2014[S]．北京：中国建筑工业出版社，2014．

[2] 中华人民共和国住房和城乡建设部．钢筋套筒灌浆连接应用技术规程：JGJ 355—2015[S]．北京：中国建筑工业出版社，2015．

[3] 中华人民共和国住房和城乡建设部．钢筋机械连接用套筒：JG/T 163—2013[S]．北京：中国标准出版社，2013．

[4] 中华人民共和国住房和城乡建设部．钢筋连接用套筒灌浆料：JG/T 408—2013[S]．北京：中国标准出版社，2013．

[5] 中华人民共和国住房和城乡建设部．装配式混凝土结构预制构件选用目录（一）：16G116—1[S]．北京：中国计划出版社，2016．

[6] 中华人民共和国住房和城乡建设部．预制带肋底板混凝土叠合楼板技术规程：JGJ/T 258—2011[S]．北京：中国建筑工业出版社，2012．

[7] 中华人民共和国住房和城乡建设部．装配式混凝土结构技术规程：JGJ 1—2014[S]．北京：中国建筑工业出版社，2014．

[8] 山东省建设发展研究院．装配整体式混凝土结构工程预制构件制作与验收规程：DB37/T 5020—2014[S]．北京：中国建筑工业出版社，2014．

[9] 中华人民共和国住房和城乡建设部．混凝土结构工程施工质量验收规范：GB 50204—2015[S]．北京：中国建筑工业出版社，2015．

[10] 住房和城乡建设部住宅产业化促进中心．装配整体式混凝土结构技术导则[M]．北京：中国建筑工业出版社，2015．

[11] 装配整体式混凝土结构工程施工编委会．装配整体式混凝土结构工程施工[M]．北京：中国建筑工业出版社，2015．

[12] 北京市质量技术监督局，北京市住房和城乡建设委员会．装配式混凝土结构工程施工与质量验收规程：DB11/T 1030—2013[S]．北京：中国建筑工业出版社，2013．

[13] 济南市城乡建设委员会建筑产业化领导小组办公室．装配整体式混凝土结构工程施工[M]．北京：中国建筑工业出版社，2015．

[14] 济南市城乡建设委员会建筑产业化领导小组办公室．装配整体式混凝土结构工程工人操作实务[M]．北京：中国建筑工业出版社，2016．

项目六 预应力混凝土工程施工

> **知识目标**
>
> 1. 了解预应力混凝土结构的特点及分类；
> 2. 了解先张法预应力混凝土施工的原理；
> 3. 了解先张法预应力混凝土施工的设备；
> 4. 熟悉先张法预应力钢筋混凝土施工工艺；
> 5. 了解后张法预应力混凝土施工的原理；
> 6. 了解后张法预应力混凝土施工的设备；
> 7. 熟悉后张法预应力钢筋混凝土施工工艺。

> **能力目标**
>
> 能进行先张法、后张法施工与管理。

普通钢筋混凝土构件的抗拉极限应变只有 0.000 1～0.000 15。构件混凝土受拉不开裂时，构件中受拉钢筋的应力只有 20～30 N/mm²，未能充分发挥钢筋的抗拉强度。预应力混凝土就是在构件承受外荷载前，预先在构件的受拉区对混凝土施加预压应力。当构件在使用阶段的外荷载作用下产生拉应力时，首先要抵消这部分预压应力，从而推迟了混凝土裂缝的出现并限制了裂缝的开展，提高构件的抗裂度和刚度。

预应力混凝土能充分发挥钢筋和混凝土各自的特性，能提高钢筋混凝土构件的刚度、抗裂性和耐久性，可有效地利用高强度钢筋和高强度等级的混凝土。同时，具有构件截面小、自重轻、刚度大、抗裂度高、耐久性好、材料省(可节约钢材 40%～50%、混凝土 20%～40%)等优点。

预应力混凝土结构，通常采用高强度、低松弛、塑性及加工性能良好，且能与混凝土有良好粘结强度的预应力钢筋及强度高、均质性好、快硬早强、收缩徐变小的混凝土。预应力钢筋可以是热处理钢筋、高强度钢丝(碳素钢丝、刻痕钢丝)、钢绞线。其中，最常见的是钢绞线。

预应力混凝土施工，需要专门的材料与设备、特殊的工艺，其单价较高。除在传统工业与民用建筑的屋架、吊车梁、托架梁、空心楼板、大型屋面板、檩条、挂瓦板等单个构件上广泛应用外，也被广泛应用在多层工业厂房、高层建筑、大型桥梁、核电站安全壳、电视塔、大跨度薄壳结构、筒仓、水池、大口径管道、基础岩土工程、海洋工程等技术难度较高的大型、整体或特种结构上。在现代结构中具有广阔的发展前景。

预应力混凝土可按如下方式分类：

(1)预应力混凝土按预应力大小不同,可分为全预应力混凝土和部分预应力混凝土。全预应力混凝土是在全部使用荷载下受拉边缘不允许出现拉应力的预应力混凝土,适用于要求混凝土不开裂的结构;部分预应力混凝土是在全部使用荷载下受拉边缘允许出现一定的拉应力或裂缝的混凝土,其综合性能较好,费用较低,适用面广。

(2)按钢筋的张拉方法不同,可分为机械张拉和电热张拉。后张法中因施工工艺的不同,又可分为一般后张法、后张自锚法、无粘结后张法、电热法等。

(3)按预应力的施加方法不同,可分为先张法预应力混凝土和后张法预应力混凝土两大类。

典型工作任务一　先张法预应力混凝土施工

一、先张法预应力混凝土定义及特点

先张法是在浇筑混凝土前,预先张拉预应力钢筋,并将预应力筋临时固定在台座或钢模上,待混凝土达到一定强度(一般不低于混凝土设计强度标准值的75%),混凝土与预应力筋具有一定的粘结力时,放松预应力筋。在预应力作用下,钢筋收缩,使构件受拉区的混凝土承受预压应力。先张法施工如图6-1所示。

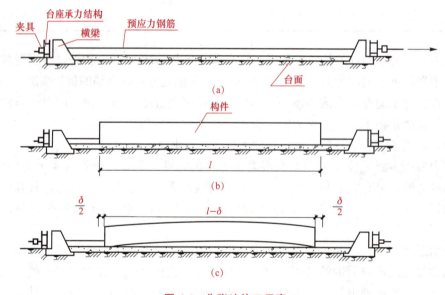

图6-1　先张法施工示意
(a)张拉预应力钢筋;(b)浇筑混凝土;(c)放松预应力钢筋

工艺过程:张拉固定钢筋→浇筑混凝土→养护(至75%强度)→放张钢筋。

先张法生产可采用台座法或机组流水法。

(1)台座法。台座法又称长线生产法,预应力筋的张拉、锚固、混凝土构件的浇筑、养护和预应力筋的放松等工序皆在台座上进行,预应力钢筋的张拉力由台座承受。台座法不需复杂的机械设备,能适宜多种产品生产,可露天生产,自然养护,也可采用湿热养护,

故应用范围较广,是我国当前应用较广泛的一种预制预应力构件的生产方法。

(2)机组流水法。机组流水法又称模板法,是利用钢模作为固定预应力筋的承力架,构件连同钢模通过固定的机组,按流水方式完成张拉、浇筑、养护等生产过程,生产效率高,机械化程度较高,一般用于生产各种中小型构件。但该法模板耗钢量大,需蒸汽养护,建厂一次性投资较大且又不适合大、中型构件的制作,故具有较大的局限性。

先张法有如下特点:

(1)预应力筋在台座上或钢模上张拉,由于台座或钢模承载力有限,先张法一般只能用于生产中小型构件,而且制造台座或钢模一次性投资大,所以,先张法多用于预制厂生产,可多次反复利用台座或钢模。

(2)预应力筋用夹具固定在台座上,预应力筋放松后夹具将不起作用,夹具可回收使用。

(3)预应力传递靠粘结力。因此,对混凝土握裹力有严格要求,在混凝土构件制作、养护时要保证混凝土质量。先张法施工中常用的预应力筋有钢丝和钢筋两类。

二、先张法的施工设备

(一)台座

先张法施工的设备和机具包括张拉机械、锚夹具、台座等。台座是先张法生产中用来张拉和临时固定钢筋的主要设备,有墩式台座、槽式台座和构架式台座等,其承受了预应力筋的全部张拉力,应具有足够的强度、刚度和稳定性。

(1)墩式台座。墩式台座是采用混凝土墩作为承力结构的台座,一般由台墩、台面与横梁组成。目前常用的是台墩与台面共同受力的墩式台座。如图 6-2 所示。

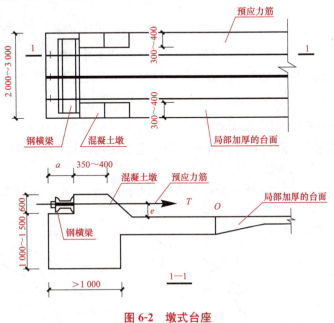

图 6-2 墩式台座

传力墩是墩式台座的主要受力结构,传力墩依靠其自重和土压力平衡张拉力产生的倾覆力矩;依靠土的反力和摩阻力平衡张力产生的水平位移。因此,传力墩结构造型大,埋设深度深,投资较大。为了改善传力墩的受力状况,提高台座承受张拉力的能力,可采用与台面共同工作的传力墩,从而减小台墩自重和埋深。台面是预应力混凝土构件成型的胎模。它是由素土夯实后铺碎砖垫层,再浇筑 50~80 mm 厚的 C15~C20 混凝土面层组成的。台面要求平整、光滑,沿其纵向留设 0.3‰ 的排水坡度,每隔 10~20 m 设置宽 30~50 mm 的温度缝。横梁是锚固夹具临时固定预应力筋的支点,也是张拉机械张拉预应力筋的支座,常采用型钢或由钢筋混凝土制作而成。横梁挠度要求小于 2 mm,并不得产生翘曲。

墩式台座长度为 100~150 m,又称长线台座。墩式台座张拉一次可生产多根预应力混凝土构件,减少了张拉和临时固定的工作,同时也减少了由于预应力筋滑移和横梁变形引起的预应力损失值。

(2)槽式台座。槽式台座由端柱、传力柱和上、下横梁以及砖墙组成,如图 6-3 所示。

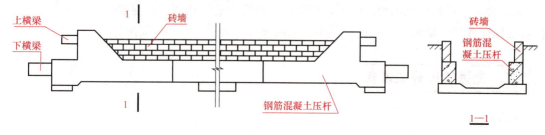

图 6-3 槽式台座

压杆和传力柱是槽式台座的主要受力结构,采用钢筋混凝土结构。为了便于装拆转移,压杆和传力柱常采用装配式结构,压杆长 5 m,传力柱每段长 6 m。为了便于构件运输和蒸汽养护,台面低于地面为好,一砖厚的砖墙起挡土作用,同时又是蒸汽养护预应力混凝土构件的保温侧墙。

槽式台座长度为 45~76 m(45 m 长槽式台座一次可生产 6 根 6 m 长吊车梁,76 m 长槽式台座一次可生产 10 根 6 m 长吊车梁或 3 榀 24 m 长屋架),槽式台座能够承受较为强大的张拉力,适于双向预应力混凝土构件的张拉,同时也易于进行蒸汽养护。

(二)夹具

夹具是先张法中张拉时用于夹持钢筋和张拉完毕后用于临时锚固钢筋的工具。前者称为张拉夹具,后者称为锚固夹具,两种夹具均可重复使用。对夹具的要求是工作可靠、构造简单、加工容易、使用方便。

(1)常用钢丝夹具。图 6-4 所示是钢丝用锚固夹具,图 6-5 所示是钢丝的张拉夹具。

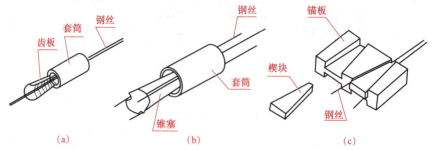

图 6-4 钢丝用锚固夹具
(a)圆锥齿板式;(b)圆锥槽式;(c)楔形

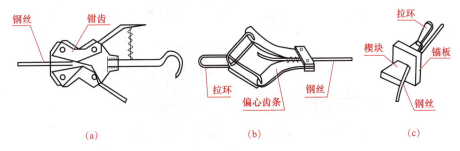

图 6-5 钢丝的张拉夹具
(a)钳式；(b)偏心式；(c)楔形

(2)钢筋锚固夹具。钢筋锚固多用螺母锚具、镦头锚和销片夹具等。张拉时可用连接器与螺母锚具连接，或用销片夹具等。钢筋镦头，直径 22 mm 以下的钢筋用对焊机熟热或冷镦，大直径钢筋可用压模加热锻打或成型。镦过的钢筋需经过冷拉，以检验镦头处的强度。销片式夹具由圆套筒和圆锥形销片组成(图 6-6)。

图 6-6 两片式销片夹具

套筒内壁呈圆锥形，与销片锥度吻合。销片有两片式和三片式，钢筋就夹紧在销片的凹槽内。

先张法用夹具除应具备静载锚固性能外，还应具备下列性能：在预应力夹具组装件达到实际破断拉力时，全部零件均不得出现裂缝和破坏；应有良好的自锚性能；应有良好的放松性能。需大力敲击才能松开的夹具，必须证明其对预应力筋的锚固无影响，而且对操作人员的安全不造成危险。

(三)张拉设备

张拉机具的张拉力应不小于预应力筋张拉力的 1.5 倍；张拉机具的张拉行程不小于预应力筋伸长值的 1.1~1.3 倍。

(1)钢丝张拉设备。钢丝张拉分为单根张拉和成组张拉。用钢模以机组流水法或传送带法生产构件时，常采用成组钢丝张拉。在台座上生产构件一般采用单根钢丝张拉，可采用电动卷扬机(图 6-7)、电动螺杆张拉机进行张拉(图 6-8)。

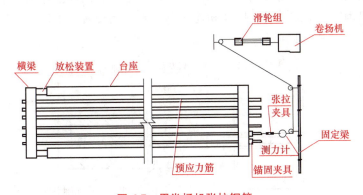

图 6-7 用卷扬机张拉钢筋

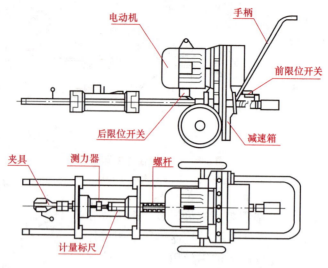

图 6-8 电动螺杆张拉

(2)钢筋张拉设备。先张法施工中用钢台模以机组流水法或传送带法生产构件多进行多根张拉，可用普通液压千斤顶进行张拉。张拉时要求钢丝的长度基本相等，以保证张拉后各钢筋的预应力相同。为此，事先应调整钢筋的初应力。图 6-9 所示是用液压千斤顶进行成组张拉的示意图。

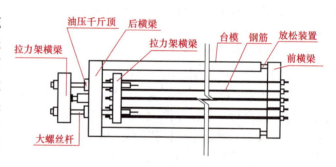

图 6-9 液压千斤顶成组张拉

图 6-10 所示是用拉杆式千斤顶张拉的原理示意图。张拉前，先将连接器旋在预应力的螺丝端杆上，相互连接牢固。千斤顶由传力架支承在构件端部的钢板上。张拉时，高压油进入主油缸，推动主缸活塞及拉杆，通过连接器和螺丝端杆，预应力筋被拉伸。千斤顶拉力的大小可由油泵压力表的读数直接显示。当张拉力达到规定值时，拧紧螺丝端杆上的螺母，此时张拉完成的预应力筋被锚固在构件的端部。锚固后回油缸进油，推动回油活塞工作，千斤顶脱离构件，主缸活塞、拉杆和连接器回到原始位置。最后，将连接器从螺丝端杆上卸掉，卸下千斤顶，张拉结束。

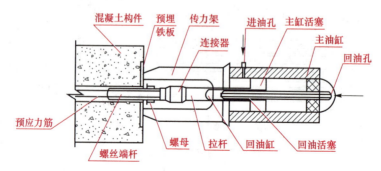

图 6-10 拉杆式千斤顶张拉原理示意图

另外,还有用于大跨度结构、长钢丝束等大引伸量的穿心式千斤顶;用于张拉带锥形锚具的钢丝束的锥锚式千斤顶等。

三、先张法的施工工艺

先张法的主要施工工序(图 6-11)为:在台座上张拉预应力筋至预定长度后,将预应力筋固定在台座的传力架上;然后,在张拉好的预应力筋周围浇筑混凝土;待混凝土达到一定的强度后(约为混凝土设计强度的70%)切断预应力筋。由于预应力筋的弹性回缩,使得与预应力筋粘结在一起的混凝土受到预压作用。因此,先张法是靠预应力筋与混凝土之间的粘结力来传递预应力的。

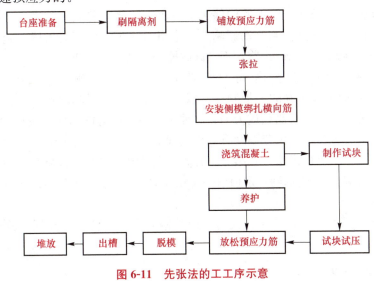

图 6-11 先张法的工工序示意

(一)预应力钢筋的张拉

预应力钢筋可采用单根张拉或成组张拉。成组张拉时,若钢筋长短不一会造成张拉后各根钢筋应力不等,甚至造成较短钢筋断裂。因此,长度不大于 6 m 的先张法预应力构件,当钢丝成组张拉时,同组钢丝下料长度的相对差值不得大于 2 mm。一般情况下,同组钢丝下料长度的相对差值,应不大于钢丝长度的 1/5 000 且不得大于 5 mm。为了保证钢丝长度的准确,钢丝下料一般采用应力下料法,即将钢丝拉到一个规定应力后(一般为 300 N/mm^2),测量其长度[当然,此时的长度应是钢丝的实际下料长加上规定应力(300 N/mm^2)下的弹性伸长],然后作标记,放松后截断钢丝。

张拉前,先检查调整各根钢丝的初应力,使其相互之间的应力一致。为了弥补预应力筋某些应力损失,一般还要进行超张拉,但施工时的最大张拉控制应力允许值不得超过表 6-1 中最大张拉控制应力允许值的规定。张拉过程中预应力钢材的滑脱数量,严禁超过结构同一截面预应力钢材总根数的 5%,且严禁相邻两根断裂或滑脱。在浇筑混凝土前发生断裂或滑脱的预应力钢材必须予以更换。张拉后的预应力筋与设计位置的偏差不得大于 5 mm,且不得大于构件截面短边长的 4%。另外,施工中必须注意安全,严禁正对钢筋张拉的两端站立人员,防止断筋回弹伤人。冬季张拉预应力钢筋,环境温度不宜低于 15 ℃。

表 6-1　先张法张拉控制应力和最大张拉控制应力允许值

钢　种	张拉控制应力	最大张拉控制应力允许值
碳素钢丝、刻痕钢丝、钢绞线	$0.75 f_{ptk}$	$0.8 f_{ptk}$
热处理钢筋、冷拔低碳钢丝	$0.7 f_{ptk}$	$0.75 f_{ptk}$
冷拉钢筋	$0.9 f_{ptk}$	$0.95 f_{pyk}$

注：f_{ptk} 为预应力筋极限抗拉强度标准值；f_{pyk} 为预应力筋屈服强度标准值。

(二)混凝土浇筑与养护

确定预应力混凝土的配合比时，应尽量减少混凝土的收缩和徐变，以减少预应力损失。收缩和徐变都与水泥品种和用量、水胶比、集料孔隙率、振动成型等有关。

混凝土浇筑时，每条生产线上的构件必须一次连续浇完并应振捣密实。振捣时，振动器不应碰触钢筋，避免锚具受到振动影响造成摩阻力减小，使钢筋滑脱；施工时，混凝土养护期间强度未达到 $1.2 N/mm^2$ 前，不允许碰撞和踩动预应力钢筋。

混凝土可采用自然养护或湿热养护。但必须注意的是，当预应力混凝土构件在台座上进行湿热养护时，应采取正确的养护制度，以减少由于温差引起的预应力损失。预应力筋张拉后锚固在台座上，温度升高预应力筋膨胀伸长，使预应力筋的应力减小。在这种情况下混凝土逐渐硬结，而预应力筋由于温度升高而引起的预应力损失不能恢复。因此，应采用二次升温方法进行养护，具体做法是：第一次升温，允许温差(温度升高值)一般不超过 20 ℃；在此期间，养护混凝土强度达到一定值($10 N/mm^2$)后进行第二次升温，并按正常的升温制度加热养护混凝土。

采用机组流水法生产时，由于钢模与预应力钢筋受热后伸长值相同，故蒸汽养护不会引起温差应力损失。

(三)预应力筋放张

预应力筋放张前，张拉力由台座承受，构件并未受到预应力；预应力筋放张后，张拉力靠钢筋与混凝土的粘结力施加于混凝土构件上。所以，放张前必须按同条件养护的混凝土试块确定混凝土强度，强度达到一定值且混凝土和钢筋有相当的粘结力时，才可放张预应力筋。过早放张预应力筋会引起较大的预应力损失或产生预应力筋滑动。预应力混凝土构件在预应力筋放张前，要对混凝土试块进行试压，以确定混凝土的实际强度。

《混凝土结构工程施工规范》(GB 50666—2011)规定，放张预应力筋时，混凝土强度必须符合设计要求；当设计无具体要求时，不得低于设计的混凝土强度标准值的 75%。

对于预应力钢丝混凝土构件，放张分为两种情况，即配筋不多的预应力钢丝放张采用剪切、割断和熔断的方法自中间向两侧逐根进行，以减少回弹量，利于脱模；配筋较多的预应力钢丝放张采用同时放张的方法，以防止最后的预应力钢丝因应力突然增大而断裂或使构件端部开裂。

预应力筋的放张顺序应符合设计要求。当设计无具体要求时，应符合下列规定：

(1)预应力筋放张时，应缓慢放松锚固装置，使各根预应力筋缓慢放张。对承受轴心预压力的构件(如压杆、桩等)，预应力筋应同时放张。

(2)对承受偏心预压力的构件(如吊车梁等)，应先同时放张预压力较小区域的预应力筋，再同时放张预压力较大区域的预应力筋。

(3)当不能按上述规定放张时,应分阶段、对称、相互交错地放张。放张后预应力筋的切断顺序,宜由放张端开始,逐次切向另一端,以防止放张过程中构件发生翘曲、裂纹及预应力筋断裂等现象;预应力筋放张前,应先拆除构件的侧模板。

(4)长线台座生产的钢弦构件,剪断钢丝宜从台座中部开始;叠层生产的预应力构件,宜按自上而下的顺序进行放张;板类构件放张时,从两边逐渐对称向中心进行。对于大构件应从外向内对称、交错逐根放张,以免构件扭转、端部开裂或钢丝断裂。

预应力混凝土
先张法施工

典型工作任务二　后张法预应力混凝土施工

一、后张法预应力混凝土定义及特点

后张法施工是先制作混凝土构件,在放置预应力筋的部位预先留设孔道,然后在构件端部用张拉机具对预应力筋予以张拉;当应力达到规定值后(设计强度值得75%),借助于锚具将预应力筋锚固在构件端部;最后,进行孔道灌浆。钢筋应力通过锚具传给构件混凝土,使混凝土产生预压应力。

工艺过程:浇筑混凝土结构或构件(留孔)→养护拆模→(达75%强度后)穿筋张拉→锚固→孔道灌浆→(浆达到 15 N/mm², 混凝土达到100%后)移动、吊装。后张法的施工工艺较先张法要复杂(图6-12)。

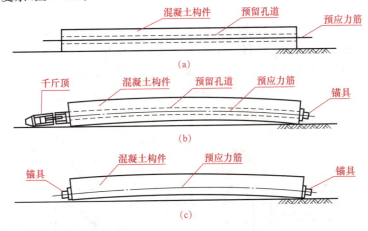

图6-12　后张法施工示意
(a)制作混凝土构件;(b)张拉预应力钢筋;(c)锚固及孔道灌浆

后张法施工常用的预应力筋有单根钢筋、钢筋束、钢绞线束等。后张法的特点如下:

(1)预应力筋在构件上张拉,不需台座,不受场地限制,张拉力可达几百吨,所以,后张法适用于大型预应力混凝土构件制作。

(2)锚具为工作锚。预应力筋用锚具固定在构件上,不仅在张拉过程中起作用,而且在工作过程中也起作用,永远停留在构件上,成为构件的一部分。

(3)预应力传递靠锚具。

二、后张法的施工设备

(一)单根粗筋(直径为18~36 mm)

单根粗钢筋的预应力筋,如果采用一端张拉,则在张拉端用螺丝端杆锚具,固定端用帮条锚具或镦头锚具;如果采用两端张拉,则两端均用螺丝端杆锚具。

(1)螺丝端杆锚具。螺丝端杆锚具由螺丝端杆、螺母和垫板三部分组成,如图6-13所示。

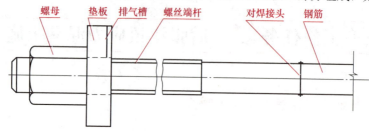

图6-13 螺丝端杆锚具

螺丝端杆与预应力筋用对焊连接,焊接应在预应力筋冷拉之前进行。预应力筋冷拉时,螺母置于端杆顶部,拉力应由螺母传递至螺丝端杆和预应力筋上。螺丝端杆的长度一般为320 mm,当预应力构件长度大于24 m时,可根据实际情况增加螺丝端杆的长度,螺丝端杆的直径按预应力钢筋的直径对应选取。

(2)帮条锚具。帮条锚具由帮条和衬板组成。帮条采用与预应力筋同级别的钢筋,衬板采用普通低碳钢的钢板。

帮条锚具的三根帮条应呈120°均匀布置,并垂直于衬板与预应力筋焊接牢固,以免受力时产生扭曲,如图6-14所示。帮条焊接宜在钢筋冷拉前进行,焊接时严禁将地线搭在预应力筋上,并严禁在预应力筋上引弧,以防预应力筋咬边及温度过高烧伤预应力筋,可将地线搭在帮条上。帮条的焊接可在预应力筋冷拉前或冷拉后进行。

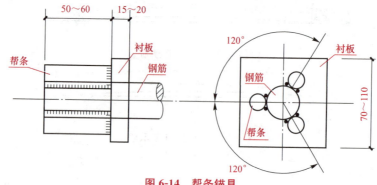

图6-14 帮条锚具

(二)钢筋束、钢绞线

钢筋束和钢绞线束常用的锚具有JM12型、JM15型夹片式锚具,KT-Z型可锻铸铁锥形锚具和QM型、XM型独立夹片锚具以及固定端用的钢筋镦头锚具。JM12型锚具是一种利用楔块原理锚固多根预应力筋的锚具,它既可作为张拉端的锚具,又可作为固定端的锚具或作为重复使用的工具锚。

(1)JM型锚具。JM型锚具由锚环与夹片组成,构造如图6-15所示。JM型锚具与YL60型千斤顶配套使用,适用于锚固3~6根直径为12 mm的光圆或带肋钢筋束,也可用于锚固5~6根直径为12 mm或15 mm的钢绞线束。

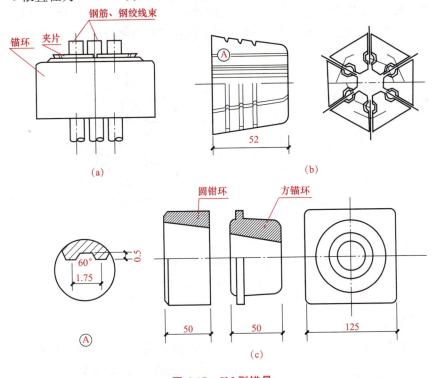

图6-15 JM型锚具
(a)JM型锚具;(b)夹片;(c)锚环

JM型锚具性能好,锚固时钢筋束或钢绞线束被单根夹紧,不受直径误差的影响,且预应力筋是在呈直线状态下被张拉和锚固,受力性能好。

(2)QM型锚具。QM型锚具由锚板与夹片组成,如图6-16所示。QM型锚固体系配有专门的工具锚,以保证每次张拉后退楔方便,并减少安装工具锚所花费的时间。

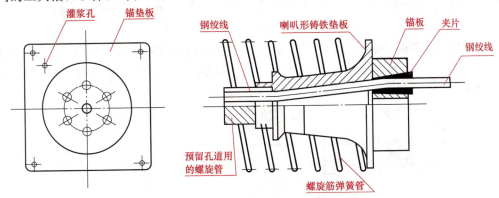

图6-16 QM型锚具及配件

(3)XM型锚具。XM型锚具由锚板与三片夹片组成,如图6-17所示。它既适用于锚固钢绞线束,又适用于锚固钢丝束;既可锚固单根预应力筋,又可锚固多根预应力筋。当用于锚固多根预应力筋时,既可单根张拉、逐根锚固,又可成组张拉、成组锚固。另外,它还既可用作工作锚具,又可用作工具锚具。XM型锚具具有通用性强、性能可靠、施工方便、便于高空作业的特点。当用作工具锚时,可在夹片和锚板之间涂抹一层能在极大压强下保持润滑性能的固体润滑剂(如石墨、石蜡等);当千斤顶回程时,用锤轻轻一击,即可松开脱落。用作工作锚时,具有连续反复张拉的能力,可用行程不大的千斤顶张拉任意长度的钢绞线。

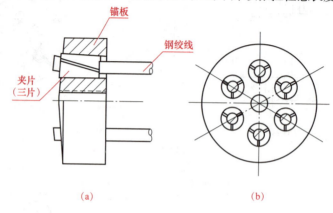

图6-17 XM型锚具

(a)装配图;(b)锚板

(三)钢丝束

钢丝束一般由几根到几十根3~5 mm的平行的碳素钢丝组成,常用的锚具有钢质锥形锚具、锥形螺杆锚具和钢丝束镦头锚具,也可用前述的XM型和QM型锚具。

(1)钢质锥形锚具。钢质锥形锚具由锚环和锚塞组成,锚塞表面刻有齿纹,以卡紧钢丝,防止滑动,如图6-18所示。钢质锥形锚具虽然加工容易、成本低。但锚固时,钢丝直径的误差易导致单根或多根钢丝的滑丝现象,且滑丝后难以补救。按《混凝土结构工程施工规范》(GB 50666—2011)要求,钢丝滑脱或断裂数,严禁超过结构同一截面钢丝数量的3%,且一束钢丝不得超过一根。

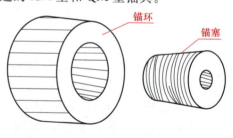

图6-18 钢质锥形锚具

(2)锥形螺杆锚具。用于锚固14~28 mm根直径为5 mm的钢丝束。它由锥形螺杆、套筒、螺母等组成(图6-19)。锥形螺杆锚具与YL-60、YL-90拉杆式千斤顶配套使用,YC-60、YC-90穿心式千斤顶也可应用。

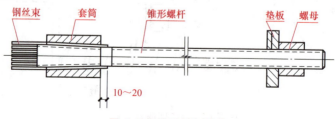

图6-19 锥形螺杆锚具

(3)镦头锚具。镦头锚具适用于锚固多根数钢丝束。钢丝束镦头锚具分为 A 型与 B 型。A 型由锚环与螺母组成,可用于张拉端;B 型为锚板,用于固定端,其构造如图 6-20 所示。张拉时,张拉螺丝杆一端与锚环内丝扣连接,另一端与拉杆式千斤顶的拉头连接,当张拉到控制应力时,锚环被拉出,则拧紧锚环外丝扣上的螺母加以锚固。镦头锚具用 YC-60 型千斤顶(穿心式千斤顶)或拉杆式千斤顶张拉。

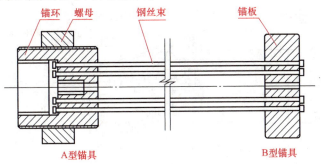

图 6-20 镦头锚具

(四)张拉设备

锥形螺杆锚具、钢丝束镦头锚具宜采用拉杆式千斤顶(YL-60 型)或穿心式千斤顶(YC-60 型)张拉锚固。

(1)YC-60 型千斤顶。图 6-21 所示为 YC-60 型千斤顶构造图。该千斤顶具有双重作用,即张拉与顶锚两个作用。其工作原理是:张拉预应力筋时,张拉缸油嘴进油、顶压缸油嘴回油,顶压油缸、连接套和撑套连成一体右移,顶住锚环;张拉油缸、端盖螺母及堵头和穿心套连成一体带动工具锚左移,张拉预应力筋;顶压锚固时,在保持张拉力稳定的条件下,顶压缸油嘴进油,顶压活塞、保护套和顶压头连成一体右移,将夹片强力顶入锚环内;此时,张拉缸油嘴回油、顶压缸油嘴进油、张拉缸液压回程。最后,张拉缸、顶压缸油嘴同时回油,顶压活塞在弹簧力作用下回程复位。YC-60 型穿心式千斤顶张拉力为 600 kN,张拉行程为 150 mm。大跨度结构、长钢丝束等引伸量大者,用穿心式千斤顶为宜。

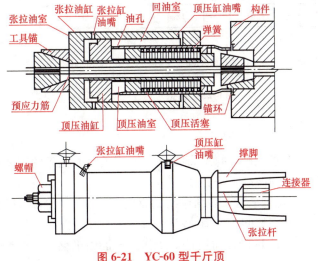

图 6-21 YC-60 型千斤顶
(a)构造原理图;(b)加撑脚的外貌图

（2）锥锚式千斤顶。锥锚式千斤顶是具有张拉、顶锚和退楔功能作用的千斤顶，用于张拉带锥形锚具的钢丝束。锥锚式千斤顶由张拉油缸、顶压油缸、退楔装置、楔形卡环、退楔翼片等组成，如图6-22所示。其工作原理是当张拉油缸进油时，张拉缸被压移，使固定在其上的钢筋被张拉。钢筋张拉后，改由顶压油缸进油，随即由副缸活塞将锚塞顶入锚圈中。张拉缸、顶压缸同时回油，则在弹簧力的作用下复位。

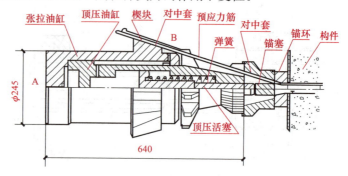

图 6-22 锥锚式千斤顶

三、后张法的施工工艺

后张法施工工艺流程如图6-23所示。其中，与预应力施工有关的是孔道留设、预应力筋张拉和孔道灌浆三个部分。

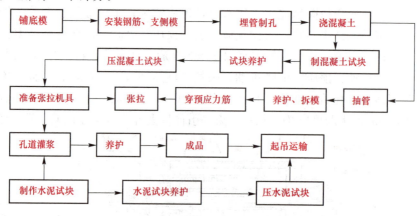

图 6-23 后张法施工工艺流程

（一）孔道留设

孔道留设的位置应力求准确，孔道直径应能满足预应力施工的需要。常用方法有钢管抽芯法、胶管抽芯法和预埋波纹管法。

（1）钢管抽芯法。预先将平直、表面圆滑的钢管埋设在模板内设计预留孔道的位置处，并用钢筋井字架固定，井字架间距不宜大于 1 m。在混凝土浇筑过程中和浇筑完毕后，每隔一定时间（一般为 15 min）慢慢转动钢管，使其不与混凝土粘结，待混凝土初凝后、终凝前抽出钢管，形成孔道。

钢管抽芯法只用于留设直线孔道，钢管长度不宜超过 15 m，钢管两端各伸出构件 500 mm 左右，以便转动和抽管。构件较长时，可采用两根钢管，中间用套管连接。

抽管时间与水泥品种、浇筑气温和养护条件等因素有关。抽管时间过早，会造成坍孔；过晚则混凝土与钢管之间阻力增大，造成抽管困难。一般掌握在混凝土初凝后、终凝前，手指按压混凝土不粘浆又无明显印痕时即可抽管。一般为浇筑后 3~6 h。

抽管顺序宜先上后下，速度均匀，边抽边转动，用力方向顺着孔道轴线。为满足孔道灌浆需要，留设预留孔道的同时，还要用木塞或薄钢管在构件中间和两端留设灌浆孔与排气孔，孔径一般为 20 mm，孔距一般不大于 12 m。

(2)胶管抽芯法。胶管采用 5~7 层帆布夹层，壁厚 6~7 mm 的普通橡胶管，用于直线、曲线或折线孔道成型。胶管一端密封，另一端接上阀门，安放在孔道设计位置上；胶管每间隔不大于 0.5 m 距离用钢筋井字架予以固定。混凝土浇筑前，夹布胶管内充入压缩空气或压力水，工作压力为 600~800 kPa，然后浇筑混凝土。待混凝土初凝后、终凝前，将胶管阀门打开，放水(或放气)降压，胶管回缩，与混凝土自行脱落。一般按先上后下、先曲后直的顺序将胶管抽出。胶管抽芯法的灌浆孔和排气孔的留设方法同钢管抽芯法。

采用钢丝网胶管预留孔道时，预留孔道的方法和钢管相同。由于钢丝网胶管质地坚硬，并且具有一定的弹性，抽管时在拉力作用下管径缩小，和混凝土脱离开，即可将钢丝网胶管抽出。

(3)预埋波纹管法。预埋波纹管法就是用钢筋井字架将黑薄钢管、薄钢管或金属螺旋管固定在设计位置上，在混凝土构件中埋管成型的一种施工方法。预埋波纹管法省去抽管工序，而且孔道留设的位置、形状也易保证，故目前应用较为普遍。其适用于预应力筋密集或曲线预应力筋的孔道埋设。

波纹管由厚度 0.3 mm 左右的镀锌薄钢带制成。波纹管具有自重轻、柔性好、施工方便、与混凝土粘结力好等优点。固定用的钢筋井字架间距不宜大于 0.8 m。波纹管在外荷载的作用下，具有抵抗变形的能力；同时，在浇筑混凝土过程中，水泥浆不得渗入管内。波纹管的连接，采用大一号同类型波纹管。接头管的长度为 200~300 mm，用塑料热塑管或密封胶带封口。

(二)孔道留设要求

对于预制混凝土，构件孔道之间的水平净距不宜小于 50 mm，且不宜小于粗集料直径的 1.25 倍；孔道至构件边缘的净距不宜小于 30 mm，且不宜小于孔道直径的一半；在现浇混凝土梁中，预留孔道在竖直方向的净间距不应小于孔道外径，水平方向的净间距不应小于 1.5 倍孔道外径，且不应小于粗集料直径的 1.25 倍；从孔道外壁至构件边缘的净间距，梁底不宜小于 50 mm，梁侧不宜小于 40 mm；裂缝控制等级为三级的梁，上述净间距分别不宜小于 70 mm 和 50 mm；预留孔道的内径宜比预应力束外径及需穿过孔道的连接器外径大 6~15 mm；且孔道的截面面积宜为传入预应力筋截面面积的 3.0~4.0 倍，并宜尽量取小值；当有可靠经验并能保证混凝土浇筑质量时，预应力筋孔道可水平并列贴近布置，但并排的数量不应超过两束；在构件两端及曲线孔道的高点应设置灌浆孔或排气兼泌水孔，其孔距不宜大于 20 m；凡制作时需要预先起拱的构件，预留孔道宜随构件同时起拱；在现浇楼板中采用扁形锚固体系时，穿过每个预留孔道的预应力筋数量宜为 3~5 束；在常用荷载情况下，孔道在水平方向的净间距不应超过 8 倍板厚及 1.5 m 中的较大值。

(三)预应力筋张拉

预应力筋张拉是制作预应力混凝土构件的关键。预应力筋的张拉,应使混凝土不产生超应力、构件不发生扭转与侧弯、结构不移位等,因此,对称张拉是一条重要原则。预应力筋张拉时,结构的混凝土强度应符合设计要求;当设计无具体要求时,不应低于设计强度标准值的75%。当考虑减少钢筋应力松弛损失和施工中其他因素造成的预应力损失需要超张拉时,最大张拉控制应力允许值不得超过表6-2的规定。

表6-2 后张法张拉控制应力和最大张拉控制应力允许值

钢 种	张拉控制应力	最大张拉控制应力允许值
碳素钢丝、刻痕钢丝、钢绞线	$0.7f_{ptk}$	$0.75f_{ptk}$
热处理钢筋、冷拔低碳钢丝	$0.65f_{ptk}$	$0.7f_{ptk}$
冷拉钢筋	$0.85f_{pyk}$	$0.9f_{pyk}$

注:f_{ptk}为预应力筋极限抗拉强度标准值;f_{pyk}为预应力筋屈服强度标准值。

由表6-2和表6-1比较可知,后张法的张拉控制应力小于先张法。这是因为后张法张拉时直接在构件上进行,构件压缩不造成预应力损失;而先张法在预应力筋锚固时并没有构件,预应力筋放张时构件被压缩变短,造成预应力的损失。因此,后张法的张拉控制应力较先张法小。

对于抽芯成形孔道,曲线预应力筋和长度大于24 m的直线预应力筋,应采用两端同时张拉的方法;长度等于或小于24 m的直线预应力筋,可一端张拉,但张拉端宜分别设置在构件两端。

对预埋波纹管孔道,曲线预应力筋和长度大于30 m的直线预应力筋宜在两端张拉,长度等于或小于30 m的直线预应力筋可在一端张拉。

安装张拉设备时,对于直线预应力筋,应使张拉力的作用线与孔道中心线重合;对于曲线预应力筋,应使张拉力的作用线与孔道中心线末端的切线方向重合。

(四)孔道灌浆

孔道灌浆可有效防止钢筋锈蚀,增加构件的耐久性、整体性和抗裂性。预应力筋张拉完毕后,应尽快将水泥浆压灌到预应力孔道中去。孔道灌浆应采用强度等级不低于42.5级的普通硅酸盐水泥配制的水泥浆;水泥浆应有较大的流动性、较小的干缩性和泌水性,水胶比宜为0.4左右。搅拌后3 h时泌水率宜控制在2%~3%,当需要增加孔道灌浆密实性时,水泥浆中可掺入对预应力筋无腐蚀作用的外加剂,如可掺入水泥用量0.01%的铝粉或0.25%的木质磺酸钙。对空隙大的孔道,可采用砂浆灌浆。水泥浆及砂浆强度均不应小于20 N/mm²,灌浆前要过筛。对不掺外加剂的水泥浆,可采用二次灌浆法提高灌浆的密实性。

灌浆前,用压力水冲洗和湿润孔道,灌浆顺序宜先灌注下层孔道,灌浆应缓慢、均匀进行,不得中断并应排气通顺;在灌满孔并封闭排气孔后,宜再继续加压至0.5~0.6 MPa,稍后再封闭灌浆孔。

灌浆顺序应先下后上,以免上层孔道漏浆把下层孔道堵塞。灌完浆的构件,当灰浆强度达到15 N/mm²时,方能移动构件;灰浆强度达到100%设计强度时,才允许吊装构件。

四、后张法无粘结预应力混凝土

无粘结预应力混凝土无须预留管道与灌浆，而是将无粘结预应力筋同普通钢筋一样铺设在结构模板设计位置上，用20～22号钢丝与非预应力钢丝绑扎牢靠后浇筑混凝土；待混凝土达到设计强度后，对无粘结预应力筋进行张拉和锚固，借助于构件两端锚具传递预压应力。

无粘结预应力混凝土施工具有施工简单；张拉摩阻力小，预应力筋受力均匀；可做成多跨曲线状；构件整体性略差，锚固要求高，锚具要求不低于无粘结预应力筋抗拉强度的95%等特点。其适用于现场整浇结构。

无粘结预应力筋由无粘结筋、涂料层和外包层三部分组成，如图6-24所示。涂料层可采用防腐油脂或防腐沥青制作。作用是使无粘结筋与混凝土隔离，减少张拉时的摩擦损失，防止无粘结筋腐蚀等。外包层可用高压聚乙烯塑料带或塑料管制作。作用是使无粘结筋在运输、储存、铺设和浇筑混凝土等过程中不会发生不可修复的破坏。无粘结预应力筋是由7根φ5高强度钢丝组成的钢丝束或扭结成的钢绞线。

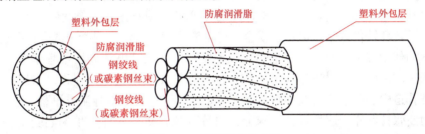

图6-24 无粘结预应力筋

在无粘结预应力梁板结构中，无粘结钢筋按曲线配置，其形状与外荷弯矩图相适应。铺设双向配筋的无粘结预应力筋时，先铺设标高低的钢丝束，再铺设标高较高的钢丝束，以避免两个方向钢丝束相互穿插。钢丝束的曲率用φ12钢筋马凳控制，其间距一般为1 m。单向配置无粘结筋平板时，可依次铺设。

无粘结预应力筋应在绑扎完底筋以后进行铺放。无粘结预应力筋应铺放在电线管下面，避免张拉时电线管弯曲破碎。钢丝束就位后，按设计要求调整标高及水平位置，用20～22号钢丝与非预应力钢筋绑扎固定，以免浇筑混凝土过程中发生位移。由于无粘结预应力筋一般为曲线配筋，故应两端同时张拉。

无粘结筋的张拉顺序应与其铺设顺序一致，先铺设的先张拉，后铺设的后张拉。成束无粘结筋正式张拉前，宜先用千斤顶往复抽动1～2次，以降低张拉摩擦损失。无粘结筋在张拉过程中，当有个别钢丝发生滑脱或断裂时，可相应降低张拉力，但滑脱或断裂的数量不应超过结构同一截面无粘结预应力筋总量的2%。

五、电热法施工

电热法是利用钢筋热胀冷缩原理来张拉预应力筋的一种施工方法。施工时，以强大的低压电流通过钢筋，由于钢筋电阻较大，致使钢筋温度升高而产生纵向伸长，待伸长到规定长度时，断开电流立即加以锚固，钢筋冷却回缩，使混凝土构件获得预压应力。

电热法适用于冷拉 HRB335 级、HRB400 级、RRB400 级钢筋或钢丝配筋的先张法、后张法和模外张拉构件。

电热张拉法张拉设备简单，工序少，操作方便，可多根钢筋同时张拉，生产效率高；能消除钢筋在热轧制造时或冷强过程中所形成的内应力，钢筋的强度有所提高。电热法张拉预应力筋与孔道间无摩擦且分批张拉的预应力损失小，特别适合曲线预应力筋和环状预应力钢筋张拉。但是，电热张拉法需要低压变压器及大功率电源，耗电量大；用伸长值来控制预应力值时，由于预应力钢筋材质不匀而不易控制准确。因此，电热法张拉预应力钢筋时，每批构件必须按规定用千斤顶对电热法张拉后的钢筋预应力值进行抽样校核检验。

电热张拉法的预应力筋可采用螺丝端杆、镦粗头或帮条锚具，后两种应配有U形垫板。为保护端杆螺纹，在运输和穿筋过程中须用胶布或油纸包住螺纹，以免碰坏端头螺纹。

张拉前，用绝缘纸垫在预应力筋与端部垫板之间，使预埋铁件隔离绝缘，防止通电后产生分流和短路的现象。当穿入钢筋接好导线后，应拧紧螺帽，以消除垫板松动和钢筋不直的影响，保证钢筋有相同的初应力。电热张拉时，应使钢筋自由移动，在张拉端刻上标志，以便测量伸长值。通电过程中，随时拧紧螺帽或及时垫入不同厚度的U形垫板。钢筋伸长到需要长度后立即断电，垫入足够厚度的U形垫板或拧紧螺帽。然后，将预应力钢筋、垫块、螺帽及预埋铁件焊牢，以保证安全；待钢筋冷却后再浇筑混凝土或进行孔道灌浆。

冷拉钢筋作预应力筋时，反复电热次数不宜超过3次，电热温度不宜超过 350 ℃。热电法在后张法施工中，不得采用波纹管或其他金属管作预留孔道的埋设。采用其他方法埋设时，保证孔道中的非预应力筋不得外露，防止电热张拉时产生分流或短路现象。

预应力筋张拉顺序，应按设计要求分组对称张拉，防止构件产生偏心受压。方法是将两根或三根预应力筋用导线连接在一条闭合电路中，同时通电张拉。

六、预应力损失

由于受到施工因素、材料性能及环境条件的影响，预应力筋中的预拉应力在施工和使用过程中往往会逐渐减小，从而使混凝土中的预压应力相应减小，预应力筋中这种预拉应力减小的现象称为预应力损失。

由于预应力通过张拉预应力筋得到，凡是能使预应力筋产生缩短的因素，都将引起预应力损失，主要有以下几种情况：

(1) 锚固损失。锚固损失是指预应力筋张拉后锚固时，由于锚具受力后变形、垫板缝隙的挤紧以及钢筋在锚具中的内缩引起的预应力损失。锚具损失只考虑张拉端，对于锚固端，由于锚具在张拉过程中已经被挤紧，故不考虑其所引起的预应力损失；对于块体（垫板）拼成的结构，预应力损失尚应考虑体间填缝的预压变形。

这种损失不仅在后张法中发生，也发生在先张法中。无论是什么方式，都可用张拉作业时的超张应力来校正。

(2) 摩擦损失。摩擦损失是指在后张法张拉钢筋时，由于预应力筋与周围接触的混凝土或套管之间存在摩擦(孔道不直、尺寸偏差、孔壁粗糙等)，引起预应力筋应力随距张拉端距离的增加而逐渐减少的现象。先张法预应力筋与锚具之间以及折点处的摩擦，也会使张拉应力造成损失。

(3)温差损失。先张法中的热养护引起的温差损失。为缩短先张法构件的生产周期，常采用蒸汽养护加快混凝土的凝结硬化。混凝土加热养护时，受张拉的钢筋与承受拉力的设备之间温差引起预应力损失。

升温时，新浇混凝土尚未结硬，钢筋受热膨胀，但张拉预应力筋的台座是固定不动的，即钢筋长度不变，因此，预应力筋中的应力随温度的增高而降低，产生预应力损失。

降温时，混凝土达到了一定的强度，与预应力筋之间已具有粘结作用，两者共同回缩，已产生预应力损失无法恢复。通常采用两次升温法，先常温养护至混凝土强度达到一定等级，然后再升温来减少温差预应力损失。

(4)松弛损失。在长度保持不变的条件下，应力值随时间增长而逐渐降低，这种现象称为松弛。引起的预应力损失称为预应力松弛损失。

钢筋在高应力长期作用下具有随时间增长产生塑性变形的性质。应力松弛与初始应力水平和作用时间长短有关。

(5)混凝土的收缩和徐变引起的损失。混凝土的收缩和徐变，都会导致预应力混凝土构件长度的缩短，预应力筋随之回缩，引起预应力损失。

(6)弹性压缩损失。混凝土弹性压缩变形引起的损失。后张法中后拉束对先张拉束造成的压缩变形而产生分批张拉损失，以及混凝土施加预应力后，混凝土受压，其长度变小，钢束的张拉应力也随之变小引起预应力损失。

项目小结

本项目包括先张法预应力混凝土施工和后张法预应力混凝土施工两个典型工作任务。先张法预应力混凝土施工重点介绍了先张法预应力混凝土施工设备、先张法预应力混凝土施工工艺，后张法预应力混凝土施工重点介绍了后张法预应力混凝土施工设备、后张法预应力混凝土施工工艺。

本项目重点难点是先张法、后张法预应力混凝土施工的原理及施工工艺。

预应力混凝土
后张法施工

思考题

1. 什么叫作先张法？什么叫作后张法？比较它们的异同点。
2. 先张法对所用夹具有何要求？
3. 先张法的长线台座由哪几部分组成？各起什么作用？
4. 超张拉的作用是什么？有何要求？
5. 预应力筋放张的条件是什么？

6. 后张法常用的锚具有哪些？对锚具有何要求？
7. 后张法孔道留设方法有哪几种？各适用于什么情况？
8. 孔道灌浆的作用是什么？对灌浆材料有何要求？

【参考文献】

[1] 中华人民共和国住房和城乡建设部．混凝土结构设计规范(2015年版)：GB 50010—2011[S]．北京：中国建筑工业出版社，2011．

[2] 徐伟，苏宏阳，金福安．土木工程施工手册[M]．北京：中国计划出版社，2003．

[3] 中华人民共和国住房和城乡建设部．混凝土结构工程施工规范：GB 50666—2011[S]．北京：中国建筑工业出版社，2012．

项目七　钢结构工程施工

知识目标

1. 了解钢结构连接的种类及特点；
2. 了解钢结构施工的一般规律和主要技术要求；
3. 熟悉钢结构构件加工制作流程；
4. 熟悉钢结构工程安装工艺流程；
5. 熟悉防腐及防火涂装工艺流程；
6. 掌握钢结构构件焊接的施工方法与质量要求；
7. 掌握钢结构螺栓连接的施工方法与质量要求。

能力目标

1. 能验收钢结构工程施工质量；
2. 能应用钢结构施工技术，协助开展施工技术指导；
3. 能应用钢结构施工技术，协助组织施工管理；
4. 能编制钢结构工程施工方案。

钢结构由钢板、热轧型钢和冷加工成型的薄壁型钢制造而成。与其他材料的结构相比，其具有以下优点：

(1) 材料强度高，相对质量轻。
(2) 韧性、塑性好。
(3) 材质均匀。
(4) 制造简单，施工周期短。
(5) 密封性好。

钢结构的缺点有：

(1) 耐热但不耐高温，150 ℃时强度无大变化，600 ℃时强度约为零。
(2) 钢材耐腐蚀性能差，维护费用高。

典型工作任务一　钢结构构件制作

一、加工制作前的准备工作

(1) 根据钢结构工程设计图编制零部件加工图和数量。
(2) 制定零部件制作的工艺流程。
(3) 对进厂材料进行复查，如钢板的材质、规格等，检查是否符合钢结构规定。
(4) 培训员工或招聘熟练工人、技术人员及车间管理人员。
(5) 钢结构制作和质量检查所用的钢尺，均应具有相同精度，并应定期送计量部门检定。
(6) 在钢结构制作过程中，应严格按工序检验，合格后，下道工序方能施工。

二、钢结构构件制作及检验流程

钢结构构件制作及检验流程如图 7-1 所示。

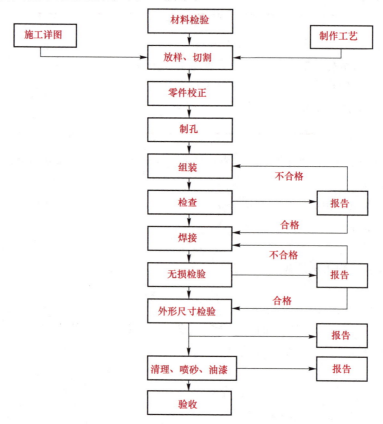

图 7-1　钢结构构件制作及检验流程

1. 放样

放样是钢结构制作工艺中的第一道工序，其工作的准确与否将直接影响整个产品的质量。为了提高放样和号料的精度和效率，有条件时，应采用计算机辅助设计。放样工作包括：核对图纸的安装尺寸和孔距；以 1∶1 的大样放出节点，根据设计图确定各构件的实际尺寸，放样工作完成后，对所放大样和样板进行检验；制作样板和样杆作为下料、弯制、铣、刨、制孔等加工的依据。

放样时，铣、刨的工件要所有加工边均考虑加工余量，焊接构件要按工艺要求放出焊接收缩量。

2. 号料

号料(也称画线)，即利用样板、样杆或根据图纸，在板料及型钢上画出孔的位置和零件形状的加工界线。号料的一般工作内容包括：检查核对材料，在材料上画出切割、铣、刨、弯曲、钻孔等加工位置，打冲孔，标注出零件的编号等。常采用的号料方法有集中号料法、套料法、统计计算法、余料统一号料法。

3. 切割下料

切割下料的目的就是将放样和号料的零件形状从原材料上进行下料分离。钢材的切割可以通过切削、冲剪、摩擦机械力和热切割来实现。常用的切割方法有机械切割、气割和等离子切割三种方法。

(1) 机械切割法可利用上、下两剪刀的相对运动来切断钢材，或利用锯片的切削运动把钢材分离，或利用锯片与工件间的摩擦发热使金属熔化而被切断。常用的切割机械有剪板机、联合冲剪机、弓锯床、砂轮切割机等。其中，剪切法速度快、效率高，但切口略粗糙；锯割可以切割角钢、圆钢和各类型钢，切割速度和精度都较好。机械剪切的零件，其钢板厚度不宜大于 12 mm，剪切面应平整。

(2) 气割法是利用氧气与可燃气体混合产生的预热火焰加热金属表面达到燃烧温度并使金属发生剧烈的氧化，放出大量的热促使下层金属也自行燃烧，同时通以高压氧气射流，将氧化物吹除而引起一条狭小而整齐的割缝。随着割缝的移动，使切割过程连续切割出所需的形状。除手工切割外常用的机械有火车式半自动气割机、特型气割机等。这种切割方法设备灵活、费用低廉、精度高，是目前使用最广泛的切割方法，能够切割各种厚度的钢材，特别是带曲线的零件或厚钢板。气割前，应将钢材切割区域表面的铁锈、污物等清除干净，气割后，应清除熔渣和飞溅物。

(3) 等离子切割法是利用高温高速的等离子焰流将切口处金属及其氧化物熔化并吹掉来完成切割，所以能切割任何金属，特别是熔点较高的不锈钢及有色金属铝、铜等。

4. 边缘加工

在钢结构加工中一般需要边缘加工，除图纸要求外，在梁翼缘板、支座支承面、焊接坡口及尺寸要求严格的加劲板、隔板、腹板和有孔眼的节点板等部位应进行边缘加工。常用的边缘加工方法主要有铲边、刨边、铣边、碳弧气刨、气割和坡口机加工等。

在焊接工件中，为了保证焊接度，普通情况下用机加工方法加工出的型面称为坡口，要求不高时也可以气割(如果是一类焊缝，需超声波探伤的，则只能用机加工方法)，但需清除氧化渣，根据需要，有 K 形坡口、V 形坡口、U 形坡口(图 7-2)等，但大多要求保留一定的钝边。

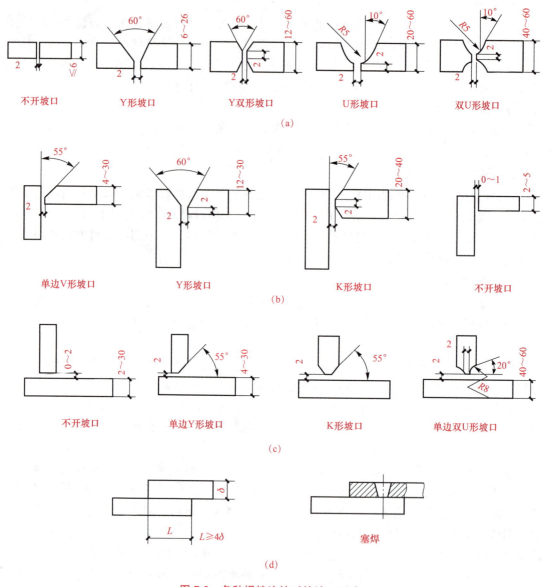

图 7-2 各种焊接连接时的坡口形式

(a)对接连接；(b)角部连接；(c)T形连接；(d)搭接连接

5. 弯制

在钢结构制作中，弯制成型的加工主要是卷板（滚圆）、弯曲（煨弯）、折边和模具压制等几种加工方法。弯制成型的加工工序是由热加工或冷加工来完成的。

把钢材加热到一定温度后进行的加工方法，通称热加工。热加工常用的有两种加热方法：一种是利用乙炔火焰进行局部加热，这种方法简便，但是加热面积较小。另一种是放在工业炉内加热，其加热面积很大。温度能够改变钢材的机械性能，能使钢材变硬，也能使钢材变软。钢材在常温中有较高的抗拉强度，但加热到 500 ℃ 以上时，随着温度的增加，钢材的抗拉强度急剧下降，其塑性、延展性大大增加，钢材的机械性能逐渐降低。

钢材在常温下进行加工制作，通常被称为冷加工。冷加工绝大多数是利用机械设备和专用工具进行的。应注意低温时不宜进行冷加工。低温中的钢材，其韧性和延伸性均相应减小，极限强度和脆性相应增加，若此时进行冷加工受力，易使钢材产生裂纹。

与热加工相比，冷加工具有的优点：使用的设备简单，操作方便；节约材料和燃料；钢材的机械性能改变较小，材料的减薄量很少。

(1) 滚圆。滚圆是在外力作用下，使钢板的外层纤维伸长，内层纤维缩短而产生弯曲变形（中层纤维不变）。当圆筒半径较大时，可在常温状态下卷圆；当半径较小和钢板较厚时，应将钢板加热后卷圆。在常温状态下进行滚圆钢板的方法有机械滚圆、胎模压制和手工制作三种加工方法。

机械滚圆是在卷板机（又称滚板机、轧圆机）上进行的。在卷板机上进行板材的弯曲是通过上滚轴向下移动时所产生的压力来达到的。卷板机按轴辊数目和位置可分为三辊卷板机和四辊卷板机两类，三辊卷板机又分为对称式与不对称式两种。

圆柱面的卷弯，卷制时根据板料温度的不同可分为冷卷、热卷与温卷。冷卷一般采用快速进给法和多次进给法滚弯，调节上辊（在对称式三辊卷板机上）或侧辊（在不对称式三辊卷板机/四辊卷板机上）的位置，使板料发生初步的弯曲，然后来回滚动而弯曲。冷卷时必须控制变形量。当碳素钢板的厚度 t 大于或等于内径 D 的 1/40 时，一般认为应该进行热卷。热卷前，通常必须将钢板在室内加热炉内均匀加热，加热温度范围视钢材成分而定。温卷作为一种新工艺，吸取了冷、热卷板中的优点，避免了冷、热卷板时存在的困难。温卷是将钢板加热至 500 ℃～600 ℃，使板料比冷卷时有更好的塑性，同时减少了卷板超载的可能，又可减少卷板时氧化皮的危害，操作也比热卷方便。由于温卷的加热温度通常在金属的再结晶温度以下，因此，温卷工艺方法实质上仍属于冷加工范围。

(2) 弯曲。在钢结构制造过程中，弯曲成形的应用相当广泛，其加工方法分为压弯、滚弯和拉弯等几种。

压弯是用压力机压弯钢板，此种方法适用于一般直角弯曲（V 形件）、双直角弯曲（U 形件），以及其他适宜弯曲的构件。滚弯是用滚圆机滚弯钢板，此种方法适用于滚制圆筒形构件及其他弧形构件。拉弯是用转臂拉弯机和转盘拉弯机拉弯钢板，它主要用于将长条板材拉制成不同曲率的弧形构件。

弯曲按加热程度分为冷弯和热弯。冷弯是在常温下进行弯制加工，此法适用于一般薄板、型钢等的加工；热弯是将钢材加热至 950 ℃～1 100 ℃，在模具上进行弯制加工，它适用于厚板及较复杂形状构件、型钢等的加工。

弯曲加工设备有型钢滚圆机、液压弯管机及压力机床等。弯曲过程是材料经过弹性变形后再达到塑性变形的过程。在塑性变形时，材料外层受拉，内层受压。拉伸和压缩在材料内部存在一定的弹性变形，当外力失去后有一定程度的回弹。因此，弯曲件的圆角半径不宜过大，圆角半径过大易引起回弹，影响构件精度。但圆角半径也不宜过小，半径过小会产生裂纹。

(3) 折边。在钢结构制造中，将构件的边缘压弯成倾角或一定形状的操作称为折边。折边广泛用于薄板构件，它有较长的弯曲线和很小的弯曲半径。薄板经折边后可以大大提高结构的强度和刚度。

板料的弯曲折边是通过折边机来完成的。板料折弯压力机用于将板料弯曲成各种形状，一般在上模作一次行程后，便能将板料压成一定的几何形状，当采用不同形状模具或通过几次冲压,还可得到较为复杂的各种截面形状。当配备相应的装备时,还可用于剪切和冲孔。

6. 开孔

在钢结构制孔中包括铆钉孔、普通螺栓连接孔、高强度螺栓孔、地脚螺栓孔等,制孔方法通常有钻孔和冲孔两种。

(1)钻孔。钻孔是钢结构制造中普遍采用的方法,能用于几乎任何规格的钢板、型钢的孔加工。钻孔的加工方法分为画线钻孔、钻模钻孔和数控钻孔。

①画线钻孔。画线钻孔在钻孔前先在构件上画出孔的中心和直径,并在孔中心打样冲眼,作为钻孔时钻头定心用;在孔的圆周上(90°位置)打四只冲眼,作钻孔后检查用。划线工具一般用画针和钢尺。

②钻模钻孔。当钻孔批量大、孔距精度要求较高时,应采用钻模钻孔。钻模有通用型、组合式和专用钻模。

③数控钻孔。数控钻孔是近年来发展的新技术,它无须在工件上画线、打样冲眼。加工过程自动化,高速数控定位、钻头行程数字控制。钻孔效率高、精度高,它是今后钢结构加工的发展方向。

(2)冲孔。冲孔是在冲孔机(冲床)上进行,一般适用于非圆孔。也可用于较薄的钢板和型钢上冲孔,单孔径一般不小于钢材的厚度,此外,还可用于不重要的节点板、垫板和角钢拉撑等小件加工。冲孔生产效率较高,但由于孔的周围产生冷作硬化,孔壁质量较差,有孔口下塌、孔的下方增大的倾向,所以,一般用于对质量要求不高的孔以及预制孔(非成品孔),在钢结构主要构件中较少直接采用。

7. 组装

钢结构组装的方法包括地样法、仿形复制装配法、立装法、卧装法、胎模装配法。

(1)地样法:用1:1的比例在装配平台上放出构件实样,然后根据零件在实样上的位置,分别组装起来成为构件。此装配方法适用于桁架、构架等小批量结构的组装。

(2)仿形复制装配法:先用地样法组装成单面(单片)的结构,然后定位点焊牢固,将其翻身,作为复制胎模,在其上面装配另一单面结构,往返两次组装。此种装配方法适用于横断面互为对称的桁架结构。

(3)立装法:根据构件的特点及其零件的稳定位置,选择自上而下或自下而上的顺序装配。此装配方法适用于放置平稳、高度不大的结构或者大直径的圆筒。

(4)卧装法:将构件放置于卧的位置进行的装配。适用于断面不大,但长度较大的细长构件。

(5)胎模装配法:将构件的零件用胎模定位在其装配位置上的组装方法。此种装配方法适用于制造构件批量大、精度高的产品。

拼装必须按工艺要求的次序进行,当有隐蔽焊缝时,必须先予施焊,经检验合格后方可覆盖。为减少变形,尽量采用小件组焊,经校正后再大件组装。

组装的零件、部件经检查合格后,零件、部件连接接触面和沿焊缝边缘30~50 mm范围内的铁锈、毛刺、污垢、冰雪、油迹等应清除干净。

板材、型材的拼接应在组装前进行;构件的组装应在部件组装、焊接、校正后进行,以便减少构件的残余应力,保证产品的制作质量。构件的隐蔽部位应提前进行涂装。

钢结构构件组装的允许偏差应符合《钢结构工程施工质量验收规范》(GB 50205—2001)中的有关规定。

三、钢结构构件的验收、运输、堆放

(一)钢结构构件的验收

钢构件加工制作完成后,应按照施工图和国家现行标准《钢结构工程施工质量验收规范》(GB 50205—2001)的规定进行验收,有的还分工厂验收、工地验收,因工地验收还增加了运输的因素,钢构件出厂时,应提供下列资料:

(1)产品合格证及技术文件。
(2)施工图和设计变更文件。
(3)制作中技术问题处理的协议文件。
(4)钢材、连接材料、涂装材料的质量证明或试验报告。
(5)焊接工艺评定报告。
(6)高强度螺栓摩擦面抗滑移系数试验报告、焊缝无损检验报告及涂层检测资料。
(7)主要构件检验记录。
(8)预拼装记录。由于受运输、吊装条件的限制以及设计的复杂性,有时构件要分两段或若干段出厂,为了保证工地安装的顺利进行,在出厂前可进行预拼装(需预拼装时)。
(9)构件发运和包装清单。

(二)钢结构构件的运输

发运的构件,单件超过 3 t 的,宜在易见部位用油漆标上重量及重心位置的标志,以免在装、卸车和起吊过程中损坏构件;节点板、高强度螺栓连接面等重要部分要有适当的保护措施,零星的部件等都要按同一类别用螺栓和钢丝紧固成束或包装发运。

大型或重型构件的运输应根据行车路线、运输车辆的性能、码头状况、运输船只来编制运输方案。在运输方案中要着重考虑吊装工程的堆放条件、工期要求编制构件的运输顺序。

运输构件时,应根据构件的长度、重量、断面形状选用车辆;构件在运输车辆上的支点、两端伸长的长度及绑扎方法均应保证构件不产生永久变形、不损伤涂层。构件起吊必须按设计吊点起吊,不得随意。

公路运输装运的高度极限为 4.5 m,如需通过隧道时,则高度极限 4 m,构件长出车身不得超过 2 m。

(三)钢结构构件的堆放

构件一般要堆放在工厂的堆放场和现场的堆放场。构件堆放场地应平整、坚实,无水坑、冰层,地面平整干燥,并应排水通畅,有较好的排水设施,同时有车辆进、出的回路。

构件应按种类、型号、安装顺序划分区域,插竖标志牌。构件底层垫块要有足够的支承面,不允许垫块有大的沉降量,堆放的高度应有计算依据,以最下面的构件不产生永久变形为准,不得随意堆高。钢结构产品不得直接置于地上,要垫高 200 mm。

在堆放中,发现有变形不合格的构件,则严格检查,进行校正,然后再堆放。不得把不合格的变形构件堆放在合格的构件中,否则会大大影响安装进度。

对于已堆放好的构件,要派专人汇总资料,建立进、出厂的动态管理。同时对已堆放好的构件进行适当保护,避免风吹雨打、日晒夜露。不同类型的钢构件一般不堆放在一起。同一工程的钢构件应分类堆放在同一地区,便于装车发运。

典型工作任务二　钢结构焊接连接

钢结构是由若干构件组合而成的。连接的作用就是通过一定的方式将板材或型钢组合成构件，再将若干个构件组合成整体结构，以保证其共同工作。因此，连接方式及其质量优劣直接影响钢结构的工作性能。钢结构的连接必须符合安全可靠、传力明确、构造简单、制造方便和节约钢材的原则。连接接头应有足够的强度，有适宜于施行连接的足够空间。

钢结构的连接方法可分为焊接连接、铆钉连接、螺栓连接和紧固件连接，如图7-3所示。

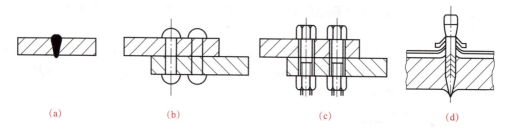

(a)　　　　　　　(b)　　　　　　　(c)　　　　　　　(d)

图7-3　钢结构的连接方法
(a)焊接连接；(b)铆钉连接；(c)螺栓连接；(d)紧固件连接

一、焊接连接的特点

（1）优点：构造简单，任何形式的构件都可直接相连；用料经济，不削弱截面；制作加工方便，可实现自动化操作；连接的密闭性好，结构刚度大。

（2）缺点：焊缝附近存在热影响区，在焊缝附近的热影响区内，钢材的金相组织发生改变，导致局部材质变脆；存在焊接残余应力和残余变形，焊接残余应力和残余变形使受压构件承载力降低；焊接结构对裂纹很敏感，局部裂纹一旦萌生，就很容易扩展到整个构件截面，低温冷脆问题较为突出。

二、焊接方法

焊接方法种类很多，按其工艺过程的特点可分为熔焊（包括电弧焊、气焊、电渣焊、铝热焊、激光焊和电子束焊）、压焊（包括锻焊、摩擦焊、电阻焊、超声波焊、扩散焊、高频焊、气压焊、冷压焊和爆炸焊）及钎焊（火焰钎焊、烙铁钎焊、感应钎焊、电阻钎焊、盐浴钎焊、炉中钎焊）三大类。

用于钢结构连接的焊接方法主要有手工电弧焊、自动或半自动埋弧焊、气体保护焊和电阻焊。

(一)手工电弧焊

手工电弧焊(图 7-4)是最常用的一种焊接方法。通电后,在涂有药皮的焊条和焊件间产生电弧。电弧提供热源,使焊条中的焊丝熔化,滴落在焊件上被电弧所吹成的小凹槽熔池中。由电焊条药皮形成的熔渣和气体覆盖着熔池,防止空气中的氧、氮等气体与熔化的液体金属接触,避免形成脆性易裂的化合物。焊缝金属冷却后把被连接件连成一体。手工电弧焊设备简单、操作灵活方便,适于任意空间位置的焊接,特别适于焊接短焊缝。但生产效率低,劳动强度大,焊接质量与焊工的技术水平和精神状态有很大的关系。

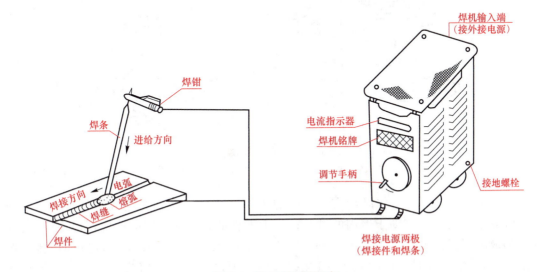

图 7-4　手工电弧焊示意

手工电弧焊所用焊条应与焊件钢材(或称主体金属)相适应,例如,对 Q235 钢采用 E43 型焊条(E4300~E4328);对 Q345 钢采用 E50 型焊条(E5000~E5048);对 Q390 钢和 Q420 钢采用 E55 型焊条(E5500~E5518)。字母 E 表示焊条,前两位数字为熔敷金属的最小抗拉强度,第三、四位数字表示适用焊接位置、电流以及药皮类型等。不同钢种的钢材相焊接时,宜采用低组配方案,即宜采用与低强度钢相适应的焊条。

(二)埋弧焊

埋弧焊(图 7-5)是电弧在焊剂层下燃烧的一种电弧焊方法。焊丝送进和焊接方向的移动有专门机构控制的称为自动埋弧焊;焊丝送进有专门机构控制,而焊接方向的移动靠工人操作的称为半自动埋弧焊。电弧焊的焊丝不涂药皮,但施焊端靠由焊剂漏头自动流下的颗粒状焊剂所覆盖,电弧完全被埋在焊剂之内,电弧热量集中,熔深大,适用于厚板的焊接,具有很高的生产率。由于采用了自动或半自动化操作,焊接时的工艺条件稳定,焊缝的化学成分均匀,故焊成的焊缝质量好,焊件变形小。但埋弧焊对焊件边缘的装配精度(如间隙)要求比手工焊高。埋弧焊所用焊丝和焊剂应与主体金属的力学性能相适应,并应符合现行国家标准的规定。

(三)气体保护焊

气体保护焊是利用二氧化碳气体或其他惰性气体作为保护介质的一种电弧熔焊方法。它直接依靠保护气体在电弧周围造成局部的保护层,以防止有害气体的侵入并保证了焊接过程的稳定性。

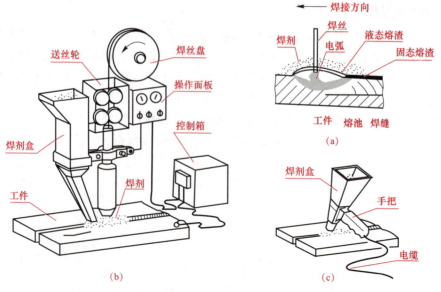

图 7-5 埋弧焊示意
(a)埋弧焊过程示意；(b)自动埋弧焊；(c)半自动埋弧焊

气体保护焊的焊缝熔化区没有熔渣，焊工能够清楚地看到焊缝成型的过程；由于保护气体是喷射的，有助于熔滴的过渡；又由于热量集中，焊接速度快，焊件熔深大，故所形成的焊缝强度比手工电弧焊高，塑性和抗腐蚀性好，适用于全位置的焊接。但不适用于在风较大的地方施焊。二氧化碳气体保护焊是利用二氧化碳气体作为保护气体，使焊缝金属不与空气接触，二氧化碳气体保护焊采用高锰高硅型焊丝，具有较强的抗锈能力。

(四)电阻焊

电阻焊是利用电流通过焊件接触点表面的电阻所产生的热量来熔化金属，再通过压力使其焊合。适用于板叠厚度不大于 12 mm 的焊接。对冷弯薄壁型钢的焊接，常用电阻点焊（图 7-6），电阻焊可用来缀合壁厚不超过 3.5 mm 的构件，如将两个冷弯槽钢或 C 型钢组合成 I 形截面构件等，焊点应主要承受剪力，其抗拉(撕裂)能力较差。

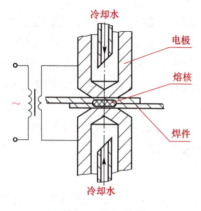

图 7-6 电阻点焊

三、焊缝连接形式及焊缝形式

(一)焊缝连接形式

焊缝连接形式按被连接钢材的相互位置可分为对接、搭接、T 形连接和角部连接(图 7-7)。按焊缝截面形式分为对接焊缝和角焊缝。

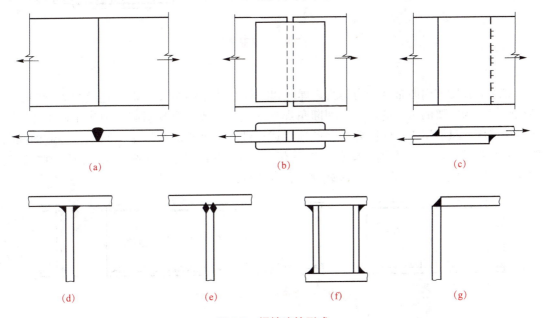

图 7-7 焊缝连接形式
(a)对接连接；(b)用拼接盖板的对接连接；(c)搭接连接；(d)、(e)T 形连接；(f)、(g)角部连接

(1)对接连接[图 7-7(a)]主要用于厚度相同或接近相同的两构件的相互连接。由于相互连接的两构件在同一平面内，因而传力均匀平缓，没有明显的应力集中，且用料经济，但是焊件边缘需要加工，被连接两板的间隙和坡口尺寸有严格的要求。

(2)用双层盖板和角焊缝的对接连接[图 7-7(b)]，这种连接传力不均匀、费料，但施工简便，所连接两板的间隙大小无须严格控制。

(3)用角焊缝的搭接连接[图 7-7(c)]，特别适用于不同厚度构件的连接。这种连接传力不均匀，且较费材料，但构造简单，施工方便，目前还广泛应用。

(4)T 形连接省工省料，常用于制作组合截面。当采用角焊缝连接时[图 7-7(d)]，焊件间存在缝隙，截面突变，应力集中现象严重，疲劳强度较低，可用于不直接承受动力荷载结构的连接中。对于直接承受动荷载的结构，如重级工作制吊车梁，其上翼缘与腹板的连接，应采用焊透的 T 形对接[图 7-7(e)]与角接组合焊缝进行连接。角部连接[图 7-7(f)和图 7-7(g)]主要用于制作箱形截面。

(二)焊缝形式

对接焊缝按所受力的方向分为正对接焊缝和斜对接焊缝[图 7-8(a)和图 7-8(b)]。角焊缝[图 7-8(c)]按所受力的方向分为正面角焊缝(焊缝长度方向与作用力垂直)、侧面角焊缝(焊缝长度方向与作用力平行)和斜焊缝。

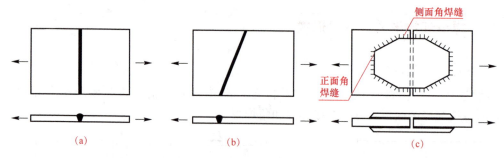

图 7-8 焊缝形式
(a)正对接焊缝；(b)斜对接焊缝；(c)角焊缝

焊缝沿长度方向的布置分为连续角焊缝和间断角焊缝两种(图7-9)。连续角焊缝的受力性能较好，为主要的角焊缝形式。间断角焊缝的起、灭弧处容易引起应力集中，重要结构应避免采用，只能用于一些次要构件的连接或构件受力很小的连接中。间断角焊缝的间断距离 l 不宜过长，以免连接不紧密，潮气侵入引起构件锈蚀。一般在受压构件中应满足 $l \leqslant 15t$；在受拉构件中 $l \leqslant 30t$，t 为较薄焊件的厚度。

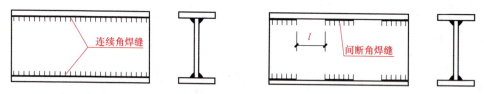

图 7-9 连续角焊缝和间断角焊缝

焊缝按施焊位置分为平焊(又称俯焊)、横焊、立焊及仰焊(图7-10)。平焊施焊方便。立焊和横焊要求焊工的操作水平较高。仰焊的操作条件最差，焊缝质量不易保证，因此应尽量避免采用仰焊。

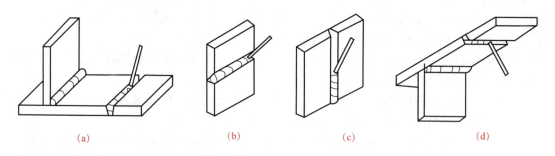

图 7-10 焊缝施焊位置
(a)平焊；(b)横焊；(c)立焊；(d)仰焊

四、焊缝缺陷及焊缝质量检验

(一)焊缝缺陷

焊缝缺陷是指焊接过程中产生于焊缝金属或附近热影响区钢材表面或内部的缺陷。常见的缺陷有裂纹、焊瘤、烧穿、弧坑、气孔、夹渣、咬边、未熔合、未焊透等(图 7-11)，以及焊缝尺寸不符合要求、焊缝成形不良等。裂纹是焊缝连接中最危险的缺陷。产生裂纹的原因很多，如钢材的化学成分不当，焊接工艺条件(如电流、电压、焊速、施焊次序等)选择不合适，焊件表面油污未清除干净等。

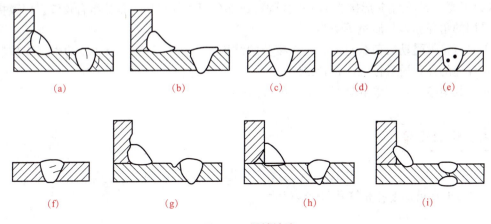

图 7-11 焊缝缺陷
(a)裂纹；(b)焊瘤；(c)烧穿；(d)弧坑；(e)气孔；(f)夹渣；(g)咬边；(h)未熔合；(i)未焊透

(二)焊缝质量检验

焊缝缺陷的存在将削弱焊缝的受力面积，在缺陷处引起应力集中，故对连接的强度、冲击韧性及冷弯性能等均有不利影响。因此，焊缝质量检验极为重要。

焊缝质量检验一般可用外观检查及内部无损检验，前者检查外观缺陷和几何尺寸，后者检查内部缺陷。内部无损检验目前广泛采用超声波检验。该方法使用灵活、经济，对内部缺陷反应灵敏，但不易识别缺陷性质。有时还用磁粉检验，该方法采用荧光检验等较简单的方法作为辅助。此外还可采用 x 射线或 γ 射线透照或拍片。

《钢结构工程施工质量验收规范》(GB 50205—2001)规定焊缝按其检验方法和质量要求分为一级、二级和三级。三级焊缝只要求对全部焊缝作外观检查且符合三级质量标准；设计要求全焊透的一级、二级焊缝则除外观检查外，还要求用超声波探伤进行内部缺陷的检验，超声波探伤不能对缺陷作出判断时，应采用射线探伤检验，并应符合国家相应质量标准的要求。

五、焊缝质量等级的规定

《钢结构设计规范》(GB 50017—2003)规定，焊缝应根据结构的重要性、荷载特性、焊缝形式、工作环境以及应力状态等情况，按下述原则分别选用不同的质量等级。

(1)在需要进行疲劳计算的构件中，凡对接焊缝均应焊透，其质量等级为：

①作用力垂直于焊缝长度方向的横向对接焊缝或 T 形对接与角接组合焊缝，受拉时应为一级，受压时应为二级；

②作用力平行于焊缝长度方向的纵向对接焊缝应为二级。

(2)不需要计算疲劳的构件中，凡要求与母材等强的对接焊缝应予焊透，其质量等级当受拉时应不低于二级，受压时宜为二级。

（3）重级工作制和起重量 $Q \geqslant 50$ t 的中级工作制吊车梁的腹板与上翼缘之间以及吊车桁架上弦杆与节点板之间的 T 形接头焊缝均要求焊透。焊缝形式一般为对接与角接的组合焊缝，其质量等级不应低于二级。

（4）不要求焊透的 T 形接头采用的角焊缝或部分焊透的对接与角接组合焊缝，以及搭接连接采用的角焊缝，其质量等级为：

①对直接承受动力荷载且需要验算疲劳的结构和吊车起重量 $Q \geqslant 50$ t 的中级工作制吊车梁，焊缝的外观质量标准应符合二级；

②对其他结构，焊缝的外观质量标准可为三级。

六、焊缝代号

《焊缝符号表示法》(GB/T 324—2008)规定，焊缝符号一般由基本符号与指引线（图 7-12）组成，必要时还可加上补充符号和焊缝尺寸。

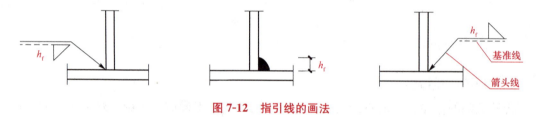

图 7-12　指引线的画法

（1）基本符号：表示焊缝的横截面形状，如用"△"表示角焊缝，用"V"表示 V 形坡口的对接焊缝。常用焊缝基本符号见表 7-1。

（2）补充符号：补充说明焊缝的某些特征，如用"▶"表示现场安装焊缝，用"["表示焊件三面带有焊缝。焊缝符号的辅助符号和补充符号见表 7-2。

表 7-1　常用焊缝基本符号

名称	封底焊缝	对接焊缝				角焊缝	塞缝焊与槽焊缝	点焊缝
		I形焊缝	V形焊缝	单边V形焊缝	带钝边的V形焊缝	带钝边的U形焊缝			
符号	⌒	∥	V	V	Y	Y	△	⊓	○

表 7-2　焊缝符号中的辅助符号和补充符号

辅助符号	名称	焊缝示意图	符号	示　例
	平面符号		—	

续表

名称		焊缝示意图	符号	示例
辅助符号	凹面符号	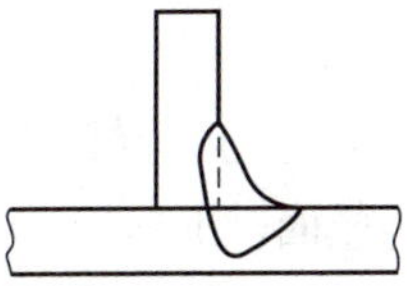	⌣	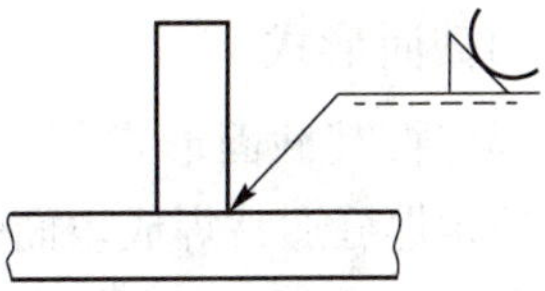
补充符号	三面围焊符号	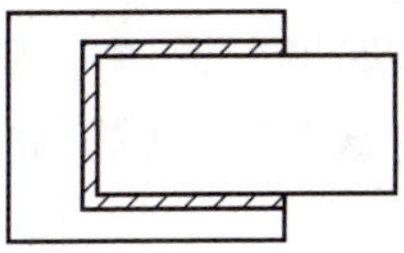	⊏	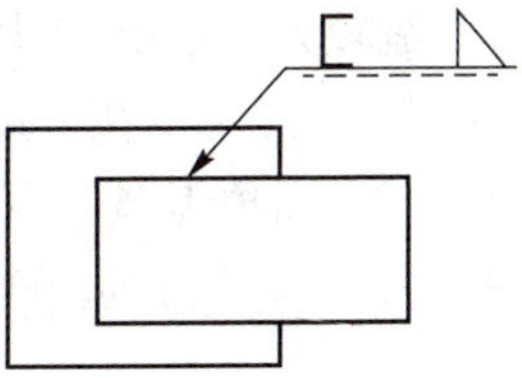
	周边围焊符号	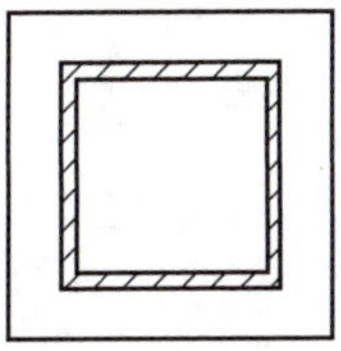	 ○	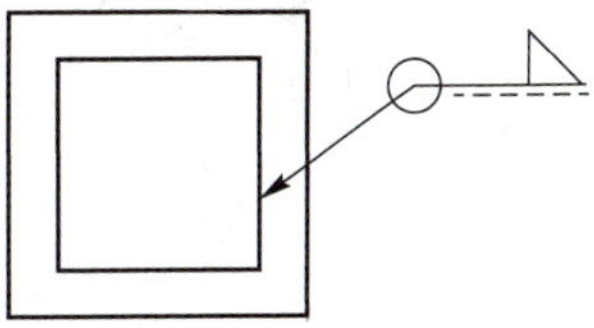
	现场焊符号		 ▶	 或
	焊缝底部有垫板的符号	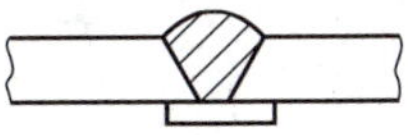	▭	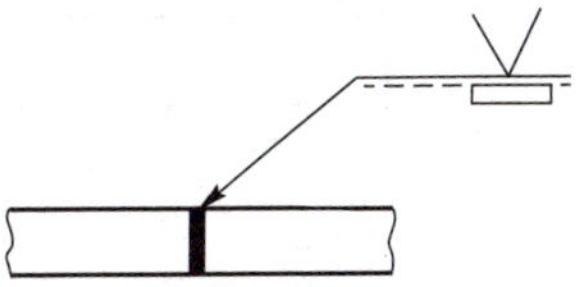

(3) 指引线：一般由横线和带箭头的斜线组成，箭头指向图形相应焊缝处，横线上方和下方用来标注基本符号和焊缝尺寸等。

当焊缝分布比较复杂或用上述标注方法不能表达清楚时，在标注焊缝符号的同时，可在图形上加栅线表示(图7-13)。

(a)　　　　　　　　　(b)　　　　　　　　　(c)

图 7-13　用栅线表示焊缝
(a)正面焊缝；(b)背面焊缝；(c)安装焊缝

七、角焊缝的构造要求

(一)截面形式

角焊缝按其截面形式分为直角角焊缝(图 7-14)和斜角角焊缝(图 7-15)。

直角角焊缝通常焊成表面微凸的等腰直角三角形截面[图 7-14(a)]。在直接承受动力荷载的结构中,为了减少应力集中,提高构件的抗疲劳强度,侧面角焊缝以凹形为最好。但手工焊成凹形极为费事,因此采用手工焊时,焊缝做成直线形较为合适[图 7-14(b)]。当用自动焊时,由于电流较大,金属熔化速度快、熔深大,焊缝金属冷却后的收缩自然形成凹形表面[图 7-14(c)]。为此规定在直接承受动力荷载的结构(如吊车梁)中,侧面角焊缝做成凹形或直线形均可。对正面角焊缝,因其刚度较大,受动力荷载时应焊成平坡式[图 7-14(b)],直角边的比例通常为 1:1.5(长边顺内力方向)。

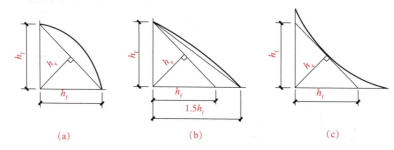

图 7-14 直角角焊缝

h_f—焊脚尺寸;h_e—焊缝有效厚度

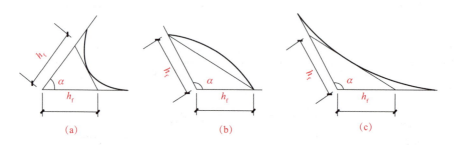

图 7-15 斜角角焊缝

h_f—焊脚尺寸;α—两焊角边的夹角

两焊脚边的夹角 $\alpha>90°$ 或 $\alpha<90°$ 的焊缝称为斜角角焊缝,斜角角焊缝常用于钢漏斗和钢管结构中。对于夹角 $\alpha>135°$ 或 $\alpha<60°$ 的斜角角焊缝,除钢管结构外,不宜用作受力焊缝。

(二)最大焊脚尺寸 $h_{f\max}$

除了直接焊接钢管结构的焊脚尺寸 h_f 不宜大于支管壁厚的 2 倍之外,h_f 不宜大于较薄焊件厚度的 1.2 倍,即最大焊脚尺寸 $h_f \leq 1.2 t_{\min}$,$t_{\min}$ 为较薄焊件的厚度。在板件边缘的角焊缝,当板件厚度 $t \leq 6$ mm 时,$h_f \leq t$,即 $h_{f\max}=t$;当 $t>6$ mm 时,$h_f \leq t-(1\sim 2 \text{ mm})$,即 $h_{f\max}=t-(1\sim 2 \text{ mm})$。$h_f$ 太大会使施焊时热量输入过大,焊缝收缩时容易产生较大的焊接残余变形和三向焊接残余应力；且使热影响区扩大，容易产生脆性断裂；甚至易使较薄焊件烧穿。板件边缘的较大角焊缝当与板件边缘等厚时，施焊时易产生咬边现象。

(三) 最小焊脚尺寸 h_{fmin}

角焊缝的焊脚尺寸 h_f 不得小于 $1.5\sqrt{t}$，t 为较厚焊件厚度；自动焊熔深大，最小焊脚尺寸可减少 1 mm；对 T 形连接的单面角焊缝，应增加 1 mm。当焊件厚度等于或小于 4 mm 时，则最小焊脚尺寸应与焊件厚度相同。h_f 太小会使焊缝有缺陷或尺寸不足时影响承载力过多，且焊缝因冷却过快容易产生收缩裂纹。故规定 h_f 最小值随 t_{max} 而相应增加。

(四) 不等焊脚尺寸的构造要求

角焊缝的两焊脚尺寸一般相等。当焊件的厚度相差较大且等焊脚尺寸不能符合以上最大焊脚尺寸及最小焊脚尺寸要求时，可采用不等焊脚尺寸。

(五) 搭接连接的构造要求

当板件端部仅有两条侧面角焊缝连接时，宜使每条侧面角焊缝计算长度 $l_w \geq$ 其间距 b，且间距 $b \leq 16$ 倍的较薄焊件厚度 $t(t > 12\text{ mm})$ 或 200 mm $(t \leq 12\text{ mm})$。在搭接连接中，当仅采用正面角焊缝时，其搭接长度不得小于焊件较小厚度的 5 倍，也不得小于 25 mm，以免焊缝受偏心弯矩影响太大而破坏。杆件端部搭接采用围焊（包括三面围焊、L 形围焊）时，转角处截面突变会产生应力集中，如在此处起灭弧，可能出现弧坑或咬边等缺陷，从而加大应力集中的影响，故所有围焊的转角处必须连接施焊。对于非围焊情况，当角焊缝的端部在构件转角处时，可连续地作长度为 $2h_f$ 的绕角焊。

八、对接焊缝的构造要求

(一) 坡口形式

对接焊缝的焊件常需做成坡口，故又称坡口焊缝，当焊件厚度很小（手工焊 $t \leq 6$ mm，埋弧焊 $t \leq 10$ mm）时可用直边缝；对于一般厚度的焊件可采用具有坡口角度的单边 V 形或 V 形焊缝；对于较厚的焊件 $(t > 20\text{ mm})$，常采用 U 形、K 形和 X 形坡口（图 7-16）。

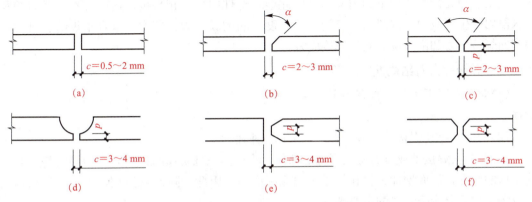

图 7-16 对接焊缝的坡口形式

(a)直边缝；(b)单边 V 形坡口；(c)V 形坡口；(d)U 形坡口；(e)K 形坡口；(f)X 形坡口

(二)截面的改变

对接焊缝拼接处,当焊件的宽度不同或厚度在一侧相差 4 mm 以上时,在宽度方向或厚度方向从一侧或两侧做成坡度不大于 1∶2.5 的斜角(图 7-17),以使截面过渡平缓,减小应力集中。

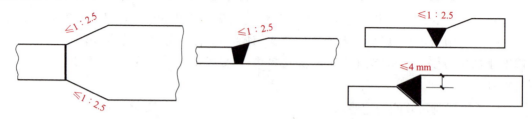

图 7-17 钢板拼接

(三)引弧板

在焊缝起灭弧处会出现弧坑等缺陷,这些缺陷对连接的承载力影响较大,故焊接时一般应设置引弧板(图 7-18)和引出板,焊后将它割除。对受静力荷载的结构设置引弧板和引出板有困难时,允许不设置,此时可令焊缝计算长度等于实际长度减去 $2t$(t 为较薄焊件厚度)。

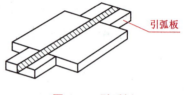

图 7-18 引弧板

九、焊接应力和焊接变形

(一)焊接应力产生的原因及其分类

焊接过程是一个不均匀加热和冷却的过程。在施焊时,焊件上产生不均匀的温度场,焊缝及其附近温度最高,可达 1 600 ℃以上,而邻近区域温度则急剧下降。不均匀的温度场产生不均匀的膨胀。温度高的钢材膨胀大,但受到两侧温度较低、膨胀量较小的钢材所限制,产生了热态塑性压缩。焊缝冷却时,被塑性压缩的焊缝区趋向于缩短,但受到周围钢材限制而产生拉应力。在低碳钢和低合金钢中,这种拉应力经常达到钢材的屈服强度。焊接应力是一种无荷载作用下的内应力,因此会在焊件内部自相平衡,这就必然在距焊缝稍远区段内产生压应力。焊缝应力有沿焊缝长度方向的纵向焊接应力、垂直于焊缝长度方向的横向焊接应力和沿厚度方向的焊接应力。

(二)焊接应力对结构性能的影响

(1)对在常温下工作并具有一定塑性的钢材,在静荷载作用下,焊接应力不会影响结构的强度。

(2)构件上存在焊接残余应力会降低结构的刚度。

(3)在厚板焊接处或具有交叉焊缝的部位,将产生三向焊接拉应力,阻碍该区域钢材塑性变形的发展,从而增加钢材在低温下的脆断倾向。因此,降低或消除焊缝中的残余应力是改善结构低温冷脆趋势的重要措施之一。

(4)在焊缝及其附近的主体金属残余拉应力通常达到钢材的屈服强度,此部位正是形成和发展疲劳裂纹最为敏感的区域,因此焊接残余应力对结构的疲劳强度有明显不利影响。

(三)焊接变形

在焊接应力下,如果焊件的约束度较小,如板较薄或处于自由无约束状态下,则焊件会产生相应的焊接变形。焊接变形是焊接构件经局部加热冷却后产生的不可恢复变形,包括纵向收缩、横向收缩、角变形、弯曲变形或扭曲变形等,通常是几种变形的组合。任一焊接变形超过《钢结构工程施工质量验收规范》(GB 50205—2001)的规定时,必须进行校正,以免影响构件在正常使用下的承载能力。如果焊件的约束度很大,如板较厚、形状复杂或因人为施加的夹具而处于较强的约束状态下,此时焊件不能自由变形,但焊缝及其附近的主体金属会产生较大的残余应力。

(四)减小焊接应力和焊接变形的措施

设计上的措施有:
(1)焊接位置的安排要合理;
(2)焊缝尺寸要适当;
(3)焊缝的数量宜少,且不宜过分集中;
(4)应尽量避免两条或三条焊缝垂直交叉;
(5)尽量避免在母材厚度方向的收缩应力。

工艺上的措施有:
(1)采取合理的施焊次序;
(2)采用反变形;
(3)对于小尺寸焊件,焊前预热,或焊后回火加热至 600 ℃左右,然后缓慢冷却,可以部分消除焊接应力和焊接变形。也可采用刚性固定法将构件加以固定来限制焊接变形,但增加了焊接残余应力。

典型工作任务三　钢结构螺栓及其他连接

螺栓连接分为普通螺栓连接和高强度螺栓连接两种。钢结构一般选用六角螺母螺栓,标识用 M 和公称直径(mm)表示,例如 M16、M20 等。

一、普通螺栓连接

钢结构普通螺栓连接即将普通螺栓、螺母、垫圈机械地和连接件连接在一起的一种连接形式。

普通螺栓分为 A、B、C 三级。A 级与 B 级为精制螺栓,C 级为粗制螺栓。C 级螺栓材料性能等级为 4.6 级或 4.8 级,小数点前的数字表示螺栓成品的抗拉强度不小于 400 N/mm^2,小数点及小数点以后数字表示其屈强比(屈服点与抗拉强度之比)为 0.6 或 0.8。A 级和 B 级螺栓材料性能等级则为 5.6 级或 8.8 级,8.8 级即其抗拉强度不小于 800 N/mm^2,屈强比为 0.8。

C 级螺栓由未经加工的圆钢压制而成。由于螺栓表面粗糙,一般采用在单个零件上一次冲成或不用钻模钻成的孔(Ⅱ类孔)。螺栓孔的直径比螺栓杆的直径大 1.5～3 mm。对于采用 C 级螺栓的连接,由于螺杆与栓孔之间有较大的间隙,受剪力作用时,将会产生较大的剪切滑移，连接的变形大。但其安装方便，且能有效地传递拉力，故一般可用于沿螺栓杆轴受拉的连接中，以及次要结构的抗剪连接或安装时的临时固定。

A、B级精制螺栓是由毛坯在车床上经过切削加工精制而成。精制螺栓表面光滑，尺寸准确，螺杆直径与螺栓孔径相同，但螺杆直径仅允许负公差，螺栓孔直径仅允许正公差，对成孔质量要求高。由于有较高的精度，因而受剪性能好。但制作和安装复杂，价格较高，已很少在钢结构中采用。

二、高强度螺栓连接

高强度螺栓连接已经发展成为与焊接并举的钢结构主要连接形式之一，它具有受力性能好、耐疲劳、抗震性能好、连接刚度高、施工简便等优点，被广泛地应用在建筑钢结构和桥梁钢结构的工地连接中。

高强度螺栓一般采用45号钢、40B钢和20MnTiB钢加工制作，经热处理后，螺栓抗拉强度应分别不低于$800\ N/mm^2$和$1\ 000\ N/mm^2$，屈强比分别为0.8和0.9，因此，其性能等级分别称为8.8级和10.9级。高强度螺栓分为大六角头型[图7-19(a)]和扭剪型[图7-19(b)]两种。安装时通过特别的扳手，以较大的扭矩上紧螺帽，使螺杆产生很大的预拉力。高强度螺栓的预拉力把被连接的部件夹紧，使部件的接触面间产生很大的摩擦力，外力通过摩擦力来传递。这种连接称为高强度螺栓摩擦型连接。它的优点是施工方便，对构件的削弱较小，可拆换，能承受动力荷载，耐疲劳，韧性和塑性好，包含了普通螺栓和铆钉连接的各自优点，目前已成为代替铆接的优良连接形式。另外，高强度螺栓也可同普通螺栓一样，允许接触面滑移，依靠螺栓杆和螺栓孔之间的承压来传力。这种连接称为高强度螺栓承压型连接。

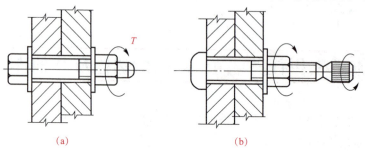

图7-19 高强度螺栓

摩擦型连接的栓孔直径比螺杆的公称直径d大$1.5\sim 2.0\ mm$；承压型连接的栓孔直径比螺杆的公称直径d大$1.0\sim 1.5\ mm$。摩擦型连接的剪切变形小，弹性性能好，特别适用于承受动力荷载的结构。承压型连接的承载力高于摩擦型，连接紧凑，但剪切变形大，不得用于承受动力荷载的结构中。

三、螺栓连接的排列和构造要求

（一）排列方式

螺栓连接时钢板上的螺栓排列方式分为并列式和错列式（也称梅花式）两种，如图7-20所示。

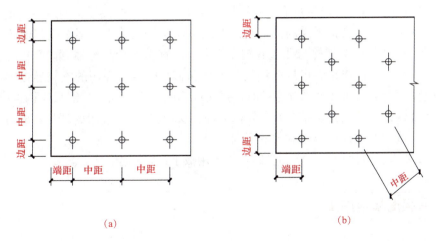

图 7-20　螺栓连接时钢板上的螺栓排列方式
(a)并列式；(b)错列式

(二)螺栓布置的原则

螺栓的排列中螺栓的各间距应满足受力、构造和施工各方面的要求。钢板上螺栓的容许间距见表 7-3。

表 7-3　钢板上螺栓和铆钉的容许间距

名称	位置和方向			最大容许距离（取两者的较小者）	最小容许距离
中心间距	外排（垂直内力方向或顺内力方向）			$8d_0$ 或 $12t$	$3d_0$
	中间排	垂直内力方向		$16d_0$ 或 $24t$	
		顺内力方向	构件受压力	$12d_0$ 或 $18t$	
			构件受拉力	$16d_0$ 或 $24t$	
	沿对角线方向			—	
中心至构件边缘距离	顺内力方向			$4d_0$ 或 $8t$	$2d_0$
	垂直内力方向	剪切或手工气割边			$1.5d_0$
		轧制边、自动气割或锯割边	高强度螺栓		
			其他螺栓或铆钉		$1.2d_0$

注：1. d_0 为螺栓孔或铆钉孔孔径，t 为外层薄板件厚度。
　　2. 钢板边缘与刚性构件(如角钢、槽钢)相连的螺栓最大间距，可按中间排数值采用。

(1)受力要求。对于受拉构件，各排螺栓的中距、边距不能过小，以免使螺栓周围应力集中相互影响，截面削弱过多，降低承载力。端距应按被连接件材料的抗挤压及抗剪切等强度条件确定，以使钢板在端部不致被螺栓撕裂，受压构件上的中距不宜过大，防止发生鼓曲。

(2)构造要求。为了使连接可靠,每一杆件在节点上以及拼接接头的一端,永久性螺栓数不宜少于两个;对于直接承受动力荷载的普通螺栓连接应采用双螺帽或其他防止螺帽松动的有效措施;由于C级螺栓与孔壁有较大间隙,只宜用于沿其杆轴方向受拉的连接。承受静力荷载结构的次要连接、可拆卸结构的连接和临时固定构件用的安装连接中,也可用C级螺栓受剪;当采用高强度螺栓连接时,拼接件不能采用型钢,只能采用钢板(型钢抗弯刚度大,不能保证摩擦面紧密结合);沿杆轴方向受拉的螺栓连接中的端板,应适当增强其刚度,以减少撬力对螺栓抗拉承载力的不利影响。

(3)施工要求。要保证有一定的空间,便于用扳手拧紧螺栓。

四、高强度螺栓施工

(一)施工机具

(1)手动扭矩扳手。各种高强度螺栓在施工中以手动紧固时,都要使用有示明扭矩值的扳手施拧,使其达到高强度螺栓连接副规定的扭矩和剪力值。一般常用的手动扭矩扳手有指针式、音响式和扭剪型三种。

(2)扭剪型手动扳手。这是一种紧固扭剪型高强度螺栓使用的手动力矩扳手。配合扳手紧固螺栓的套筒,设有内套筒弹簧、内套筒和外套筒。这种扳手靠螺栓尾部的卡头得到紧固反力,使紧固的螺栓不会同时转动。内套筒可根据所紧固的扭剪型高强度螺栓直径而更换相适应的规格。紧固完毕后,扭剪型高强度螺栓卡头在颈部被剪断,所施加的扭矩可以视为合格。

(3)电动扳手。钢结构用高强度大六角头螺栓紧固时用的电动扳手有NR-9000A、NR-12和双重绝缘定扭矩、定转角电动扳手等,是拆卸和安装六角高强度螺栓的机械化工具,可以自动控制扭矩和转角,适用于钢结构桥梁、厂房建设、化工、发电设备安装大六角头高强度螺栓施工的初拧、终拧和扭剪型高强度螺栓的初拧,以及对螺栓紧固件的扭矩或轴力有严格要求的场合。

(二)大六角头高强度螺栓施工

(1)扭矩法施工。在采用扭矩法终拧前,应首先进行初拧,对螺栓多的大接头,还需进行复拧。初拧的目的就是使连接接触面密贴,一般常用规格螺栓(M20、M22、M24)的初拧扭矩在200~300 N·m,螺栓轴力达到10~50 kN即可。初拧、复拧及终拧一般都应从中间向两边或四周对称进行,初拧和终拧的螺栓都应作不同的标记,避免漏拧、超拧等安全隐患,同时也便于检查人员检查紧固质量。

(2)转角法施工。转角法就是利用螺母旋转角度以控制螺杆弹性伸长量来控制螺栓轴向力的方法。采用转角法施工可避免较大的误差。转角法施工分初拧和终拧两步进行(必要时需增加复拧),初拧的要求比扭矩法施工要严,因为起初连接板间隙的影响,螺母的转角大都消耗于板缝,转角与螺栓轴力关系不稳定。初拧的目的是为消除板缝影响,使终拧具有一致的基础。转角法施工在我国已有30多年的历史,但对初拧扭矩还没有一定的标准,各个工程根据具体情况确定,一般来讲,对于常用螺栓,初拧扭矩定在200~300 N·m比较合适,初拧应该使连接板缝密贴为准。终拧是在初拧的基础上,再将螺母拧转一定的角度,使螺栓轴向力达到施工预拉力。

(三)扭剪型高强度螺栓施工

扭剪型高强度螺栓连接副紧固施工比大六角头高强度螺栓连接副紧固施工要简便得多，正常的情况采用专用的电动扳手进行终拧，梅花头拧掉标志着螺栓终拧的结束。

五、螺栓图例

螺栓及其孔眼图例见表 7-4，在钢结构施工图上需要将螺栓及其孔眼的施工要求用图形表示清楚，以免引起混淆。

表 7-4 孔、螺栓图例

序号	名称	图例	说明
1	永久螺栓	◇	
2	安装螺栓	◈	1. 细"+"线表示定位线
3	高强度螺栓	◆	2. 必须标注孔、螺栓直径
4	螺栓圆孔	●	
5	椭圆形螺栓孔	(a, b)	

六、钢结构铆钉连接

铆钉连接有热铆和冷铆两种方法。热铆是由烧红的钉坯插入构件的钉孔中，用铆钉枪或压铆机铆合而成。冷铆是在常温下铆合而成。在建筑结构中一般都采用热铆。

铆钉的材料应有良好的塑性，通常采用专用钢材 BL2 和 BL3 号钢制成。

铆钉连接的质量和受力性能与钉孔的制法有很大关系。钉孔的制法分为Ⅰ、Ⅱ两类。Ⅰ类孔是用钻模钻成，或先冲成较小的孔，装配时再扩钻而成，质量较好。Ⅱ类孔是冲成或不用钻模钻成，虽然制法简单，但构件拼装时钉孔不易对齐，故质量较差。

铆钉打好后，钉杆由高温逐渐冷却而发生收缩，但被钉头之间的钢板阻止住，所以钉杆中产生了收缩拉应力，对钢板则产生压缩紧力。这种紧力使连接十分紧密。

当构件受剪力作用时，钢板接触面上产生很大的摩擦力，因而能大大提高连接的工作性能。

铆钉连接由于构造复杂，技术水平要求较高，费钢费工，现已很少采用。但是铆钉连接的塑性和韧性较好，传力可靠，连接质量容易检查，对主体金属材质质量要求相对较低，在一些重型和直接承受动力荷载的结构中，有时仍然采用。

七、轻钢结构的紧固件连接

在冷弯薄壁型钢结构中经常采用自攻螺钉、拉铆钉、射钉等机械式紧固件连接方式（图7-21），主要用于压型钢板之间和压型钢板与冷弯型钢等支承构件之间的连接。

（1）自攻螺钉有两种类型：一类为一般的自攻螺钉[图7-21(a)]，需先行在被连板件和构件上钻一定大小的孔后，再用电动扳子或扭力扳子将其拧入连接板的孔中；一类为自钻自攻螺钉[图7-21(b)]，无须预先钻孔，可直接用电动扳子自行钻孔和攻入被连板件。

（2）拉铆钉[图7-21(c)]有铝材和钢材制作的两类，为防止电化学反应，轻钢结构均采用钢制拉铆钉。

（3）射钉[图7-21(d)]由带有锥杆和固定帽的杆身与下部活动帽组成，靠射钉枪的动力将射钉穿过被连板件打入母材基体中[图7-21(d)]。射钉只用于薄板与支承构件（如檩条、墙梁等）的连接。

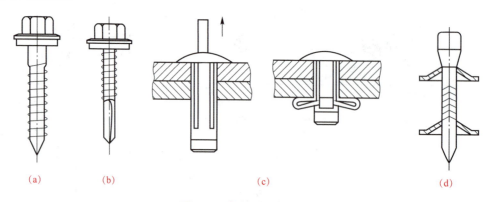

图7-21 轻钢结构紧固件
(a)一般自攻螺钉；(b)自钻自攻螺钉；(c)拉铆钉；(d)射钉

典型工作任务四　钢结构安装

一、单层钢结构安装工程

钢结构单层工业厂房一般由柱、柱间支撑、吊车梁、制动梁（桁架）屋架、天窗架、上下支撑、檩条及墙体骨架等构件组成，如图7-22所示。柱基通常采用钢筋混凝土阶梯或独立基础。单层钢结构安装工艺流程，如图7-23所示。

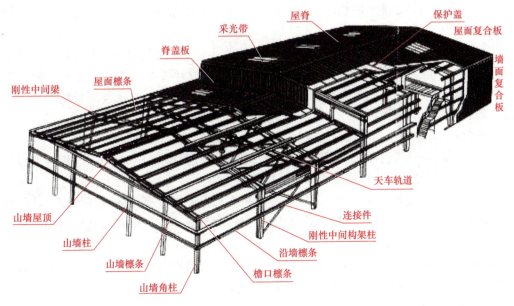

图 7-22 单层钢结构厂房效果图

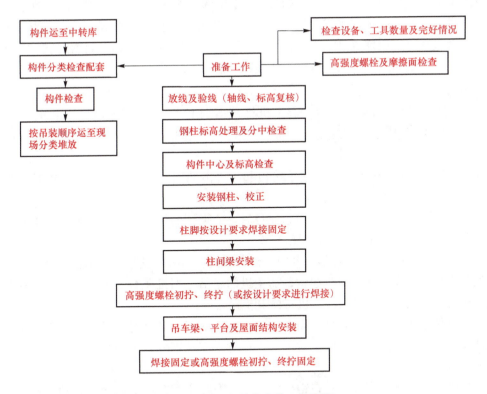

图 7-23 单层钢结构安装工艺流程

(一)基础检查

(1)钢结构安装前应对建筑物的定位轴线、基础轴线和标高、地脚螺栓规格和位置等进行复查,并应进行基础检验和办理交接验收。如地脚螺栓需复核每个螺栓的轴线、标高,对超出规范要求的，必须采取相应的补救措施。如加大柱底板尺寸，在柱底板上按实际螺栓位置重新钻孔等。

(2)当基础工程分批进行交接时，每次交接验收不少于一个能形成空间刚度的安装单元的柱基基础，并应符合下列规定：基础混凝土强度达到设计要求；基础周围回填夯实完毕；基础的轴线标志和标高及基准点准确、齐全；基础顶面应平整，二次浇灌处的基础表面应凿毛，地脚螺栓应完好无损。

(3)将柱子就位轴线弹测在柱基表面。

(4)对柱基标高进行找平。混凝土柱基标高浇筑一般预留 50～60 mm(与钢柱底设计标高相比)，在安装时用钢垫板或提前采用坐浆承板找平。

①当采用钢垫板做支撑板时，钢垫板的面积应根据基础混凝土的抗压强度、柱脚底板下二次灌浆前柱底承受的荷载和地脚螺栓的紧固拉力计算确定。垫板与基础面和柱底面的接触应平整、紧密。

②当采用坐浆承板时应采用无收缩砂浆，柱子吊装前砂浆垫块的强度应高于基础混凝土强度一个等级，且砂浆垫块应有足够的面积以满足承载的要求。

(二)钢柱安装

安装前应按构件明细表核对进场构件，查验产品合格证和设计文件；工厂预拼装过的构件在现场组装时，应根据预拼装记录进行。并对构件进行全面检查，包括外形尺寸、螺栓孔位置及直径、连接件数量及质量、焊缝、摩擦面、防腐涂层等，对构件的变形、缺陷、不合格处，应在地面进行校正、修整、处理，合格后方可安装。

1. 吊装

根据钢柱形状、端面、长度、起重机性能等具体情况，确定钢柱安装的吊点位置和数量。常用的钢柱吊装方法有旋转法、滑行法、递送法，对于重型钢柱可采用双机抬吊。

(1)旋转法：钢柱运到现场，起重机边起、边吊和回转，使柱子绕柱脚旋转而将钢柱吊起。

(2)滑行法：用1～2辆起重机抬起柱身后，使钢柱的柱脚滑移到位的安装方法，为减少柱脚与地面之间的摩阻力，可铺设滑行道。

(3)递送法：双机或多机抬吊，其中一台为副机。为减少钢柱脚与地面的摩阻力，副机吊点选择在钢柱下面，配合主机起钩；随主机的起吊，副机要行走或回转，将钢柱脚递送到柱基础上面，副机摘钩卸载，主机将柱安装就位。

一般钢柱采用一点正吊，吊耳设在柱顶，柱身垂直，易于对中校正；吊点也可以放在柱长的1/3处，钢柱倾斜，不便于对中校正；对于细长钢柱，为防止钢柱变形，可采用两点或两点以上。

若吊装是将钢丝绳直接绑扎在钢柱本身时，需要注意在钢柱四角做包角，预防钢丝绳被割断；在绑扎处，为防止钢柱局部挤压破坏，可增加加强板，对格构柱增加支撑杆。

吊装前先将基础板清理干净，操作人员在钢柱吊至基础上方后，各自站好位置，稳住柱脚并将其定位在基础板上，在柱子降至基础板上时停止落钩，用撬棍撬柱子，使其中线对准柱基础中心线，在检查柱脚与基础板轴线对齐后，立即点焊定位。如果是已焊有连接板的柱脚，在吊机把钢柱连接板对准地脚螺栓后，钢柱落至基础板表面，立即用螺母固定钢柱。

双机或多机抬吊时应尽量选用同类型起重机,根据起重机能力,对吊点进行荷载分配,各起重机的荷载不宜超过其相应起重能力的80%,双机抬吊,在操作过程中,要互相配合,动作协调,以防一台起重机失重而使另一台起重机超载,造成安全事故。

2. 钢柱校正

钢结构的主要构件,如柱、主梁、屋架、天窗架、支撑等,安装时应立即校正,并进行永久固定,切忌安装一大片后再进行校正,这是校正不过来的,将影响结构整体的正确位置,是不允许的。

(1)柱底板标高的校正。根据钢柱实际长度、柱底平整度和柱顶距柱底部距离,重点保证柱顶部标高值,然后决定基础标高的调整数值。

(2)纵横十字线的校正。钢柱底部制作时,用钢冲在柱底板侧面打出互相垂直的四个面,每个面一个点,用三个点与基础面十字线对准即可,争取达到点线重合,如有偏差可借用线。

(3)柱垂直度的校正。两台经纬仪找柱子呈90°夹角两面的垂直,使用缆风绳进行校正。先不断调整底板下面的螺母,直至符合要求后,拧上底板上方的双螺母;松开缆风绳,钢柱处于自由状态,再用经纬仪复核,如小有偏差,调整下螺母并满足要求,将双螺母拧紧;校正结束后,可将螺母与螺杆焊实。

(三)钢梁安装

1. 钢吊车梁安装

钢吊车梁安装一般采用工具式吊耳或捆绑法进行吊装。在进行安装以前应将吊车梁的分中标记引至吊车梁的端头,以利于吊装时按柱牛腿的定位轴线临时定位(图7-24)。

2. 钢吊车梁的校正

钢吊车梁的校正包括标高调整、纵横轴线(包括直线度和轨道轨距)校正和垂直度校正。

(1)标高调整。当一跨内两排吊车梁吊装完毕后,用一台水准仪在梁上或专门搭设的平台上,测量每根梁两端的标高,计算标准值。通过增加垫板的措施进行调整,达到规范要求。

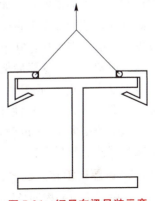

图7-24 钢吊车梁吊装示意

(2)纵横轴线校正。钢柱和柱间支撑安装好,首先要用经纬仪,将每轴列中端部柱基的正确轴线,引到牛腿顶部的水平位置,定出正确轴线距吊车梁中心线距离;在吊车梁顶面中心线拉一通长钢丝(或使用经纬仪/全站仪),进行逐根调整。当两排纵横轴线达到要求后,复查吊车梁跨距。

(3)吊车梁垂直校正。从吊车梁的上翼缘挂垂球下去,测量线绳到梁腹板上、下两处的距离。根据梁的倾斜程度,用楔铁块调整,使线坠与腹板上下相等。纵横轴线和垂直度可同时进行。对重型吊车梁的校正时间宜在屋盖吊装后进行。

3. 钢斜梁安装

(1)起吊方法。门式刚架采用的钢结构斜梁应最大限度在地面拼装,将组装好的斜梁吊起,就位后与柱连接。可用单机进行二、三、四点或结合使用铁扁担(图7-25)起吊;或者采用双机抬吊。

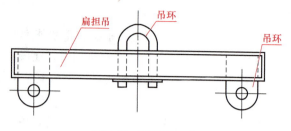

图 7-25 铁扁担示意

(2)吊点选择。大跨度斜梁的吊点必须计算确定。对于侧向刚度小和腹板宽厚比大的构件,主要从吊点多少及双机抬吊同步的动作协调考虑;必要时,两机大钩间拉一根钢丝绳,保持两钩距离固定。在吊点中钢丝绳接触的部位放加强筋或用木方子填充好后,再进行绑扎。

(四)钢屋架安装

1. 钢屋架的吊装

钢屋架侧向刚度较差,安装前需要进行稳定性验算,稳定性不足时应进行加固。单机吊装常加固下弦,双机吊装常加固上弦;吊装绑扎处必须位于桁架节点,以防屋架产生弯曲变形。第一榀屋架起吊就位后,应在屋架两侧用缆风绳固定。如果端部已有抗风柱已校正,可与其固定。第二榀屋架就位后,屋架的每个坡面用一个间隙调整器,进行屋架垂直度校正;然后,两端支座中螺栓固定或焊接→安装垂直支撑→水平支撑→检查无误,成为样板跨,依次类推安装。如果有条件,可在地面上将天窗架预先拼装在屋架上,并将吊索两面绑扎,把天窗架夹在中间,以保证整体安装的稳定。屋架在扶直就位和吊升两个施工过程中,绑扎点均应选在上弦节点处,左右对称。绑扎吊索内力的合力作用点(绑扎中心)应高于屋架重心,这样屋架起吊后不宜转动或倾翻。绑扎吊索与构件水平面所成夹角,扶直时不宜小于 60°,吊升时不宜小于 45°,具体的绑扎点数目及位置与屋架的跨度及形式有关,其选择方式应符合设计要求。一般钢筋混凝土屋架跨度小于或等于 18 m 时,两点绑扎;屋架跨度大于 18 m 时,用两根吊索,四点绑扎;屋架的跨度大于或等于 30 m 时,为了减少屋架的起吊高度,应采用横吊梁(减少吊索高度)。

2. 钢屋架垂直度的校正

在屋架下拉一根通长钢丝,同时在屋架上弦中心线引出一个同等距离的标尺,用线坠校正垂直度。也可用一台经纬仪,放在柱顶一侧,与轴线平移距离 L_a;在对面柱顶上设距离同样为 L_a 的一点,再从屋架中心线处用标尺挑出 L_a 距离点。如三点在一线上,即屋架垂直。

(五)其他构件的安装

安装顺序宜先从靠近山墙且有柱间支撑的两榀刚架开始,在刚架安装完毕后,应将其间的支撑、檩条、隅撑等全部安装好,并检查各部位尺寸及垂直度等,合格后进行连接固定;然后以此为起点,向房屋另一端顺序安装,其间墙梁、檩条、隅撑和檐檩等也随之安装,待一个区段整体校正后,其螺栓方可拧紧。

大跨度构件、长细构件以及侧向刚度小、腹板宽厚比大的构件等,吊点必须经过计算,构件的捆绑和悬挑部位等,应采用防止局部变形、扭曲和损坏的措施。

各种支撑、拉条、隅撑的紧固程度,以不应将檩条等构件拉弯或产生局部变形为原则。不得利用已安装就位的构件吊其他重物;不得在高强度螺栓连接处或主要受力部位焊接其他物件。钢架在施工中以及施工人员离开现场的夜间，或雨、雪天气暂停施工时，均应临时固定。

檩条因壁薄刚度小，应避免碰撞、堆压而产生翘曲、弯扭变形；吊装时吊点位置应适当，防止弯扭变形和划伤构件。拉条宜设置在腹板的中心线以上，拉条应拉紧；在安装屋面时，檩条不致产生肉眼可见的扭转，其扭转角不应超过3°。檩条与刚架、梁的连接件（檩托）应采取措施，防止檩条在支座处倾覆、扭转以及腹板压曲。

钢平台、钢梯、栏杆等构件，直接关系到人身安全，安装时应特别重视，其连接质量、尺寸等应符合规范要求；其外观也应重视，特别是栏杆，应平整，无飞溅、毛刺等。

（六）钢结构安装检验

(1)基础混凝土强度达到设计要求；基础周围回填土夯实完毕；基础的轴线标志和标高基准点齐备、准确。

检查数量：抽查10%，且不应少于3个。

检查方法：用经纬仪/全站仪、水准仪、水平尺和钢尺实测。

(2)设计要求顶紧的节点，包括上节柱与下节柱、梁端板与柱托板（牛腿、肩梁）等，其接触面应有70%及以上的面积紧贴，用0.3 mm厚塞尺检查，可插入面积之和不得大于接触顶紧总面积的30%；边缘最大间隙不应大于0.8 mm。

检查数量：抽查10%，且不应少于3个。

检查方法：用0.3 mm厚和0.8 mm厚塞尺现场检查。

(3)钢屋架、梁及受压杆件的垂直度和侧向弯曲矢高的允许偏差应符合《钢结构工程施工质量验收规范》(GB 50205—2001)规定。

检查数量：抽查10%，且不应少于3个。

检查方法：用吊线、拉线、经纬仪/全站仪和钢尺现场实测。

(4)单层钢结构的主体结构的整体垂直度为$H/1000$，且不应大于25 mm；整体平面弯曲为$L/1500$，且不应大于25 mm。

检查数量：对主要立面全部检查。对每个检查的立面，除两列角柱外，尚应至少选取一列中间柱。

检查方法：用经纬仪/全站仪检查。

(5)钢柱等主要钢构件的中心线及标高基准点等标志应齐全。

检查数量：抽查10%，且不应少于3件。

检查方法：观察检查。

(6)钢柱安装的允许偏差应符合《钢结构工程施工质量验收规范》(GB 50205—2001)附表的规定。

检查数量：抽查10%，且不应少于3件。

检查方法：用经纬仪/全站仪、水准仪、吊线和钢尺等。

(7)钢吊车梁或类似直接承受动力荷载的构件，其安装的允许偏差应符合《钢结构工程施工质量验收规范》(GB 50205—2001)附表的规定。

检查数量：抽查10%，且不应少于3榀。

检查方法：用经纬仪/全站仪、水准仪、吊线、拉线和钢尺等检查。

(8)檩条、墙架等次要构件的安装允许偏差应符合《钢结构工程施工质量验收规范》(GB 50205—2001)附表的规定。

检查数量：抽查10%，且不应少于3件。

检查方法：用经纬仪/全站仪、吊线和钢尺等检查。

(9)钢平台、钢梯、栏杆安装允许偏差应符合《钢结构工程施工质量验收规范》(GB 50205—2001)附表的规定。

检查数量：钢平台按总数抽查10%，栏杆、钢梯按总长度抽查10%，钢平台不少于1个，栏杆不少于5 m，钢梯不应少于1跑。

检查方法：用经纬仪/全站仪、水准仪、吊线、拉线和钢尺等检查。

(10)钢结构表面应干净，结构主要表面不应有疤痕、泥沙等污垢。

检查数量：抽查10%，且不应少于3件。

检查方法：观察检查。

二、压型金属板安装、检验

(一)施工准备

压型钢板安装应在钢结构安装、焊接、防腐、防火完毕验收合格并办理有关隐蔽手续后进行，最好是整体施工。

压型钢板的几何尺寸、质量及允许偏差应符合《建筑用压型钢板》(GB/T 12755—2008)的要求。有关材质复验和有关试验鉴定已经完成。

高空施工的安全走道应按施工组织设计的要求搭设完毕。施工用电的连接应符合安全用电的有关要求。

压型钢板施工前，应根据施工图的要求，选定符合设计规定的材料，板型报设计审批确认。根据已确认板型的有关技术参数绘制压型钢板排板图。

(二)施工工艺

压型钢板安装工艺流程如图7-26所示。

压型钢板在装、卸、安装中严禁用钢丝绳捆绑直接起吊，运输及堆放时有足够支点，以防变形。铺设前对弯曲变形者应校正好，钢柱、屋架顶面要保持清洁，严防潮湿及涂刷油漆未干。

压型钢板的切割应用冷作、空气等离子弧的方法切割，严禁用氧气切割。大孔洞四周应补强。压型钢板应按施工要求分区、分片吊装到施工楼层并放置稳妥，及时安装，不宜在高空过夜，必须过夜的应临时固定。

压型钢板按图纸放线安装、调直、压实并用自攻螺钉固定。压型钢板之间，压型钢板与龙骨(屋面檩条、墙檩、平台梁等)之间，均需要连接件固定，常用的连接方式有自攻螺钉连接、拉铆钉连接、扣件连接、咬合连接、栓钉连接等。无论采用何种连接形式，连接件的数量与间距应符合设计要求。

压型钢板是一种柔性构件，其搭接端必须支撑在龙骨上，同时保证有一定的搭接长度。纵向搭接部位一般会出现不同的缝隙，此缝隙会随搭接长度的增加而加大，尤其在屋面上，搭接越长并不意味着防雨水的渗漏就越好。在压型钢板安装时，搭接部位和搭接长度均应按设计要求施工，且应满足规范中规定的最小值。对组合楼板的压型钢板，施工和验收的重点是端部支撑长度和锚固连接的要求。

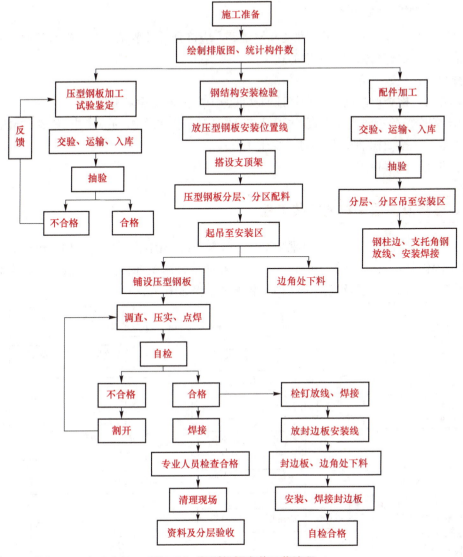

图 7-26 压型钢板安装工艺流程

压型钢板的安装除保证安全可靠外，防水和密封问题事关建筑物的使用功能和寿命，应注意以下几点：

（1）屋面自攻螺钉、拉铆钉一般要求设在波峰上；墙板一般要求设在波谷上，自攻螺钉配备的密封橡胶盖垫必须齐全，且外露部分可使用防水垫圈和防锈螺盖。外露拉铆钉必须采用防水型，外露钉头涂密封膏。

（2）屋脊板、封檐板、包角板及泛水板等配件之间的搭接宜背主导风向，搭接部位接触面宜采用密封胶密封，连接拉铆钉尽可能避开屋面板波谷。

（3）夹芯板、保温板之间的搭接或插接部位应设置密封条，密封条应通长，一般采用软质泡沫聚氨酯密封胶条。在压型钢板的两端，应设置与板型一致的泡沫堵头进行端部密封，一般采用软质泡沫聚氨酯制品，用不干胶粘贴。

（4）安装完毕，应及时清扫施工垃圾，剪切下的边角料应收集到地面上集中堆放。应减少在压型钢板上的人员走动，严禁在压型钢板上堆放重物。

(三)压型钢板安装检验

(1)压型钢板的品种、规格、性能和质量等,应符合设计要求,并应经过具有资质的检测机构检测符合现行国家有关标准的规定。

检查数量:全数检查。

检查方法:检查产品的质量合格证明文件、中文标志及检验报告。

(2)压型钢板安装应平整、顺直,板面不应有施工残留物和污物,不应有未经处理的错钻孔洞。

检查数量:按面积抽查10%且不少于10 m²。

检查方法:观察检查。

三、多层及高层钢结构安装工程

用于钢结构高层建筑的体系有框架结构、框架-剪力墙结构、框筒结构、组合筒体系及交错钢桁架体系等。钢结构具有强度高、抗震性能好、施工速度快的优点,所以在高层建筑中得到广泛应用。多层及高层钢结构安装工艺流程如图7-27所示。

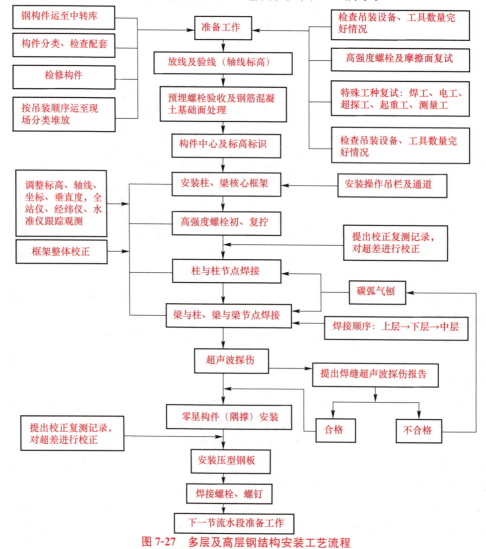

图7-27 多层及高层钢结构安装工艺流程

(一)安装前的准备工作

(1)检查并标注定位轴线及标高的位置。
(2)检查钢柱基础,包括基础的中心线、标高、地脚螺栓等。
(3)确定流水方向,划分施工段。
(4)安排钢构件在现场的堆放位置。
(5)选择起重机械。
(6)选择吊装方法:分件吊装、综合吊装等。
(7)轴线、标高、螺栓允许偏差应符合相应规定。

(二)安装与校正

1. 钢柱的吊装与校正

(1)钢柱吊装:选用双机抬吊(递送法)或单机抬吊(旋转法),并做好保护。
(2)钢柱校正:对垂直度、轴线、牛腿面标高进行初验,柱间间距用液压千斤顶与钢楔或倒链与钢丝绳校正。
(3)柱底灌浆:先在柱脚四周立模板,将基础上表面清除干净,用高强度聚合砂浆从一侧自由灌入至密实。

2. 钢梁的吊装与校正

钢梁吊装前,应于柱子牛腿处检查标高和柱子间距,并应在梁上装好扶手和扶手绳,以便待主梁吊装就位后,将扶手绳与钢柱系牢,以保证施工人员的安全。钢梁一般可在钢梁的翼缘处开孔为吊点,其位置取决于钢梁的跨度。为减少高空作业,保证质量,并加快吊装进度,可将梁、柱在地面组装成排架后进行整体吊装。钢梁吊装后要反复校正,使其符合安装要求。

(三)构件间的连接

钢柱间的连接常采用坡口焊连接,主梁与钢柱的连接一般上、下翼缘用坡口焊连接,而腹板用高强度螺栓连接。次梁与主梁的连接基本上是在腹板处用高强度螺栓连接,少量再在上、下翼缘处用坡口焊连接。

柱与梁的焊接顺序是:先焊接顶部柱、梁节点,再焊接底部柱、梁结点,最后焊接中间部分的柱、梁节点。

高强度螺栓连接两个连接构件的紧固顺序是:先主要构件,后次要构件。

工字形构件的紧固顺序是:上翼缘、下翼缘、腹板。

同一节柱上各梁柱节点的紧固顺序是:柱子上部的梁柱节点、柱子下部的梁柱节点、柱子中部的梁柱节点。

四、钢网架结构安装工程

网架结构是由多根杆件按照一定的规律布置,通过结点连接而成的网格状杆系结构。其具有空间受力特点。

网架结构的整体性好,能有效地承受各种非对称荷载、集中荷载、动力荷载。其构件和节点可定型化,适用于工厂成批生产,现场拼装。

网架结构安装方法有高空拼装法、整体安装法、高空滑移法。

(一)高空拼装法

高空拼装法是指先在地面上搭设拼装支架，然后用起重机将网架构件分件或分块吊至空中的设计位置，在支架上进行拼装的方法。

网架的总的拼装顺序是从建筑物的一端开始向另一端以两个三角形同时推进，待两个三角形相反后，则按人字形逐渐向前推进，最后在另一端的正中闭合。每榀块体的安装顺序，在开始的两个三角形部分是由屋脊部分开始分别向两边拼装，两个三角形相交后，则由交点开始同时向两边推进。

(二)整体安装法

整体安装法分为多机抬吊法、提升机提升法、桅杆提升法和千斤顶顶升法。

(1)多机抬吊法：准备工作简单，安装快速方便，适用于跨度为 40 m 左右、高度在 25 m 左右的中小型网架屋盖吊装。

(2)提升机提升法：在结构柱上安装升板工程用的电动穿心式提升机，将地面正位拼装的网架直接整体提升到柱顶横梁就位。本方法不需大型吊装设备，机具和安装工艺简单，提升平稳，劳动强度底，工效高，施工安全，但准备工作量大。其适用于跨度为 50~70 m，高度在 40 m 以上，重复较大的大、中型周边支承网架屋盖吊装。

(3)桅杆提升法：网架在地面错位拼装，用多根独脚桅杆将其整体提升到柱顶以上，然后进行空中旋转和移位，落下就位安装。本法起重量大，可达 1 000~2 000 kN，桅杆高度可达 50~60 m，但所需设备数量大、准备工作的操作较复杂，适用于安装高、重、大(跨度为 80~100 m)的大型网架屋盖吊装。

(4)千斤顶顶升法：利用支承结构和千斤顶将网架整体顶升到设计位置。其设备简单，顶升支承结构可利用永久性支承，拼装网架不需要搭设拼装支架，可节省费用，降低施工成本，操作简便安全。但顶升速度较慢，且对结构顶升的误差控制要求严格，以防失稳。适用于安装多支点支承的各种四角锥网架屋盖。

(三)高空滑移法

将网架条状单元在建筑物上由一端滑移到另一端，就位后总拼成整体的方法称为高空滑移法。高空滑移法分为单条滑移法和逐条积累滑移法。

(1)单条滑移法：将条状单元一条一条地分别从一端滑移到另一端就位安装，各条单元之间分别在高空再连接，即逐条滑移，逐条连成整体。

(2)逐条积累滑移法：先将条状单元滑移一段距离(能连接上第二条单元的宽度即可)，连接上第二条单元后，两条单元一起再滑移一段距离(宽度同上)，再接第三条，三条又一起滑移一段距离……如此循环操作直至接上最后一条单元为止。

高空滑移法不需大型设备；可与室内其他工种作业平等进行，缩短总工期；用工省，减少高空作业；施工速度快。其适用于场地狭小或跨越其他结构、起重机无法进入网架安装区域的中小型网架。

典型工作任务五　钢结构涂装

一、防腐涂装工程施工

防腐涂装工程施工工艺流程：基面喷砂除锈→底漆涂装→中间漆涂装→面漆涂装→检查验收。

(一)基面喷砂除锈

建筑钢结构工程的油漆涂装应在钢结构制作安装验收合格后进行。油漆涂刷前，应采取适当的方法将需要涂装部位的铁锈、焊缝药皮、焊接飞溅物、油污、尘土等杂物清理干净。

基面清理除锈质量的好坏，直接影响到涂层质量的好坏。因此，涂装工艺的基面除锈质量等级应符合设计文件的规定要求。钢结构除锈质量等级分类执行《涂覆涂料前钢材表面处理　表面清洁度的目视评定　第1部分：未涂覆过的钢材表面和全部清除原有涂层后的钢材表面的锈蚀等级和处理等级》(GB/T 8923.1—2011)的标准规定。

油污的清除方法根据工件的材质、油污的种类等因素来决定，通常采用溶剂清洗或碱液清洗。

清洗方法有槽内浸洗法、擦洗法、喷射清洗和蒸汽法等。

钢构件表面除锈方法根据要求不同可采用手工除锈、机械除锈、喷砂除锈、酸洗除锈等方法。

(二)涂装

合理的施工方法，对保证涂装质量、施工进度、节约材料和降低成本有很大的作用。常用的涂料的施工方法有刷涂法、手工滚涂法、浸涂法、空气喷涂法、雾气喷涂法。

环境要求：环境温度应按照涂料的产品说明书要求，当产品说明书无要求时，环境温度宜为5 ℃～38 ℃，相对湿度不应大于85%；涂装时构件表面不得有结露、水气等；涂装后4 h内应保护不受雨淋。

设计要求或钢结构施工工艺要求禁止涂装的部位为防止误涂，在涂装前必须进行遮蔽保护。如地脚螺栓和底板、高强度螺栓结合面，与混凝土紧贴或埋入的部位。

涂料开桶前，应充分摇匀。开桶后，原漆应不存在结皮、结块、凝胶等现象，有沉淀应能搅起，有漆皮应除掉。

涂装施工过程中，应控制油漆的黏度、稠度、稀度，兑制时应充分地搅拌，使油漆色泽、黏度均匀一致。调整黏度必须使用专用的稀释剂，如需代用，必须经过试验。

涂刷遍数及涂层厚度应执行设计要求规定；涂装间隔时间根据各种涂料产品说明书确定；涂刷第一层底漆时，涂刷方向应一致，接槎整齐。

钢结构安装后，进行防腐涂料第二次涂装。涂装前，首先利用砂布、电动钢丝刷、空气压缩机等工具将钢构件表面处理干净，然后对涂层损坏部分和未涂部位进行补涂，最后按照设计要求规定进行二次涂装施工。

涂装完工后，经自检和专业检并作记录。涂层有缺陷时，应分析并确定缺陷原因，及时修补。修补的方法和要求和正式涂层部分相同。

构件涂装后,应加以临时围护隔离,防止踩踏,损伤涂层;并不要接触酸类液体,防止咬伤涂层;需要运输时,应防止磕碰、拖拉损伤涂层。

钢构件在运输、存放和安装过程中,对损坏的涂层应进行补涂。一般情况下,工厂制作完后只涂一遍底漆,其他底漆、中间漆、面漆在安装现场吊装前涂装,最后一遍面漆应在安装完成后涂装;也有经安装与制作单位协商,在制作单位完成底漆、中间漆的涂装,但最后一遍面漆仍由安装单位最后完成。无论哪种方式,对损伤处的涂层及安装连接部位均应补涂。补涂遍数及要求应与原涂层相同。

(三)涂装检验

(1)钢结构防腐涂料、面漆、稀释剂和固化剂等材料的品种、规格、性能和质量等,应符合现行国家产品标准和设计要求。

检查数量:全数检查。

检查方法:检查产品的质量合格证明文件、中文标志及检验报告。

(2)涂装前钢结构表面除锈应符合现行国家有关标准和设计要求。处理后的钢材表面不应有铁锈、焊渣、焊疤、油污、尘土、水和毛刺等。当设计无要求时,钢结构表面除锈等级应符合规定。

检查数量:按构件数抽查10%,且同类构件不应少于3件。

检查方法:用铲刀检查。

(3)不得误涂、漏涂,涂层应无脱皮和返锈。

检查数量:全数检查。

检查方法:观察检查。

二、防火涂装工程施工

防火涂装工程施工工艺流程:施工准备→调配涂料→涂装施工→检查验收。

(一)施工准备

钢结构防火涂料的选用应符合《钢结构防火涂料》(GB 14907—2002)的标准规定。所选用防火涂料应是主管部门鉴定合格,并经当地消防部门批准的产品。

防火涂料涂装前,钢结构工程已验收合格,钢结构表面除锈及防锈底漆应符合设计要求和规范规定,并经验收合格后方可进行涂装。

防火涂料涂装前,应彻底清除钢构件表面的灰尘、油污等杂物。对钢构件防锈涂层碰损或漏涂部位补刷防锈底漆,并应在室内装饰之前和不被后续工程所损坏的条件下进行。施工前,对不需要进行防火保护的墙面、门窗、机械设备和其他构件应用塑料布遮挡保护。

涂装施工时,环境温度宜为5℃~38℃,相对湿度不应大于80%,空气应流通。露天作业时应选择适当的天气,大风、大雨、严寒均不应作业。

(二)厚涂型钢结构防火涂料操作工艺

防火涂料涂装,一般采用喷涂法施工,机具为压送式喷涂机,局部修补和小面积构件采用手工抹涂方法施工。

防火涂料配制搅拌,应边配边用,当天配制的涂料必须在说明书规定的时间使用完。

搅拌配制的涂料,使之均匀一致,且稠度适宜。既能在输送管道中流动畅通,而喷涂后又不会产生流淌和下坠现象。

喷涂应分若干层完成,第一层喷涂以基本盖住钢材表面即可,以后每层喷涂厚度为 5~10 mm,一般以 7 mm 为宜。在每层涂层基本干燥或固化后,方可继续喷涂下一层涂料,通常每天喷涂一层。喷涂保护方式、喷涂层数和涂层厚度应根据防火设计要求确定。

喷涂时,喷枪要垂直于被喷涂钢构件表面,喷距为 6~10 m,喷涂气压应保持在 0.4~0.6 MPa。喷枪运行速度要保持稳定,不能在同一位置久留。喷涂过程中,配料及往喷涂机内加料要连续进行,不得停顿。

施工过程中,操作者应采用测厚针检测涂层厚度,直到符合设计规定的厚度,方可停止喷涂。喷涂后,对于明显凹凸不平处,采用抹灰刀等工具进行剔除和补涂,以确保涂层表面均匀。

质量要求:涂层应在规定的时间内干燥固化,各层间粘结牢固,不出现粉化、空鼓、脱落和明显裂纹。钢结构接头、转角处的涂层应均匀一致,无漏涂出现;涂层厚度应达到设计要求,否则,应进行补涂处理,使之符合规定的厚度。

(三)防火涂料涂装检验

(1)钢结构防火涂料的品种、规格、性能和质量等,应符合设计要求,并应经过具有资质的检测机构检测符合现行国家有关标准的规定。

检查数量:全数检查。

检查方法:检查产品的质量合格证明文件、中文标志及检验报告。

(2)防火涂料涂装前钢结构表面除锈及防锈底漆应符合国家现行有关标准和设计要求。

检查数量:按构件数抽查 10%,且同类构件不应少于 3 件。

检查方法:用铲刀检查。底涂层用干漆膜测厚仪检查,每个构件检查 5 处。

(3)钢结构防火涂料的粘结强度和抗拉强度应符合国家现行标准《钢结构防火涂料应用技术规范》(CECS 24—1990)的规定。

检查数量:每使用 100 t 或不足 100 t 薄涂型防火涂料应抽检一次粘结强度;每使用 500 t 或不足 500 t 厚涂型防火涂料应抽检一次粘结强度和抗压强度。

检查方法:检查复验报告。

典型工作任务六　钢结构工程质量保证措施与安全要求

一、质量保证组织措施

建立质量保证体系,对工人进行培训,掌握好技能;经常进行质量意识教育,树立质量是企业的生命的思想观念。所有特殊工种(如焊工)应持证上岗。实行焊工编号、定岗、定位。工序之间必须进行交接检查。

认真做好施工记录和试验报告,并与施工同步进行,做到完整、准确、及时。

现场设置专职质量检查员，对施工全过程进行督促检查，对不符合质量要求的工序有权停止施工和责令纠正。

二、质量保证监督措施

工序质量监督，实行自检、互检、专业检，合格后方可进行下道工序。认真听取建设单位检查人员的意见和建议，做到及时整改。质管部门定期、不定期深入施工现场进行检查，发现问题限期整改并复查。每个施工人员必须认真负责，杜绝质量通病的发生。

三、质量保证技术措施

1. 钢结构制作、组装

样板、样杆应经质量检验员检验合格后，方可进行下料；大批量制孔时，应采用钻模制孔，钻模应经质量检验员检验合格后，方可使用。

2. 钢结构焊接

建筑钢结构焊接质量检查应由专业技术人员检查，并须经岗位培训取得质量检查员岗位合格证书；焊工应严格按照焊接工艺及技术操作规范施焊。编制焊接方案。

装配完的构件应经质量检验员检验合格后，方可进行焊接。焊接过程中应严格按照焊接工艺要求控制相关焊接参数，并随时检查构件的变形情况；如出现问题，应及时调整焊接工艺。

雨、雪天气时，禁止露天焊接。构件焊区表面潮湿或有冰雪时，必须清除干净方可施焊。在四级以上风力焊接时，应采取防风措施。

3. 钢结构安装

(1)施工现场质量管理应有相应的施工技术标准、质量管理体系、质量控制及检验制度，施工现场应有经项目技术负责人审批的施工组织设计、施工方案等技术文件。进行钢结构安装前，同设计单位认真交底，明确钢结构体系的力学模式、施工荷载、结构承受的动载及疲劳要求，做好保证结构安全的技术准备。

(2)钢结构施工必须采用经过计量检定、校验合格的计量器具。

(3)熟悉安装现场周边的环境，建立合理的测量控制网，编制满足构件空间定位要求的测量方案。编制吊装方案。

(4)同监理单位联系，就专项施工工艺交底或委托有资质的单位检测，包括焊接工艺评定或焊缝试验、高强度螺栓检测或抗滑移系数复测、大型设备安全检测等关系结构安全的工艺。

(5)钢结构工程质量验收应在施工单位自检的基础上，按照检验批、分项工程、分部工程的程序进行。

4. 螺栓连接

为使普通螺栓连接接头中的螺栓受力均匀，螺栓的紧固次序应从中间开始，对称向两边进行；对于大型接头应采用复拧，保证接头内各个螺栓能均匀受力。

施工前应对大六角头螺栓的扭矩系数、扭剪型螺栓的紧固力和摩擦面抗滑移系数进行复验,合格后方可进行施工。一个接头上的高强度螺栓,应从螺栓群中部开始安装,逐个拧紧,每拧一遍均应用不同颜色的油漆做上标记,防止漏拧。高强度螺栓的紧固顺序从刚度大的部位向不受约束的自由端进行,从中间向四周进行,以便板间紧密。

5. 防腐涂料涂装

施工技术方案及交底内容完善,钢结构涂装表面除锈方法和防腐涂料涂装方法及措施齐全。

6. 防火涂料涂装

施工技术方案及交底内容完善,施工单位具备消防部门批准的施工准许证明文件,应由经培训合格的专业操作人员施工。

7. 压型钢板安装

压型钢板施工要求波纹对直,所有的开孔、节点裁切不得用氧割,避免烧掉镀锌层;板缝咬口点间距不得大于板宽度的 1/2 且不得大于 400 mm,整条缝咬合应确保咬口平整,咬口深度一致;所有的板与板、板与构件之间的缝隙不能直接透光,所有宽度大于 5 mm 的缝应用拉锚钉固定。

四、安全组织措施

(1)对新工人、实习学生、临时工人在技术安全部门进行专门的安全培训之后,才能进入施工现场,并要指定专人负责指导,之后才可以进行安装操作。未受过安全技术教育的人员不得进入安装现场。安全施工要从教育入手,安全教育要经常进行,还要有针对性。

(2)建立各设备及工序的安全操作规程,并配备专职安全检验员,随时检查,发现问题,及时整改。定期组织相关部门进行安全大检查。

(3)对本工种安全技术不熟悉的人员不能独立作业。

(4)每一项工程开工前,施工单位在技术交底时必须有安全交底,重要的工程和特别危险的工程一定要制定切实可行的安全技术措施,如有需要,还要对工程人员进行针对性的安全教育和培训。

(5)如发现危及安全工作的因素,应立即向技术安全部门或施工负责人报告,排除不安全因素后才能进行施工。

五、安全技术措施

1. 钢结构制作、组装

(1)必须按国家规定的法规条例,对各类操作人员进行安全教育和安全学习。对生产场地必须留有安全通道,设备之间的最小距离不得小于 1 m。进入施工现场的所有人员,应戴好劳动防护用品,并应注意观察和检查周围的环境。

(2)操作者必须遵守各岗位的操作规程,以免损及自身和伤害他人,对危险源应做出相应的标志、信号、警戒等,以免现场人员遭受损害。

(3)所有构件的堆放、搁置应十分稳固,欠稳定的构件应设支撑或固定位,超过自身高度构件的并列间距应大于自身高度。构件安置要求平稳、整齐。

(4)索具、吊具要经常检查，不得超过额定荷载。焊接构件不得留存、连接起吊索具。

(5)钢结构制作中，半成品和成品胎具的制造和安装应进行强度验算，不得凭经验自行估算。

(6)钢结构生产过程的每一道工序所使用的氧气、乙炔、电源必须有安全防护措施，定期检测泄漏和接地情况。

(7)起吊构件的移动和翻身，只能听从一人指挥，不得两人并列指挥或多人指挥。起重构件移动时，不得有人在本区域投影范围内滞留、停立和通过。

(8)所有制作场地的安全通道必须畅通。

(9)夜间施工时不得敲击压型钢板，以免噪声扰民。

2. 钢结构焊接

(1)认真执行国家有关安全生产法规，认真贯彻执行有关施工安全规程。同时结合实际，制定安全生产制度和奖罚条例，并认真执行。

(2)所有施工人员必须戴安全帽，高空作业必须系安全带；所有电缆、用电设备的拆除、车间照明等均由专业电工担任。要使用的电动工具，必须安装漏电保护器，值班电工要经常检查、维护用电线路及机具，认真执行《施工现场临时用电安全技术规范》(JGJ 46—2005)标准，保持良好状态，保证用电安全。

(3)氧气、乙炔、二氧化碳气要放在规定的安全处，并按正确规定使用，车间、工具房、操作平台等处设置足够数量的灭火器材。电焊、气割时，应先注意周围环境有无易燃物后再进行工作。

(4)做好防暑降温、防风、防雨、防雪和职工劳动保护工作。起重指挥要果断，指令要简单、明确，按"十不吊"操作规程认真执行。

3. 钢结构安装

(1)高空作业一般要求。高空作业的安全技术措施及其所需料具，必须列入工程的施工组织设计。高空作业的设施、设备，必须在施工前进行检查，确认其完好，方能投入使用。单位工程施工应建立相应的责任制。施工前，逐级进行安全教育及交底，落实所有安全技术措施和人身防护用品，未经落实不得进行施工。攀登和悬空作业人员，必须持证上岗，定期进行专业知识考核和体格检查。施工中对高空作业的安全技术措施，发现有缺陷和隐患，应及时解决；危及人身安全时，必须停止作业。施工现场所有可能坠落的物体，应一律先进行撤除或加以固定；高空作业所用的物料，应堆放平稳，不妨碍通行和装卸；随手用的工具应放在工具袋内；作业中，走道内余料应及时清理干净，不得任意抛丢。雨雪天进行高空作业时，必须采取可靠的防滑、防寒和防冻措施。对于水、冰、雪、霜应及时清除。对于高耸建筑物，应事先设置避雷设施，遇有6级以上强风、浓雾天气，不得进行露天攀登和悬空作业。钢结构吊装前，应进行安全防护设施的逐项检查和验收，合格后，方可进行高空作业。

(2)临边作业。基坑周边，还未安装栏杆、栏板的阳台，料台和挑平台周边，雨篷与挑檐边；无外脚手架的屋面与楼层周边；桁架、梁上工作人员行走；柱顶工作平台、拼装平台等处必须设置防护栏杆。地面通道上边应设安全防护棚，接料平台两侧的栏杆，必须自上而下加挂安全立网。

(3)洞口作业。进行洞口作业以及因工程和工序需要而产生的，使人和物有坠落危险或危及人身安全的其他洞口进行高空作业时，必须设置防护栏杆。施工现场通道附近的多类洞口与坑槽处，除应设置防护栏杆与安全标志外，夜间还应设红灯示警。桁架间安装支撑前应加设安全网。

(4)攀登作业。现场登高应借助建筑结构或脚手架的登高设施，也可采用载人的垂直运输设备；进行攀登作业时，也可使用梯子或其他攀登设施。柱、梁等构件吊装所需要的直爬梯及其他登高用的拉攀件，应在构件施工图或说明内作出规定，攀登的用具在结构构造上，必须牢固可靠。梯脚底部应垫实，不得垫高使用，梯子上端应有固定措施。钢柱安装登高时，应使用钢挂梯或设置在钢柱上的爬梯；钢柱安装时，应使用梯子或操作台。钢梁安装登高时，应视钢梁高度，在两端设置挂梯或搭设钢管脚手架。在梁面上行走时，其一侧的临时护栏横杆可采用钢索，当改为扶手绳时，绳的自由下垂度不超过 $L/20$，并应控制在 100 mm 以内。在钢屋架上下弦攀登作业时，对于三角形屋架应在屋脊处，梯形屋架应在两端处设攀登上下的梯架。钢屋架吊装前，应在上弦设置防护栏杆；并应预先在下弦挂设安全网，吊装完毕后，即将安全网铺设、固定。

(5)悬空作业。悬空作业应有可靠的立足处，并应视情况而定，设置防护栏杆、防护网或其他安全设施。防护栏杆使用的索具、脚手架、吊篮、吊笼、平台等设备，均需经过技术鉴定或验证后方可使用；悬空作业人员，必须系好安全带。钢结构的吊装，构件应尽可能在地面组装，并搭设临时固定、电焊、高强度螺栓连接等操作工序的高空安全措施，随构件同时安装就位，并应考虑这些安全设施的拆卸工作。高空吊装大型构件前，也应搭设悬空作业所需的安全设施。

(6)交叉作业。结构安装过程中，各工种进行上下立体交叉作业时，不得在同一垂直方向上操作。下层作业的位置，必须处于依上层高度确定的可能坠落范围半径之外；不符合上述条件时，应安装设置安全防护层。楼层边口、通道口、脚手架边缘处，严禁堆放任何拆下构件。

(7)起重机作业。起重机的行驶道路，必须坚实可靠；起重机不得停留在斜坡作业，也不允许起重机两侧履带一高一低；并严禁超载吊装和斜吊。履带式起重机吊物时，一般不能行走，如吊物时需要行走，只能短距离行走，构件离地面 30 mm 左右，且要慢行，将构件转至起重机的前方，拉好溜绳，控制构件摆动。双机抬吊时，要根据起重机的起重性能进行合理的负荷分配(每台起重机的负荷不得超过其安全负荷的 80%)，在操作时，要统一指挥。在整个抬吊过程中两台起重机的吊钩滑车组均应保持铅垂状态。捆绑构件的吊索必须经过计算，所有起重工具应定期进行检查，对损坏的作出鉴定。捆绑方法应正确、牢靠，以防吊装中吊索被破坏或构件滑脱，使起重机失重而倾覆。保证机上和机下的信号一致；按照操作规程经常对起重机进行维修保养。群塔作业时，两台起重机之间的最小距离，应保证在最不利位置时，任一台的起重吊臂不会与另一台的塔身、塔顶相碰，并至少有 2 m 的安全距离；应避免两台起重臂在垂直的位置相交。

(8)防高空坠落。为防高空坠落，操作人员在进行高处作业时，必须正确使用安全带，安全带一般应高挂低用。操纵人员必须戴安全帽。安装构件时，使用撬杠校正构件的位置要安全，必须防止因撬杠滑脱而引起的高空坠落；在雨期、冬期里，构件上常因潮湿或积有冰雪而容易使操作人员滑倒，应清扫积雪后再安装，高空作业人员必须穿防滑鞋方可操作。高空作业人员在脚手板上通行时，应思想集中，防止踏上探头板而坠落。使用的工具及安全带的零部件，应放入随身携带的工具袋里，不可向下丢抛。在高空气割或电焊切割作业时，应采取措施防止割下的金属或火花落下伤人或引起火灾。地面操作人员，尽量避免在高空作业的下方停留或通过，也不得在起重机的吊臂和正在吊装的构件下停留或通过。构件安装后，必须检查连接质量，无误后，才能摘钩或拆除临时固定工具，以防构件掉落伤人。设置吊装禁区，禁止与吊装无关的人员入内。

(9) 防止触电。随时检查电焊机的手把线，防止破损；电焊机的外壳应有接地保护；各种起重机严禁在架空输电线路下工作，在通过架空输电线路时，应将起重臂落下，并确保与架空输电线的安全距离。严禁带电作业；电气设备不得超负荷运行；手工操作时电工应戴绝缘手套或站在绝缘台上。钢结构是良好导体，施工过程中应做好接地工作。

(10) 气割作业。氧气乙炔瓶放置安全距离应大于 10 m；氧气乙炔瓶不应放在太阳下暴晒，更不可接近火源，要求与火源的距离不小于 10 m。冬期施工时，如瓶的阀门发生冻结，应该用干净的热布把阀门烫热而不可用火烤；不能用油手接触氧气瓶，还要防止起重机或其他机械油落在氧气瓶上。

(11) 消防管理。施工现场的消防安全，由施工单位负责，建设单位应督促施工单位做好消防安全工作。施工现场实行逐级防火责任制，施工单位应确定一名防火责任人，全面负责施工现场的消防安全工作。搭设的临时建筑，应符合防火要求，不得使用易燃材料。使用电气设备和化学危险物品，必须符合技术规范和操作规程，严格防火措施，确保安全，禁止违章作业。施工中使用化学易燃物品时，应限额领料，禁止交叉作业；禁止在作业场所分装、调料；禁止在工程内使用石油气钢瓶、乙炔发生器作业。施工材料的存放、保管应符合防火安全要求，易燃材料必须专库储备；化学危险物品和压缩可燃性气体容器等，应按其性质设置专用库房分类存放。安装电气设备，进行电、气切割作业等，必须由持证的电工、焊工操作。重要工程和高层建筑冬期使用的保温材料，不得采用可燃材料。非施工现场消防负责人批准，任何人不得在施工现场内住宿。设置消防车道、配备相应的消防器材和安排足够的消防水源。施工现场的消防器材和设施不得埋压、圈占和挪作他用，冬期施工须对消防器材采取防冻保温措施。

4. 螺栓连接

雨天及钢结构表面有凝露时，不宜进行螺栓连接施工；螺栓连接施工高空移动频繁，应有可靠的措施既保证操作的安全，又方便施工人员转移工位。

5. 防腐防火涂料涂装

防腐涂料施工现场和车间不允许堆放易燃物品，并应远离易燃物品仓库；严禁烟火，并有明显的严禁烟火的宣传标志；必须备有消防水源和器材。

防腐涂料涂装施工时，禁止使用铁棒等金属物品敲击金属物体和漆桶；使用的照明灯应有防爆装置，临时电气设备应使用防爆型，并定期检查电路和设备的绝缘情况，严禁使用闸刀开关。

所有进入防腐涂料涂装现场的施工人员，应穿安全鞋、安全服，戴防毒口罩和防护眼镜。

涂装施工前，做好对周围环境和其他半成品的遮蔽保护工作，防止污染环境。防腐涂料施工中使用过的棉纱、棉布、滚筒刷等物品应存放在带盖的铁桶内，并定期处理掉，严禁向下水道倾倒涂料和溶剂。施工现场应做好通风排气措施，减少有毒气体的浓度。

项目小结

本项目包括钢结构构件制作、钢结构焊接连接、钢结构螺栓及其他连接、钢结构安装、钢结构涂装及钢结构工程质量保证措施与安全要求六个典型工作任务。

本项目重点难点是钢结构构件加工制作流程、钢结构工程安装、防腐及防火涂装、焊接、螺栓连接的施工方法及质量要求。

思考题

1. 钢结构的连接方法有哪些？各种连接方法各有何优缺点？
2. 钢结构焊接如何进行施工？
3. 钢结构焊接的工艺参数如何确定？
4. 普通螺栓连接施工中应注意哪些问题？
5. 高强度螺栓有哪些类型？
6. 简述扭转型高强度螺栓的施工方法。
7. 为何要规定螺栓排列的最大和最小间距要求？
8. 简要说明常用的焊接方法和各自的优缺点。
9. 摩擦型和承压型高强度螺栓的传力机理有何不同？
10. 说明螺栓性能等级的含义。
11. 简述螺栓的常见布置形式和考虑的因素。
12. 对接焊缝常用的坡口形式有哪些？
13. 钢结构在工程中的应用如何？
14. 钢结构材料如何进行下料？
15. 钢结构预拼装应达到什么要求？
16. 简述钢结构构件制作的施工工序。
17. 简述钢结构防腐与防火的防护方法。
18. 网架节点有哪些种类？其特点如何？
19. 钢结构开始安装前，施工单位应做哪些方面的准备工作？
20. 简述网架结构的安装方法。
21. 钢结构分部工程验收应提供哪些质量保证资料？

【参考文献】

[1] 欧阳可庆. 钢结构[M]. 北京：中国建筑工业出版社，1991.

[2] 毛德培. 钢结构[M]. 北京：中国铁道出版社，1999.

[3] 中华人民共和国国家质量监督检验检疫总局，中华人民共和国住房和城乡建设部. 钢结构工程施工质量验收规范：GB 50205—2001[S]. 北京：中国计划出版社，2002.

[4] 中华人民共和国国家质量监督检验检疫总局，中国国家标准化管理委员会. 涂覆涂料前钢材表面处理 表面清洁度的目视评定 第1部分：未涂覆过的钢材表面和全部清除原有涂层后的钢材表面的锈蚀等级和处理等级：GB/T 8923.1—2011[S]. 北京：中国标准出版社，2012.

[5] 国家标准总局. 漆膜附着力测定法：GB 1720—1979[S]. 北京：中国标准出版社，1979.

[6] 国家质量技术监督局. 色漆和清漆 漆膜的划格试验：GB/T 9286—1998[S]. 北京：中国标准出版社，1999.

[7] 中华人民共和国国家质量监督检验检疫总局. 钢结构防火涂料：GB 14907—2002[S]. 北京：中国标准出版社，2002.

[8] 中国工程建设标准化协会. 钢结构防火涂料应用技术规范：CECS 24—1990[S]. 北京：中国计划出版社，1990.

[9] 中华人民共和国国家质量监督检验检疫总局，中国国家标准化管理委员会. 建筑构件耐火试验方法 第1部分：通用要求：GB/T 9978.1—2008[S]. 北京：中国标准出版社，2009.

参 考 文 献

[1] 山东省建筑科学研究院. 装配整体式混凝土结构工程施工与质量验收规程：DB37/T 5019—2014[S]. 北京：中国建筑工业出版社，2014.

[2] 中华人民共和国住房和城乡建设部. 钢筋套筒灌浆连接应用技术规程：JGJ 355—2015[S]. 北京：中国建筑工业出版社，2015.

[3] 中华人民共和国住房和城乡建设部. 钢筋机械连接用套筒：JG/T 163—2013[S]. 北京：中国标准出版社，2013.

[4] 中华人民共和国住房和城乡建设部. 钢筋连接用套筒灌浆料：JG/T 408—2013[S]. 北京：中国标准出版社，2013.

[5] 中华人民共和国住房和城乡建设部. 砌体工程施工质量验收规范：GB 50203—2011[S]. 北京：中国建筑工业出版社，2012.

[6] 中华人民共和国住房和城乡建设部. 预制带肋底板混凝土叠合楼板技术规程：JGJ/T 258—2011[S]. 北京：中国建筑工业出版社，2012.

[7] 中华人民共和国住房和城乡建设部. 装配式混凝土结构技术规程：JGJ 1—2014[S]. 北京：中国建筑工业出版社，2014.

[8] 山东省建设发展研究院. 装配整体式混凝土结构工程预制构件制作与验收规程：DB37/T 5020—2014[S]. 北京：中国建筑工业出版社，2014.

[9] 中华人民共和国住房和城乡建设部. 混凝土结构工程施工质量验收规范：GB 50204—2015[S]. 北京：中国建筑工业出版社，2015.

[10] 住房和城乡建设部住宅产业化促进中心. 装配整体式混凝土结构技术导则[M]. 北京：中国建筑工业出版社，2015.

[11] 装配整体式混凝土结构工程施工编委会. 装配整体式混凝土结构工程施工[M]. 北京：中国建筑工业出版社，2015.

[12] 北京市质量技术监督局. 北京市住房和城乡建设委员会装配式混凝土结构工程施工与质量验收规程：DB11/T 1030—2013[S]. 北京：中国建筑工业出版社，2013.

[13] 济南市城乡建设委员会建筑产业化领导小组办公室. 装配整体式混凝土结构工程施工[M]. 北京：中国建筑工业出版社，2015.

[14] 济南市城乡建设委员会建筑产业化领导小组办公室. 装配整体式混凝土结构工程工人操作实务[M]. 北京：中国建筑工业出版社，2016.

[15] 中华人民共和国住房和城城乡建设部. 建筑施工扣件式钢管脚手架安全技术规范：JGJ 130—2011[S]. 北京：中国建筑工业出版社，2011.

[16] 蒋春平，张蓓. 建筑施工技术[M]. 北京：中国建材工业出版社，2012.

[17] 中华人民共和国国家质量监督检验检疫总局，中华人民共和国住房和城乡建设部. 钢结构工程施工质量验收规范：GB 50205—2001[S]. 北京：中国建筑工业出版社，2002.